U0019496

BOTTOMF

HOW TO EAT ETHICALLY IN A WORL

加拿大新斯科細亞哈伯茲濱水區上的一艘小艇。

（上）捕龍蝦漁夫羅恩・哈尼胥在他的維琪蘿拉號上，
攝於新斯科細亞聖瑪格麗特灣。
（下）拒吃鮟鱇魚，攝於南布隆克斯區新富頓市場。

BOTTOMF

HOW TO EAT ETHICALLY IN A WORL

南布隆克斯區新富頓市場魚販的魚鉤。

EDER

VANISHING SEAFOOD

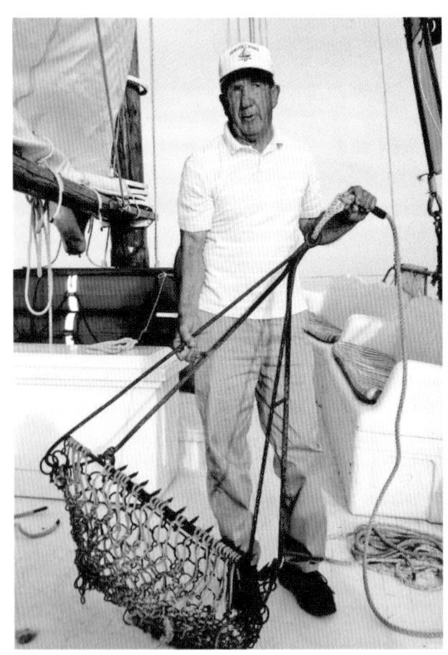

（左）韋德．墨菲船長的蕾貝嘉．魯厄克號，在美國切薩皮克灣。

（右）牡蠣之王貝隆牡蠣，攝於法國布列塔尼。

BOTTOMF

HOW TO EAT ETHICALLY IN A WORL

（左）蘭開斯特奇比餐館的老闆奈傑・霍吉森，他做出了英國最棒的炸魚薯條。

（右）英國惠特比碼頭上的龍蝦籠。

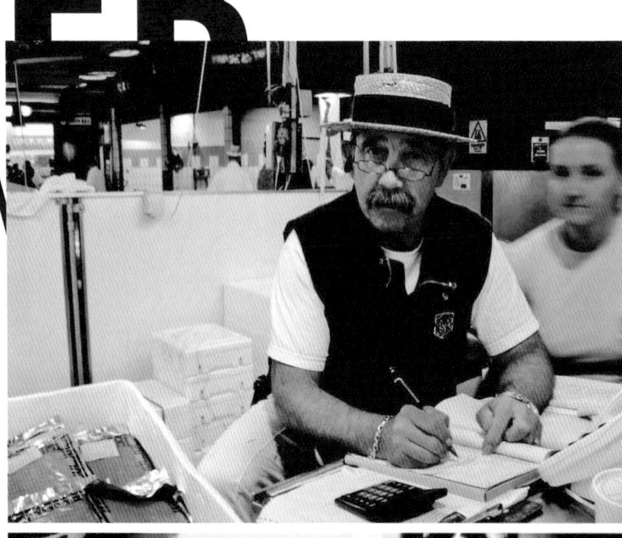

（上）英國倫敦比靈斯門市場的攤商。
（下）在英國惠特比吃到的炸魚配薯條。

BOTTOMF

HOW TO EAT ETHICALLY IN A WORL

（左）克里斯多福·霍茨在法國拉喬塔捕赤鮋。

（右）英國惠特比的一家燻鮭魚鋪。

EDER

F VANISHING SEAFOOD

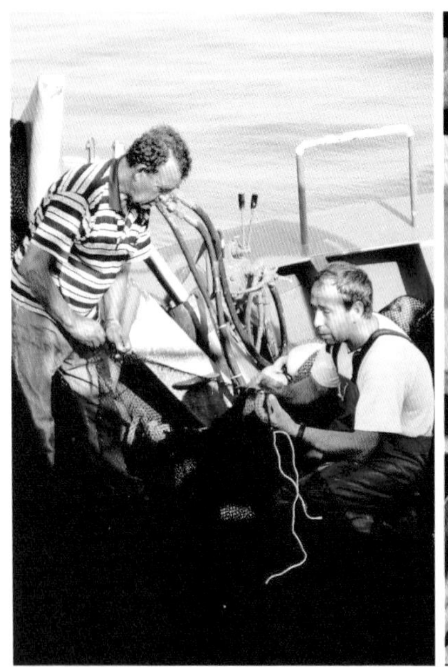

（左）葡萄牙佩尼席漁港，人們正在準備魚網。

（右）在馬賽貝爾朱碼頭叫賣的肥美沙丁魚。

BOTTOMF

HOW TO EAT ETHICALLY IN A WORL

沙丁魚上岸，於葡萄牙濱海沿岸。

EDER

F VANISHING SEAFOOD

（左）中國上海銅川水產市場的乾魚翅。

（右）上海海洋水族館裡賣的兒童T恤。

BOTTOMF

HOW A WORL

上海某家魚翅燕窩餐廳待價而沽的魚翅與鮑魚。

EDER

F VANISHING SEAFOOD

（左）東京築地市場的黑鮪魚。

（右）東京築地市場碼頭停泊的漁船。

（上）亞莉山德拉．摩頓在英屬哥倫比亞布勞頓群島的鮭魚養殖場附近抓海水魚虱。
（下）加拿大新斯科細亞省魯倫堡高竿公司過去的板條箱與標籤。

EDER

VANISHING SEAFOOD

比利・普羅特的鮭魚曳繩釣漁船，位於英屬哥倫比亞布勞頓群島。

BOTTOMF

HOW TO EAT ETHICALLY IN A WORL

加拿大英屬哥倫比亞溪霞鎮上鮭魚養殖場的「伸展臺」。

EDER

VANISHING SEAFOOD

加拿大新斯科細亞省謝爾本的龍蝦船。

BOTTOMF

HOW TO EAT ETHICALLY IN A WORL

泰拉斯・格雷斯哥
Taras Grescoe

海鮮的
美味輓歌

健康吃魚、拒絕濫捕，從飲食挽救我們的海洋！

推　薦　序

章　節

其　他

推薦序

味蕾下的科學與良心

方力行
前國立海洋生物博物館館長、國家海洋政策白皮書編纂委員

有些人的人生像一張包裝紙，看起來花花綠綠，多采多姿，深究之下不過一紙之薄；其實人生可以像一本書，只要定下心來，一頁一頁翻下去，就會發現它在口腹之欲以外，另有一個世界，博大精深，令人神往。泰拉斯．格雷斯哥這本《海鮮的美味輓歌》，就像一把鑰匙，可以將我們從現今一片美食當道的浮華人生中，帶往另一個知識滿溢，文化濃郁，寬廣又恩慈的永續世界。

乍看此書，我本來以為它不過是另一本講海洋環境資源保育的書，只是帶了頂「海鮮美食」的流行帽子而已。但是細讀之下，越來越興味盎然，因為除了從事海洋科學的研究和保育之外，我自己也對美食的品嚐與文化淵源，情有獨鍾，三年前還開過一門「美食的科學與文化」課，是以深知兩者間連結不易，因為喜歡嚐美食的人難免跟著味蕾的感覺走，講科學的人脫不了道貌岸然的說教。談到食物的文化、傳統與鄉土歷史，若沒有細膩的情感和柔軟的心，又怎麼講得貼切？但本書作者泰拉斯於書中，三位一體的學養、筆法與能耐，確實叫人眼界大開，譬如我讀到他的「馬賽魚湯」時，他寫的那段色澤之

美：「魚肉原本鮮豔的粉紅，紅色，灰色，藍色等色彩，在滾水中逐漸褪去……」而紫皮的大蒜，鮮紅的番茄，金黃的橄欖油，暗紅的番紅花，融入魚骨、魚鱗、魚皮，加茴香酒、洋蔥……所熬煮出來的高湯中，「每一滴油都包覆了一層明膠，所以馬賽魚湯才會喝起來滑膩順口，」不但令人垂涎欲滴，更因為我深知赤鮋在自然界中的原始色彩、明膠在魚體不同器官中的分布、溶解出來所需的條件、以及烹煮過後的口感，而為他作品內容的精準、傳神又文采流轉，享受不已。

不過這本書真正的價值當然遠不在此，而在於作者對書中所提及的每一項海鮮食品，它在當地傳統生活中的發展過程、興衰，它在海洋中族群的變化及原因，連鎖引起的整體生態系變化，取代性養殖業的發展，養殖的過程、方法、缺失，所造成的生態破壞，環境衝擊……等等，以及這一切的一切，最後終會反噬到人類自己的因果關係。書中眾多知識與數據，尤其是精華所在。想想看，哪有幾位美食作家會花這麼多功夫，去蒐集、整理如此多的統計數字和科學訊息，寫入一本「海鮮之旅」的書籍中？哪有幾位讀者可以在滿足口腹之欲的閱讀快感中，同時接獲到如此多的海洋科學和環境保護資訊？哪有幾本書可以在開放我們心靈感官之門的當下，也開放我們的知識和心胸之門？而且泰拉斯在書中所提出的許多保育觀點，比我們現今社會上流行的一些海洋保育說法與做法，或者更前瞻，或者更務實，或者更為論述周延，不致以偏概全，「他山之石，可以攻錯」，有內涵、有修養又勤學用功的老饕作者，跨過領域後，給海洋學者、保育志士的啟發，還著實不少呢！

這真是一本獨一無二的海鮮美食、文化、環保與科學的書，它為我們在追求生活享受和永續海洋之間，搭起了一道無可迴避的橋梁，或許人類只有正視它，虛心地走過去，積極地謀求改善之道後，才有機會在二〇四八年時，不必面對「炸水母加薯條」這一道速食大餐。

推薦序

我也有一張美食清單，但是……

府城生活考古學家・美食作家　**王浩一**

對於山珍海味的美食，我陸陸續續增列成一張清單，長長的，跟作者一樣是屬於「饕客懷著虔敬的心情」，不同的是，作者列出的是一張世界各地海鮮清單，而且「前往享受美食」。他的足跡遍及十幾個國家，也涵括了大都會裡幾個最大的魚市場：紐約的新富頓魚市場、東京的築地市場、倫敦的比靈斯門市場、上海的銅川水產市場……。

關於海鮮美食，世界有許多文化都以烹調及食用海鮮的方式著名，當然也有更多地方，只把海鮮當成是「海洋蛋白質」隨便煮熟了吃。所以，作者以各地「有些海鮮是我這輩子裡一定要嚐嚐的」為目標規畫旅程。聽到這裡，一樣是愛吃、敢吃、會吃的老饕們一定跟我一樣嚮往不已。

書裡描述的海鮮美食，真是令人豔羨。其中法國馬賽對於經典的法國菜烹飪有著一絲不苟的態度。當中說到湯中之王「馬賽魚湯」的烹調過程：以橄欖油將大蒜爆香後，再炒上洋蔥，開始透明時加入番茄、茴香子和番紅花粉，然後將地中海的赤鮋切片入鍋，加水也加茴香酒，讓湯汁蓋過魚身，以大火煮，魚肉斑斕的色彩慢慢轉成高湯的精華。因為大火烹煮的關係，湯色有乳化現象，使得每一滴油都包覆著魚肉的明膠，湯味滑膩順口，魚肉可以沾著紅色蒜泥醬提味。最後，作者的結論：番紅花這種世界最貴的香料，可以增添這道「馬賽魚湯」菜餚的風味，再佐與尼斯葡萄酒，「如此的搭配讓我飄飄欲仙」。

面對如此美食佳餚的描繪，比對我的美食清單中的「伊比利火腿」，也有相似的愉悅。產於伊比利半島，就是葡萄牙加上西班牙的那個半島所產的「伊比利火腿」，美食家說：「那是火腿界的勞斯萊斯，也是上帝的恩賜。」在一個秋夜，幾個好朋友佐著幾杯濃郁的波爾多葡萄酒，也是有「浩浩乎如馮虛御風」的感覺。

為了記錄此事，特地寫了一封郵件給在美國的女兒，信中提到「伊比利火腿」的養製過程：在西班牙西岸，有四萬隻豬，野放在牧場，小時候牠們吃野草、香草和橄欖，所以身上有椿香味。當牠們開始要長肉時，開始餵食「橡實子」。橡樹的種子，也就是宮崎駿的《龍貓》影片中，龍貓給了那兩位小女生一袋的種子。（之後，小女生在後院栽下，在深夜裡、大龍貓加持後，長成碩大鬱鬱蒼蒼的大橡樹，就是那個「橡實子」！）這些豬胖到一八〇公斤左右，開始製成火腿，製作時間要十四個月（在此省略過程描述）。火腿肉切片呈現大理石的脂肪紋路，非常美味，搭著高粱酒或是比較濃郁的紅酒。很讚！

但是，明白作者「綠色又聰明地」、「語重心長地」列著清單之際，同時，我們也瞭解作者整個行程的規畫是基於他深知：「我們將會是歷史上得以享用新鮮野生魚類最後一個世代」，關於這樣的「告別式的吃遍全世界」美食話題，我知道，你也知道，這是一趟後代恐怕再也沒有福氣享受「樸實奢華」的海鮮美食之旅，也將是一趟「探討魚群耗竭的嚴肅之旅」。相對於作者對海洋的關懷，我的美食清單顯得「餚核既盡，杯盤狼藉」，不登大雅之堂了。許多人都知道地球的陸地生態正急劇地惡化中，但是，海洋生態呢？我們對於此項議題可能比較陌生。事實上，因為人類的努力吃喝，海洋生態正無可逆轉的改變，作者希望透過如此一趟世界海鮮美食之旅，說明海洋雖然看來浩瀚無垠，但是人類耗竭資源的天分實在無以倫比。文中提到「魚群數量崩潰」，許多北海大漁場的魚群沒有復甦的徵象；南大西洋，一些非洲國家的沿海一片腐臭而且缺氧，除了水母，那片水域沒有其他生物；太平洋的換日線上，夏威夷東邊漂流著大垃圾場，面積已達一個非洲大；地中海裡無性生殖的毒藻已將「鹹甜鮮美的海草」排擠一空；亞得里亞海的海灘，不時有一群群噁心凝膠狀的微生物從海底冒上水面；聯合國早已把黃河與長江的出海口宣告為死亡海域。

作者對於海洋生物系統的崩毀，透過市場裡、餐桌上的海鮮描述人類主要蛋白質來源的危機，也對世界各大漁場的現況、其捕撈現象、和食客對於桌上的「生猛海鮮」佳餚時的自私心態，做了多方面的描述。冰島的「狂捕濫撈」的惡名遠播；英國人一旦遇到自己最愛吃的魚，對於環保，就不免裝聾作啞；對於捕捉黑鮪魚、劍旗魚，那些獨立自主，氣勢懾人的「老人與海」英雄，日本的海洋文化裡已染上過度浪漫的色彩；美國裝上拖網的大型漁船，瘋狂地摧毀「海洋裡的花朵」，淡菜、牡蠣苗和黏菌正被此「厭惡性行業」消滅殆盡；中國上海的銅川水產市場有條魚翅街，一袋袋塑膠袋包裝著來自全球各個海洋鯊魚的背鰭和胸鰭；臺灣呢？我們仍努力地在佛跳牆的甕罈子裡撈著大小不一的魚翅。

魚類自有一套的社會生態正崩落中。

心情從肅然、愀然到黯然。

但是，許多大大小小的行動已經展開了，作者提出其中之一：將船隻或捕具以「永續魚群」的概念，訂出可以量化的數字，分數越高代表破壞力越大，例如巾著網可以選擇性地圍住沙丁魚或鮪魚魚群，獲得最低的四分；加拿大東岸的龍蝦籠三十八分；底拖網得分九十一分，是調查的十種捕魚方式當中破壞力最大的一種，漁民和科學家都一致同意，底拖網是最該受到嚴格規範的流氓漁具。那，身為消費者的我們該做什麼？應該支持海洋管理委員會的「藍白標誌」，因為此標誌說著：「這條魚捕自永續魚群」。對於不重視此「永續魚群」的高級餐廳，將之列入黑名單，因為這將是全民「永續魚群」自覺運動的一部分。

「最大永續產量」就是以數學控制大量的捕撈，因為一旦魚群數量崩潰，就沒有復育的機會，雖然說巨量地捕撈後，倖存的幼魚因為沒有兄弟姊妹的競爭，成熟存活率提高；但是，魚隻的長度減短，成熟體積縮小，產卵數也隨之減小。要知道，繁殖力隨著體積與年齡而上升，如果體質愈來愈弱，也就愈來愈抵抗不了疾病。之後，就有其他生物取代了食物鏈的地位，這就是無可逆轉的改變。

頃刻間，我豁然地懂了！臺灣成立海洋部的重要性與迫切性，如此行政單位所管轄的不僅是海域安全、海岸管理，還有重要又不易察覺的海洋資源與海洋汙染防治。四面環海的臺灣「以海立國」，過去的我們，竟然漠然地對待一直與我們息息相關的海洋。臺灣四周雖然是浩瀚的無涯海洋，過去以為取之不盡的資源，今天終於瞭解她還是不免耗竭。島嶼上的我們，應該開始想想，該如何永續保育發展海洋資源，她是我們子孫的希望！

萬一，終有一天，如作者書中所預言，慘然地「只剩花生醬水母三明治可以吃」，今天我們所列的狼吞虎嚥美食清單這片紙張，只能當是傳家寶了。未來的世界，我們都脫不了關係！

推薦序

一本海洋保育的最佳科普讀物

中研院生物多樣性研究中心研究員兼執行長 邵廣昭

二〇〇二年在約翰尼斯堡舉行的第二次地球高峰會，各國政府最先達成的共識，就是要漁產保育，希望漁業資源到了二〇一五年應恢復到以往的水準，但眼看期限將屆，全球漁業資源衰退的景況卻依舊。如果再不積極努力來畫設保護區、復育漁源，科學家警告到了二〇四八年人類將會面臨海裡無魚可捕、無魚可吃的窘境。儘管若干漁業關係人、少數學者及民意代表，為了自身的權益、顏面或是選票，不願去面對真相，而常怪罪氣候變遷及汙染才是資源匱乏的主因，但已有愈來愈多的數據已證實「過度捕撈」，亦即「過漁」才是破壞漁業資源最大的元凶。那麼「過漁」的真正問題又出在哪裡？是全球的漁獲量仍不足以養活人類營養所需的動物蛋白質嗎？答案當然不是。真正問題的癥結是在我們為了滿足口腹之欲，不當的海鮮文化所致。也就是大家如果沒有買對魚、吃對魚，在消費市場的誘因下，漁民們當然就不會去捕對魚及捕對量，再加上非法捕撈、誤捕、棄獲的結果，海洋的生物多樣性自然快速消失，漁業資源也就無法永續利用。

海鮮文化也是海洋文化中重要的一環，但卻一直沒有人告訴我們要如何享受海鮮美食才能既健康又環保。坊間已有許多教我們去哪裡吃海鮮或如何料理海鮮的書，但始終缺少一本書，教我們哪些海鮮才該買，才該吃，才不會破壞海洋生態，才不會把瀕危物種趕盡殺絕。這本《海鮮的美味輓歌》的出版，正好可以彌補此一缺憾。作者不但自己以一年半的時間，踏訪美國、英國、法國、葡萄牙、地中海、印度、中國及加拿大等幾個以海鮮美食聞名的國家，實地嘗鮮，而且深入查訪瞭解這些國家的海鮮文化背景、食材來源、市場銷售狀況、當地的海洋生態及漁業環境的變遷問題。特別是他旁徵博引了許多最新的學術期刊的研究結果，以及權威學者的論述，把全球漁業目前遭遇的困境及可能的因應之策，作了相當深入的剖析。更難得的是他把一些漁業科學上較新的知識及觀念，用淺顯生動的文字，以寫遊記的方式，予以融會貫通，娓娓道來。使得這本書不但是普羅大眾或是海鮮一族的最佳海鮮指引，也是一本海洋保育的最佳科普讀物。

臺灣的海鮮文化及不易推動的生態漁業政策，向來為保育界所詬病，特別是辦不完的鮪魚季，民眾大啖魚翅及各種稀奇古怪的海鮮，連生態旅遊最珍貴的珊瑚礁魚類也不放過。因此這本書真應該推廣到全臺灣各地，讓大家瞭解海洋生物資源的永續利用，其實和節能減碳一樣需要大家每個人反求諸己。作者在書中除呼籲政府應積極推動海洋保護區之畫設、禁止深海（海底山）底拖、壓艙水需到公海排放、鮪鯊等應列入保育動物名錄、取消不當的漁業補貼措施，以及推動環保標章，公開透明化所有海鮮的產銷履歷外，他更以個人的領悟來倡導「底食」及「慢漁」的運動。至於何謂「底食」？何謂「慢漁」？就請各位讀者自己來閱讀及領會了。

推薦序

一樁事先張揚的謀殺案

盧郁佳
作家

這是一段連續離奇失蹤案，隨著案情發展，更擴為大宗集體命案。港口豐收歡慶盛宴中，潛伏殺機。祖母原居基隆漁港，每早在輪艦汽笛聲中醒來，傍晚在漁船返航喧嘩中歇息；多年前，她隨子女移民臺北，遂久不聞海風鹽腥。兩年前，我陪祖母懶在臺北公寓臥房看電視，螢幕上播報漁季新聞：大魚鬼頭刀反常豐收。原本，鬼頭刀只有四、五月量產；二〇〇四年起，秋後方至，到二〇〇七年，秋後臺東新港每天多達二十噸進港。據說是因為鮪魚、旗魚等天敵少了。我問她：那麼，鮪魚哪裡去了？

祖母坐在窗邊，聯想起半世紀前，每天都有豐收。跳進港裡，滿腿魚群擁擠挨蹭，小孩隨便就撈兩條大魚回家晚餐。如今不再。

我們望著窗外，鷗聲帆影消逝，櫛比鱗次新建大廈追著一〇一大樓冒尖，誰也不知道鮪魚出了什麼事。

次年，洄游性魚類全都少了。南方澳的鬼頭刀漁季，晚了一個月，魚量少很多，得出海更遠、等更久才能遇上。嘉義、屏東港口往年一天捕獲上百噸鬼頭刀，此時一天三、五噸。恆春港口往年一天三、五千公斤，此時一天不到百公斤。從南到北都在問，魚群上哪了。

飛魚也大減。到了二〇〇九年，此刻原是飛魚卵季，飛魚卻遲到了，老漁夫說今年閏五月，六月還不夠暖，過陣子飛魚就會來產卵。

真的嗎？

魚兒哪裡去了？為什麼牠們推骨牌似的一一消失了。

寫郵件託同事打電話回屏東，問她船長老爹。隔天回信來了，老船長說，鬼頭刀劇減，有時根本捕不到魚。有些魚類完全消失了，例如比目魚苗。珊瑚礁成片白化死亡、新生緩慢。他解釋是受核能發電三廠影響。

那為什麼櫻花蝦、螃蟹反而大盛？

臺灣近年發展美食觀光，屏東黑鮪魚季、基隆鎖管季、長濱鄉加走灣飛魚季等……絢麗名目下，隱瞞了魚群失蹤的謎團。《海鮮的美味輓歌》才揭露了：北大西洋龍蝦近十年空前大豐收，原來是因為大型迴游掠食性魚類都遭濫捕殆盡，例如北大西洋的鱈魚已銳減，鱈魚原本的主食——龍蝦因而大盛，底棲類的蝦、蟹稱王（臺灣東港魚源已竭，櫻花蝦反倒豐收，案情如出一轍），海洋終為水母、細菌、黏液所據。龍蝦盛景，大快朵頤，竟是豐饒海洋瀕亡的輓歌。

臺灣四面環海，海域大過陸地，此書所論全球海洋危機：過漁、混獲、炸魚、底拖網毀滅棲地、濫加開發、排廢水、水溫上升、環境荷爾蒙毒化、廢網窒魚、酸化，臺灣無一倖免。悲哀的是，臺灣竟無一本這樣的本地災情調查報導，點醒讀者：海洋生態已在你我頭頂崩盤，巨浪就要壓下。

就如馬奎斯小說《一樁事先張揚的謀殺案》，這是公開的祕密——各地漁民都在問魚群下落，學者心知肚明，官方辦點群眾放苗復育的娛樂兼教育（獨缺環保）活動聊表心意，預見禍事卻從未說破，也無能阻止，束手眼睜睜看漁業自速其死。

在臺灣，鮪魚、旗魚已遭高科技漁法大屠殺，被日人吃到瀕危。鮪魚、旗魚以鬼頭刀為食，少了牠們，鬼頭刀就多了。但鬼頭刀內銷不多，專供冷凍直送日本、歐盟，而這些「進步國家」海鮮消耗量無止境直線成長。鬼頭刀原本捕食飛魚，等歐日也吃光臺灣的鬼頭刀，飛魚就多了。飛魚吃浮游動物，原應倖存，但捕飛魚卵卻是本地盛事。早在二〇〇六年，農委會已應燃眉之急，宣布「新農業運動」：二〇〇八年起，將禁捕飛魚卵。等這張支票到期，農委會竟不惜食言，定出「飛魚卵限捕三〇〇噸」，這「限額」可是多到連飛魚卵都跌價了。本書也說了，限額像報稅，逃漏稅花招百出，例如利比亞的鮪獲量竟達限額的六倍。今年從花蓮市區觀光土產行，到澎湖觀光景點路邊攤，到處可見促銷政府推廣、媒體狂炒的「飛魚卵香腸」，據說還有九成外銷。飛魚去哪了？不言而喻。

二〇〇六年農委會還宣布「二〇〇八年起全面禁採珊瑚」，日後反把近百艘無照黑船就地合法，開放濫採寶石珊瑚。六月間，我在澎湖目睹珠寶紀念品店，數十坪的專櫃，展售大量珊瑚項鍊、耳環、別針，令人毛骨悚然。據說有近兩百艘漁船在盜採，所過之處，海底叢林夷為平地。

中國是全球第一漁業強權，是歐美、日本海鮮市場饕餮掠奪的首要海域。二〇〇二年，中國計畫五年內將二十五噸的漁船縮減到三萬艘，協助二十萬失業漁民轉行。臺灣漁業署早已推動休漁、減漁，收購管筏發獎勵金，然而政策退讓、自打嘴巴，當然是漁業財團化的結果。油貴、魚少，個體戶早就難以為繼；聲納、拖網船隊、箱網養殖，花費動輒上億，船東大戶當然不會因國際輿論而收手，豢養民意代表施壓、漁會動員遊覽車群眾示威，威迫政府就範。

開放濫漁，絕非真正的民意，只是拯救海洋從未端上檯面、成為本地公民議題，任憑《海岸法》去年送審立院被擱置。臺灣傳統父母對海洋的意見是：只要兒女別靠太近淹死，就沒事。戒嚴海防隔絕了人與海，無從熟悉建立感情；海岸滿地消波塊，毀了潮間帶生機，易生渦流，致泳客溺水；近三成海岸線為水泥港堤，近九成海岸為發電廠、工廠、魚塭、公路所據。暗藏烤香腸尖籤、酒瓶銳片、針頭的沙灘，城市下水道的終點。地球生命之源，七洋相連的浩瀚藍海，在城市而言，只是一灘弧菌過量、航髒、貧瘠、危險的糞坑。

祖母記憶中那年代，海洋是養人的。走進海裡，它迎你以免費三餐、壯美奇觀。而我們卻恩將仇報，將海洋酷使至死，只為替財團榨乾每滴海水、兌現為短暫的私人財富。海洋無聲，報應卻在眼前。你我每年換新拋棄的手機，阻燃劑多溴二苯醚都會經過海鮮食物鏈，返回人類血管致癌。臺灣人體內含汞量超標，八成臺灣人平均髮內含汞量二．四毫克（美國的參考濃度是每公斤一毫克），而素食者僅〇．三二毫克。臺灣人每日從食物吃進三萬五千多奈克的壬基苯酚，是紐西蘭十倍。在在證明，我們雖出於無知，卻不能免責。

無知雖然免費，利息卻昂貴。讀此書，是理債的第一步。

推薦序

海鮮美食的嚴肅意義

中央研究院生物多樣性研究中心研究員 鄭明修

多年來在海洋生物的科學研究，卻從沒有想過自己會與美食產生關連，然而浩瀚的海洋曾擁有龐大物種，如今因過度捕撈與環境汙染，已造成許多物種瀕臨滅絕和海洋生態系的食物鏈逐漸崩毀。本書作者以一個美食家的觀點，巡訪全球，以購買與食用海鮮的故事，訴說和印證目前海洋所面臨的問題，從美食文化來喚醒生態保育的觀念，是值得推薦給一般讀者的好書。

全球人口的迅速增加是目前環境問題的根源，科技與文明的發展更加快其破壞的速度，過度的消費讓資源逐漸枯竭。全世界水產品貿易總額每年以七一〇億美元的規模逐年增加，其中因為「野生水產品的全球化消費」造成產量減少，價格愈來愈貴，科學家估計二〇四八年全球野生海洋大型魚類將枯竭。在臺灣早期「現撈」（野生的活海產）是高檔海鮮的代表，產量銳減後改為翻車魚、豆腐鯊、旗魚、鮪魚等大型魚類，或是養殖的石斑、黑鯛等魚種，現今臺灣周邊海域漁獲已大不如前，野生的漁獲在市場中已屬少見，多為魚種單純、體型相近的養殖「海鮮」所替代。

作者在世界各地所見情形與臺灣相似，以更廣泛的視野，從營養學觀點說明海鮮的好處，介紹世界幾個區域重要的海鮮美食，進一步延伸敘述「海鮮資源」的現況與問題，讓讀者可以有更深層的省思，在滿足口腹之欲之後還能在心中反芻那更嚴肅的意義。全書用到許多生態學上的重要概念，包括：食物鏈、營養階層、生物累積、生態平衡等，以深入淺出的敘述，讓一般民眾容易瞭解，也可以做為學生的補充教材。

生態學者雖然大聲疾呼，但一般民眾的反應並不積極，現今環境破壞的速度遠高於相關的救援行動。本書以美食為出發點，告知民眾目前面臨的生態問題與民眾生活更為貼切，不失為一個生態教育的好方法，同時也給予海鮮除了食用外更深一層的意義。若以教育民眾的成果來說，作者可能比一般的生態學者做得更好。我們應該更積極執行海洋生態保育行動，不要如書中所說：「我們可能是歷史上得以享用新鮮野生魚類的最後一個世代」，這句話給我很大的衝擊，望著餐盤中的鮮魚，相信你也會有一些不同的感受。

引言

你如果天性守舊，希望有些事情永遠不會改變，那麼你一定很高興哈伯茲（Hubbards）還在。從哈立法克斯（Halifax）往西走，一旦看到一面海岸俱樂部的招牌：「新斯科細亞省僅存的大舞廳」，你就知道自己快到了。自從第二次世界大戰結束以來，這裡就一直是個享用重達一公斤的大龍蝦與新鮮莓果小蛋糕的好地方。漁夫把老舊的廂型車停在路旁，便宜兜售扇貝與所羅門拼盤。所謂的所羅門拼盤，其實就是醃鯡魚。在海濱岩石與層層生長的松樹之間，有不少黑色屋頂的小房子面對著海洋。其中許多原本都是漁人的住家，現在變成了都市居民的夏日別墅。

哈伯茲所在的聖瑪格麗特灣，位於新斯科細亞省南岸，有如在光禿禿的花崗岩地形上刻出一道凹口。大西洋每天兩次漲潮，都會把滿滿的海水灌入灣裡。這天早晨，聖瑪格麗特灣還瀰漫著濃霧，但灰幕中仍有幾道陽光穿透而過，點亮了水上的塑膠浮標和木船。羅恩・哈尼胥站在維琪蘿拉號的甲板上，轉動著舵輪，把這艘十公尺長的龍蝦船轉了個大彎，朝向一只木頭浮標航去。那只浮標繫著繩索，和水底的龍蝦籠綁在一起。

哈尼胥關掉引擎，抓起一根長長的魚叉，手腕一挑，就把水裡的繩索勾了起來，綑在一個輪蓋大小的滑輪上，液壓絞盤隨即把四十公斤重的龍蝦籠吊上了水面。他的龍蝦籠是一根剖半的橡樹幹，上面蓋著楓木板條，外面圍著網子，外形就像美國鄉下常見的半圓形穀倉的縮小版。籠裡可以看到四隻褐中帶綠的龍蝦抓著纏滿了海草的網眼。哈尼胥費了一番工夫，才把一隻抓了出來；而那隻龍蝦也高舉雙鉗，猶如正面迎敵的拳擊手。哈尼胥用金屬尺量了龍蝦的甲殼之後，就把牠丟進塑膠桶裡。其他幾隻都還太小，沒有捕捉的價值，於是又被拋回了水裡。

按理說，龍蝦到了這個時節不該還這麼小，但整體而言，今年對龍蝦產業而言已算是不錯的一年了。十二月間，哈尼胥每天的捕獲量可達半噸，以半公斤七美元的價格賣給當地的龍蝦養殖場。在哈立法克斯機場的免稅商店，可供帶上飛機的一公斤重盒裝龍蝦要價二十七點九八美元。

現在，霧已散去，聖瑪格麗特灣總算顯露出了平淡的美景：一片深藍色的水面，布滿了螢光色的浮標，每一只浮標在水下都繫著一個龍蝦籠。總共有十艘龍蝦船在這座小海灣裡捕撈龍蝦，而且利潤頗豐。過去十年來，從愛爾蘭海乃至斯科細亞陸棚，北大西洋的龍蝦漁夫經歷了一段豐收時光。單在新斯科細亞省西南方的緬因灣，據信水底就有三百萬個龍蝦籠。羅恩・哈尼胥在一九七〇年代初期開始捕撈龍蝦的時候，聖瑪格麗特灣裡的龍蝦還不夠他捕一個星期。現在，他在長達整整五個月的龍蝦季裡，卻可捕獲三公噸之多。他今年剛滿五十七歲，自稱還沒有退休的打算。

哈尼胥認為龍蝦數量驟增應與「妓女蛋」（whore's eggs）有關。妓女蛋是當地對海膽的俗稱。三十五年前，聖瑪格麗特灣裡滿是海膽。緬因灣的海膽因日本市場的大量需求而被漁夫捕撈一空；至於聖瑪格麗特灣，哈尼胥則認為這裡的海膽是因為吃光海中的巨藻，以致沒了棲身之所。海膽消失之後，巨藻即恢復生長，成為龍蝦的棲息與獵食地，因此龍蝦的數量才會大幅增加。

生態學家對龍蝦數量驟增另有一番解釋。新斯科細亞省周圍的淺水原本滿是劍旗魚和黑鮪魚，無鬚鱈、庸鰈和黑線鱈的數量也非常豐富。鱈魚尤其是這些水域的頂級掠食者，成群結隊在近岸的海溝裡覓食，以強而有力的嘴巴吸食浮游於水中的龍蝦幼蟲、海膽，甚至是成年的甲殼動物。不過，鱈魚在一九九〇年代初即因過度捕撈而消失殆盡。鱈魚一旦銷聲匿跡，龍蝦及食物鏈中較低階的其他生物隨即大幅增加。這種現象普遍見於大西洋各地：高級掠食者遭到捕撈一空之後，蝦子、龍蝦、螃蟹及其他生長快速、生命力強韌的甲殼類動物隨即大量繁殖，於是海洋就此成為食物鏈底層生物的天下。

哈尼胥一天的工作還沒結束。他用魚叉勾起繩索，拉上龍蝦籠，清空裡面的捕捉物，在鐵絲誘餌盒裡裝滿腐爛的鯖魚，再把籠子拋回水裡，然後航向下一只浮標，如此反覆進行，直到一百三十個龍蝦籠全都清空而且裝滿了誘餌為止。在岸邊躺椅上放鬆的別墅住客，可能正看著報紙，也許還看著南極洲又有冰棚崩塌的報導。他們一旦抬起頭來，看到維琪蘿拉號在海面上完成一天的工作，必然頗有寧靜心神的效果。聖瑪格麗特灣看來彷彿亙古不變，海面上的漁船似乎也比以前忙碌得多。

可是他們錯了。現在的大西洋是一座貧瘠的海洋，哈尼胥面對的是一片單作漁場，唯一的漁獲就是美國龍蝦。在世界各地，愈來愈多看起來不太美味的生物都隨著大魚消失而競相繁殖。現在，大陸棚上布滿了原始海鞘，以致其他生物根本沒有生長的空間。水母成群聚集，有時分布面積廣達二十五平方公里，往往把養殖在漂浮箱籠裡的鮭魚螫死。過去負責清理海洋的濾食魚類都被補去絞碎製成肥料，以致有毒浮游生物大幅增加，毒死整條海岸線的其他生物。換句話說，海洋最終恐將為水母、細菌和黏液所占據，而大西洋的龍蝦豐產現象可能只是這項沉淪走勢當中的一段插曲而已。

食物鏈底層的生物得以大行其道，原因是人類對世界上的海洋造成了史無前例而且恐怕無可逆轉的改變。我們以超乎想像的速度拚命吃喝，已經即將吃到食物鏈的盡頭。除非我們改變對待海鮮的態度，否則聖瑪格麗特灣當前的下場很可能就是海洋的未來——原本豐富多樣的生態體系，卻因人類活動的蹂躪，而只剩下少數雜草般的生物，愈來愈沒有供人類食用的價值。

吃海鮮的益處

我愛海鮮。我所謂的海鮮包括現捕的沙丁魚、生鮭魚韃靼，還有成堆剛剝皮的冷水蝦、一盤盤扁殼生蠔、涼拌海蜇皮，或是炸鱈魚排。實際上，只要是可供食用的海中生物，無論是蠕蠕而動、活蹦亂跳，還是帶著魚腥味，我都愛。我幾乎每天都少不了海鮮。

讓我說明一下。我在十年前決定不再吃畜肉和禽肉，只吃海鮮。我讀過太多生長荷爾蒙、工廠化農場以及抗生素的報導，實在沒辦法在日常裡安心享用牛排、漢堡、雞肉。至於有機肉類，不但價格昂貴，當時也還不普及。（後來，隨著狂牛症醜聞爆發，感染沙門氏菌的生雞肉又堪稱是生物毒劑，所以我對這個決定自然毫不後悔。）相較之下海鮮顯然是合乎邏輯的選擇：魚肉的脂肪不但只有牛肉的一半，而且似乎取之不盡，食之不竭。海洋浩瀚無垠，海中資源顯然永無耗竭之虞。沒錯，紐芬蘭外海的鱈魚漁場才剛在不久之前崩潰，但我認定那只是個意外，可歸咎於科學上的錯誤認知、相關人士的貪婪，以及主管官僚的無能。超市貨架上還是堆滿了鮪魚罐頭，速食餐廳仍舊推出吃到飽的蝦子大餐，大西洋鮭魚切片的價格更是達到前所未有的新低點。海裡的魚群還多得很，而且永遠捕撈不完。

不久之後，我就發現了吃海鮮素的好處。畢竟，海鮮餐點絕對是人生中的一大樂趣。找個堤岸、一條小溪，或是一座魚池，用一條線綁上鉤子，垂入水裡。然後，只要靠著一點運氣（再加上一堆火、幾張錫箔紙和一小片檸檬），就有晚餐可以吃了。農業社會雖然早在幾百年前就飼養牲畜取代野生的獸肉與禽肉，鹿肉與鷓鴣也成了只有富人才吃得起的佳餚，人類對海中生物卻還是採取狩獵與採集的方式，由漁夫[1]帶回社會各階層成員都吃得起的野味。超市裡，大概只有海鮮是唯一真正的野味，只有海鮮不是工業農業的產物。

此外，人類對海鮮幾乎無所不吃，無論是多麼嚇人的海中生物都一樣。南美洲人喜歡吃「比可洛可」（picoroco），一種可以食用的巨大藤壺，外殼形狀就像印尼的喀拉喀托火山，裡面藏著高爾夫球大小的肉，光滑白皙，和蟹肉一樣甜美。法國人把墨魚的生殖器官變成一道珍饈，日本人則是早就懂得怎麼把劇毒的河豚做成美味的生魚片。

更令我吃驚的是，竟然有人敢吃盲鰻。盲鰻長得就像八目鰻，棲息在海面下三公里處的海底。這種生物沒有脊椎，沒有鰾，也沒有下頷，獵食的方式就是以像銼刀一樣的舌頭刺入獵物的身體。海洋生物學家在海底看到鯨魚屍體時，通常會發現屍體的表皮蠕動不休，而這正是數以千計的盲鰻在腐肉裡鑽進鑽出所呈現出來的海底怪物秀。盲鰻如果遭到鯊魚威脅，就會從身上數十個小孔排放出黏蛋白，讓多達好幾公升的黏液飄散在水中，堵住掠食者的鰓。（盲鰻清除身上黏液的方式，則是把自己的身體捲曲成一個結，再把打結處順著身體滑下去。）盲鰻是我心目中最教人作嘔的海生魚類。不過，韓國人卻認為盲鰻是一道美食：他們每年進口四千公噸的盲鰻，用麻油炒過當作開胃菜。

許多文化都以烹調及食用海鮮的方式而著名。在速食與冷凍餐點逐漸統一全球的今天，海鮮文化可說是地方傳統的最後堡壘。如果你是威尼斯人，一定從小就吃蛤蜊義大利麵長大（但威尼斯潟湖的雙殼貝類早就因汙染而消失殆盡，現在麵裡的蛤蜊只能用馬尼拉蛤蜊取代）。如果你是日本人，一定熟悉壽司餐廳的用餐儀式，還有鮭魚卵握壽司的味道，也知道最高級的鮪魚生魚片就是黑鮪魚（不過，現在黑鮪魚數量嚴重不足，所以東京的壽司餐廳都已開始用其他紅肉取代，例如煙燻鹿肉或馬肉）。你如果生長在切薩皮克灣，一定酷嗜油炸蛤蜊條和裹上麵包粉的牡蠣，最喜愛前往布置得琳瑯滿目的海岸主題餐館（但你吃到的蟹餅，所用的螃蟹其實是亞洲梭子蟹，在印尼急速冷凍之後再運到美國華府）。

海鮮形塑了人類歷史。早在中世紀時代，每年由北歐洄游而下的大群鯡魚促成了荷蘭與英國的海上霸權，也為漢撒同盟帶來豐厚的財富，從而形成歐洲的權力平衡。海鮮也是人類擴散至全球的推動力：保存鱈魚的技術讓人類可以長程航行，維京人因此得以劫掠英國與法國，在冰島定居下來，巴斯克捕鯨人也才能航抵大瀨（Grand Banks）。

愈來愈多的證據顯示，人類之所以能夠成為人類，也是海鮮的功勞。生命約在四十億年前誕生於海中，所有哺乳類動物的祖先原本都是海中生物，在三億六千萬年前才爬出海洋，開始生活在陸地上。由於最早的人類遺骸發現於當今的非洲乾草原，因此人類學家向來認為人類祖先當初逐漸發展出直立體態，便遷離森林而移居到開闊平原上。不過，近來針對花粉紀錄的研究卻發現，在四百萬年前，現在的乾草原地區根本不是像塞倫蓋提那樣的平原，而是林木茂密的海岸環境。像露西那樣的原人，都是在水邊演化而來的。

這樣的海濱源頭，也許可以解釋我們的大腦為何比早期人類的近親「巧人」重上一倍。約兩百萬年前，人類的頭蓋骨開始擴展，約在十萬年前出現指數型成長。早期人類聚落附近遺留下來的貝丘，顯示人類正是在這個時期開始大量食用海鮮。腦部大小取決於二十二碳六烯酸（簡稱ＤＨＡ，是奧米加三補充劑的其中一種脂肪酸）的攝取量，沒有ＤＨＡ，人體就無法建構腦細胞膜。在食物鏈裡，唯一富含這種脂肪酸的生物就是海洋、湖泊與河流裡的魚類。我們飲食裡的豐富海鮮提供了必要的營養素，使我們成為全世界頭腦最大的靈長類動物。如果沒有魚，我們可能還是小頭小腦的猿類，在樹上盪來盪去。

世世代代的母親都知道吃魚對頭腦有益。結果顯示，強迫兒童吞下鱈魚肝油（現在可能會以奧米加三脂肪酸膠囊取代），的確是非常正確的做法。人腦有百分之六十是脂肪。我們吃什麼樣的脂肪，腦細胞就會由那樣的脂肪構成。二十世紀初，西方人飲食中的蛋白質主要都來自雞窩裡的雞蛋、草飼牛隻的牛肉和牛奶，以及其他自由放牧的動物。和工業農業飼養出來的牲畜相較起來，前述那些動物的奧米加三含量都高出許多。一九六〇年左右，學界展開一項頗具規模的大腦化學研究，其研究對象遍及整個北美洲以及歐洲大部分地區的居民。在那個時候，玉米、大豆油以及穀飼牲畜開始成為我們飲食中的主要脂肪來源，這些食物的奧米加三脂肪酸含量相對較低，奧米加六脂肪酸則含量極高。這兩種脂肪酸都是促使細胞膜液化的必要元素，但奧米加三脂肪酸——有時又稱為快樂脂肪酸——攝取量如果較高，通常比較不容易出現憂鬱或癡呆，也比較不會罹患阿茲海默症。吃了半個世紀的廉價植物油之後，現在美國人身上的奧米加三脂肪平均只有百分之二十。在以魚類為主食的文化裡，例如日本，人民的細胞膜平均有百分之四十由奧米加三脂肪構成。

這項實驗的結果可能早已出來了。一九九八年，英國醫學期刊《刺胳針》（*Lancet*）刊登的一篇論文指出，憂鬱症在紐西蘭、德國、美國等魚類攝取量較低的國家都出現病例遽增的現象，但在日本、臺灣、韓國等熱愛海鮮的文化中卻有減少的趨勢。歐洲自殺率最高的地區在於奧國與匈牙利等內陸國家（這兩國人民的平均魚類攝食量分別為每年十一公斤與四點五公斤），最低的地區則是海鮮攝食量大的葡萄牙（五十六公斤）與挪威（五十二公斤）。美國國家衛生院一名研究人員指出，母親在懷孕期間攝取奧米加三有助於胎兒未來的智力與精細動作發展。他的研究發現，奧米加三攝取量最低的懷孕婦女所產下的兒童，語文智商比平均值低了六分。缺少奧米加三的明確徵象包括皮膚乾燥、頭皮屑多、頭髮缺乏生氣、指甲脆裂、皮膚出疹。最令人驚訝的是，缺乏奧米加三似乎也與反社會行為有關：英國一座少年監獄每天提供魚油供囚犯服用，結果再犯率降低了百分之三十。

奧米加三脂肪酸最大的來源是海洋浮游生物，而這種脂肪酸含量最豐富的食物，就是野生捕撈的海鮮。河魚的奧米加三含量較低，像鱒魚就是；養殖的魚類也一樣，現在養殖魚類的體內通常充斥著蔬菜油。亞麻子油雖然也含有奧米加三，但人體卻比較不易把這種脂肪酸轉為ＤＨＡ與二十碳五烯酸（簡稱ＥＰＡ），而ＥＰＡ更是心血管健康的必要元素。現在，大多數國家的公共衛生當局都建議人民每周至少吃兩餐魚，尤其是鯖魚或沙丁魚這類富含脂肪的魚類。

「吉福斯的智力真是無窮無盡啊，」在英國小說家伍德豪斯（P.G. Wodehouse）的小說裡，迷糊紳士博迪·伍斯特一度這麼讚嘆自己的男僕，並且一再把他機變百出的智力歸功於以海鮮為主的飲食習慣，「他根本只靠著吃魚過活。我要是有他一半的聰明才智，就去當首相了。」

海鮮的好處也許只有間接證據，但我認同多吃海鮮的做法。如果多攝取奧米加三脂肪酸可以避免罹患憂鬱、癡呆以及阿茲海默症，又可降低自殺或犯罪的可能性，那麼吃魚自然是理所當然的事情。

吃海鮮的害處

雖然有愈來愈多的證據顯示吃魚是聰明的選擇，但新聞報導卻一再指出有些海鮮對人害處極大。我們現在知道，有些魚肉可能含有劇毒。二〇〇四年，深富影響力的《科學》期刊指出，鮭魚體內的戴奧辛與多氯聯苯含量極高，建議一般人一年內避免吃六餐以上的養殖鮭魚。此外，科學家也發現魚類體內普遍富含水銀——這種重金屬不但有礙大腦發展，嚴重中毒的情況下還可能導致抽搐、癡呆、幻覺，甚至死亡——因此瑞典皇家科學院在二〇〇七年建議發布全球衛生通告。《國家地理雜誌》的報導也指出，在二十四小時內食用兩餐大型長壽魚類，例如劍旗魚、庸鰈、鯊魚及鮪魚，可能導致成人血液裡的水銀含量增加一倍以上。

儘管有這些風險，魚類和海鮮的檢驗卻比最廉價的牛肉都還鬆散。無論是美國食品藥物管理署、英國食品標準局，或加拿大食品安全檢驗局都不負責檢驗鮭魚、鮪魚，還是其他種類的海鮮。在上述國家的多數地區，海鮮加工廠一年只須檢驗一次，平日則仰賴貝氏堡公司（Pillsbury）在一九五〇年代發展出來的自律制度——基本上不過就是一種企業榮譽制度而已。不只如此，欺騙消費者的行為在海鮮買賣中更是屢見不鮮：零售業者經常謊稱養殖鮭魚為野生捕撈，把國外進口的養殖魚類當成比較昂貴的石斑或紅笛鯛切片販賣；速食餐廳使用的廉價養殖蝦類，經常都以致癌的抗生素處理過，浸泡干貝的神經毒劑更是除漆劑與地毯清潔劑的成分；不肖業者常以打洞器割下魟魚肉，製成假干貝；印度與泰國等地的加工業者也使用氫氧化鈉與硼砂為蝦子上色，再外銷到歐洲與北美。

這實在令人倒盡胃口。

不復昔日面貌的海洋

反對吃海鮮的理由還有另外一項：大小通抓的捕魚方式恐怕是全球環境崩潰的禍首之一。過去十年來，漁場崩潰的大量證據不斷出現。突然之間，海洋已變成了我們全然陌生的環境。這年頭，你不需要是海洋學家才能觀察到這個現象，只要多看看新聞報導就會知道了。

換日線，太平洋，夏威夷以東：世界最大洋現在的一項永恆特徵，就是一片龐大的漂流垃圾，包括從一艘貨櫃船上傾倒出來的耐吉籃球鞋、樂高積木、螢光筆、橡膠黃色小鴨、易開罐拉環、曲棍球手套、油漆罐，以及緩慢腐爛的塑膠瓶。在各種垃圾當中，還漂浮著數不清的塑膠微粒。這些塑膠微粒會吸收殺蟲劑與致命的化學物，從而成為食物鏈裡的毒藥，因為浮游動物像水母和被囊動物，這種海洋裡最有效率的濾食生物，會把這種塑膠微粒吞食進去。除此之外，海面下還漂浮著幽靈網，也就是漁民遺失或丟棄的半透明漁網，海龜、信天翁、海豹、海豚都不免遭到幽靈網的纏繞而喪命。這片所謂的「太平洋大垃圾場」，現在面積已經幾乎和非洲一樣大了。

加勒比海，波多黎各沿海：由於水溫升高到不尋常的程度，熱帶淺水處的珊瑚礁出現集體死亡的現象。生物學家指出，水溫一旦達到三十二度以上，珊瑚蟲就會開始排出滋養牠們的共生藻，形成珊瑚白化，也就是珊瑚礁變成刺眼的白色而死亡。另外有些珊瑚則是被沉積物或海草覆蓋。根據估計，由於廢水排放、炸魚、底拖網漁業以及水溫不斷上升，加勒比海半數的珊瑚礁已死，全球海洋也有四分之一的珊瑚礁死亡。此外，還有所謂的海洋酸化現象，也就是燃燒化石燃料排放的二氧化碳融化在海裡，改變了海水的化學性質。海水的pH值一旦急遽下滑，水中的碳酸鹽與鈣含量也隨之降低：沒有了這些構造元素，珊瑚礁將不再成長。根據電腦模型的預測，按照目前溫室氣體的排放速度，全世界的珊瑚礁將在二〇七五年之前全部死亡殆盡。

南大西洋，納米比亞沿海：這個非洲國家的沿海是一片腐臭而且缺乏氧氣的「死亡海域」，除了水母之外沒有其他生物存活得了。而且，這片海域還一直不斷擴大。這是藻類增加造成的現象。藻類是一種微小的海洋漂浮生物，通常屬於食物鏈的底層。沙丁魚本是藻類的天敵，但歐洲與亞洲的漁船在過去十年來捕撈了一千萬噸的這種小型群居魚類，因此現在藻類的繁殖完全不受節制。腐爛的藻類沉到海底後會釋放出致命的硫化氫，這種毒氣會導致無鬚鱈死亡，而無鬚鱈正是納米比亞人主要的食用魚。科學家表示，這種沒有氧氣的死亡海域共有一百五十個，分布在南中國海至奧勒岡州沿岸，其中有些海域的面積已和愛爾蘭一樣大。

在二十一世紀初，我們已經可以清楚看出全世界的海洋確實出現了變化，而且絕對不是變得愈來愈好。權威期刊《自然》刊登的一篇論文指出，高級掠食者有百分之九十都已被捕撈一空，其中包括鮪魚、鯊魚、旗魚、劍旗魚。一群生態學家因為提出一項駭人的預測而登上了世界各地的報紙頭條：他們指出，按照當前的濫捕速度，所有大型魚類將在我們這一代徹底消失。換句話說，世界上的野生海鮮只夠我們吃到二〇四八年為止。

只要是居住在距水百里以內的人，應該都會對這樣的發展感到不安。畢竟，地球上的河流、湖泊與海洋都可能在不久之後成為酸化的死水，除了細菌、水母與毒海藻之外，再也沒有其他生物能夠生存。任何人只要曾在緬因州的海鮮餐館裡大啖龍蝦、在倫敦的小巷裡排隊買鱈魚排，或是在東京的壽司吧吞下一片鮮美滑嫩的鮪魚生魚片，面對這樣的世界前景必然不免嘆息。對於全球數十億由海鮮攝取蛋白質的人來說——包括我自己在內——少了野生海鮮的世界顯然是個夢魘：簡直讓人不想活下去。

現在，科學家已知道造成這種變化的原因，全是出自一個物種的飲食習慣，這個物種就是人類。我們每個人都是把二氧化碳排入大氣的元凶。光是壓下馬桶的沖水鈕或是為自家門前的草坪施肥，我們就會把氮與磷酸鹽排入水裡，助長藻類繁殖與珊瑚礁死亡的趨勢。不過，我們對海洋最大的傷害，則是濫捕魚類而造成食物鏈的崩解。我們吃掉了食物鏈上層的生物（包括鮪魚、劍旗魚、鯊魚等大型掠食魚類），中層和底層的生物也盡數遭到工業的挑揀使用。如此一來，我們便可能永久改變自然環境的結構，徹底改變這個滋養我們的環境。

過去在一般人眼中只堪當作魚餌使用的食物鏈底層生物，包括水母、魷魚和墨魚，現在都已開始被當成美食行銷。換句話說，野生鮪魚都已被裝進罐頭裡了，所以逐漸只剩下食物鏈底層的生物可供人類食用。一名漁業專家說過一句讓人難忘的話：以後，我們可能只有花生醬水母三明治可以吃。

無論喜不喜歡，我們都必須開始嚴正質疑我們當前的飲食方式。否則，全人類都將不免淪為食物鏈底層的動物。

底食動物

海鮮是門大生意。隨著世人愈來愈瞭解吃海鮮的健康效益，海鮮的銷售總額也節節上升：這項每年產值七百一十億美元的產業，在全球共有兩億從業人員，並且為二十六億人提供了至少百分之二十的蛋白質。二〇〇六年，美國人消費了二十多億個一百七十公克裝的鮪魚罐頭，平均每人吞下了兩公斤的蝦子。美國現在的海鮮消費量比起上個世代多了百分之七十。二〇〇五年，海鮮在英國的銷售總額首度超越禽肉。以全球而言，魚類消耗量在過去三十年來也成長了一倍。睽諸我們的飲食習慣，難怪海洋會陷入困境。

我寫作本書的動機，正是深知我們可能是歷史上得以享用新鮮野生魚類的最後一個世代。我們的後代恐怕再也沒有福氣享受這種樸實的奢華。如果真是這樣，那麼有些海鮮是我在這輩子裡一定要品嚐的。我的人生如果要稱得上圓滿，一定要到地中海去吃一碗岩魚湯，而且做法還要遵照「馬賽魚湯規章」。我也迫不及待要品嚐河豚，這是日本老饕的最愛，但只要料理不當，河豚體內所含的劇毒就可能讓人癱瘓窒息而死。我對醉蝦也心懷好奇──這道中國菜直接把活蝦泡入米酒內，端上桌的時候還可看到蝦子的腳抽搐。此外，我還沒到葡萄牙大西洋岸上的海灘餐廳享用過新鮮現烤的沙丁魚，也沒嚐過半打肥美的切薩皮克灣炸牡蠣搭配小餐包的樸實美味。

剛開始規畫這趟旅程的時候，我因為過去十年來的吃魚經驗而對海鮮的若干議題有粗淺的瞭解：我早已知道，鮪魚、鮭魚及劍旗魚等傳統上認為營養價值極高的掠食性魚類，現在最好少碰為妙，由於這些魚類居於食物鏈的頂層，因此體內也就比較容易累積大量毒素；我知道有些熱門的魚類遭到過度捕撈，例如智利海鱸和劍旗魚；而且有些魚群已經崩潰，其中最著名的就是大瀨的大西洋鱈魚；我也知道，多吃食物鏈中層和底層的海鮮，例如鯖魚、沙丁魚、吳郭魚、鯉魚、牡蠣、水母，無論對我自己還是海洋都比較有益。我甚至認為最佳的方法，就是乾脆成為底食動物──我的意思是說乾脆都吃食物鏈底層的生物。（底食動物可不是底棲動物，底棲動物指的是和龍蝦這類在海床上棲息、覓食的生物。）

我雖然在皮夾裡塞滿了蒙特瑞灣水族館及其他機構發行的海鮮挑選建議卡，卻還不清楚這樣飲食原則的細節。我已聽過各種關於永續海鮮的論調，但還不太知道該怎麼實踐。

先說明一下我這個人。我雖然喜歡魚，卻不是愛魚成癡：只要以合乎人道的方式殺魚，我對吃魚並沒有什麼道德上的顧慮。而且，雖然我從來不曾宰過豬或牛，但卻抓過、殺過、剖過也煮過魚，而且往後還是會持續這麼做。不過，我餐桌上的食物一旦在捕捉或培養過程中明顯有害環境，或涉及殘忍的行為，還是因汙染或攙有雜質而對健康有害，那我就敬謝不敏了。如果要我刻意吃下瀕臨絕種的鳥類、喝下虎骨泡的酒，或者吞下裏海僅存的最後幾克白鱘魚子，我絕不會感到任何樂趣。在我看來，自己的享受如果會剝奪全世界其他人的生活經驗，這樣的行為根本毫無享受可言。聲稱魚感受不到痛苦，只是釣客和廣東廚師為了一己之私而信口胡謅——許許多多的研究都顯示，魚類體內一樣有痛覺接受器，和其他動物並無不同；而且魚隻一旦受傷，同樣會明確表現出典型的壓力反應。人類沒有任何藉口可以殘忍對待魚類。不過，我也認為我們身為雜食性動物的演化史，不但給了我們吃魚的正當理由，甚至可以說吃魚是必要的——要是沒有海鮮的脂肪酸，我們的大腦就達不到應有的發育程度，也發揮不了應有的功能。

於是我開始規畫旅程。這趟旅程必然遍及世界各地，因為在空運和海運的高度發展下，海鮮產業早已成為全球化程度最高的一項產業了。在這趟旅程中，我會向紐約的頂尖海鮮大廚逼問他們菜單上的各式佳餚，到地中海的海洋生態保護區浮潛，走訪從倫敦到東京的各大魚市場，偷偷帶著海洋生態學家進入超市，靠著我的三寸不爛之舌混進鮭魚養殖場和漁船上。最後，我更要踏遍世界各地，包括北大西洋的海岸、印度洋的蝦子養殖場，乃至太平洋中國沿海汙染嚴重的水域。

在我出發之際，我嗜吃的海鮮種類絕對足以列出長長一份清單。我知道這份清單一定會隨著這趟旅程的進展而愈來愈短，但我猜想從中獲得的經驗絕對值得。藉由這趟旅程，我打算學習一項簡單但是至關緊要的技能——也就是如何以合乎道德的方式享用營養的食物。

對於膽子不大的人，在此先提出警告：我對吃極富冒險精神。只要是打著研究的名義，我大概什麼都敢試上一次。我在過去的遊歷經驗裡，早已習於入境隨俗，跟著當地人吃他們的地方美食——無論是西班牙的牛睪丸、加拿大原住民社群的發酵蠟魚脂，還是玻利維亞的駱馬排。本書記錄了一名海鮮愛好者的學習經歷，既然是學習有時難免做出事後懊悔的事情。不過，只要讀者願意跟著我走完這趟旅程，即可學到一套原則，從此無論採買、點餐，還是享用海鮮，都絕對不會嚴重耗損地球的資源，也絕對不怕無意間吃進毒素。

我要傳達給大家的好消息是，保育、美味和健康這三者確實有折衷兼顧的辦法——即便是像海鮮這樣物種繁多的美食也不例外。而且，我們可以在海洋與餐桌都不虞匱乏的情況下做到這一點。

1

在世界各地，漁業和魚類貿易都是以男性為主的行業。相對之下，魚類加工人員則是女性居多，無論是法國不列塔尼的沙丁魚罐頭工人還是印度的明蝦剝皮工人都是如此。「fisherpeople」（漁人）指的是開發中國家的漁民。在性別的議題上，我遵從琳達．格林勞（Linda Greenlaw）的看法，她曾是劍旗魚捕魚船的船長，在《飢餓的海》（*The Hungry Ocean*）一書中寫道：「『漁婦』（fisherwoman）甚至不算是正確的詞語，在字典裡查不到。『漁夫』（fisherman）的定義是：『以捕魚為業的人。』這樣的定義和我可是完全吻合呢。」所以，不管男女，都叫漁夫。

CHAPTER 1

小妖精崛起

紐約市｜香煎鮟鱇魚

問：魚為什麼都這麼瘦？
答：因為牠們吃魚

——傑利．盛菲德（Jerry Seinfeld）

在你這輩子可能吃得到的深海魚當中，長相最醜陋的必然是鮟鱇魚，又稱為琵琶魚、結巴魚、垂釣魚、僧侶魚、燈籠魚。鮟鱇魚看起來像是小妖精和蝌蚪雜交生下的產物，頭部寬扁有如鏟狀，接著直接削尖成為尾巴，似乎懶得多長一段身軀。圓滾滾的眼睛如同彈珠，表皮凹凸不平，青蛙般的猙獰嘴巴裡滿是尖銳如針的利牙，鮟鱇魚長得像壓扁了的德州電鋸殺人狂面具。蘇格蘭漁民稱之為毛莉．葛文（Molly Gowan）。新英格蘭部分地區的居民則稱之為「律師魚」，可見這種魚的長相有多麼討人厭。

鮟鱇魚的生理結構經過長久以來的適應演化，已成為理想的伏擊高手。牠利用像手一樣的肥厚腹鰭貼著海底游移，小小的眼睛看起來就像帽貝，胸鰭很可能被誤以為是蛤蜊，顏色斑駁的表皮則像是石頭與砂礫。阿蓋爾公爵八世（Eighth Duke of Argyll, 1823～1900）曾對鮟鱇魚的模樣驚奇不已，提筆寫道：「這種魚全身的外緣，以及唇部和下巴的邊沿，都布滿了流蘇狀的皮瓣，隨著水流漂動，看起來就像牠們身邊的小海藻一樣。」鮟鱇魚能夠隱身在環境當中，利用突出於前額的鰭刺引誘獵物，鰭刺末端還垂掛著一小片組織當作誘餌。一旦有蝦子或玉筋魚想要咬住誘餌，鮟鱇魚就會甩動結實有力的尾巴，身體一躍而起，同時張開大嘴，造成強烈吸力，把獵物連同水流一起吸進嘴裡。海底的食物一旦減少，鮟鱇魚在飢餓之餘甚至也會浮上水面——麻州漁民曾在海面下三百公尺深處捕撈到鮟鱇魚，結果發現牠們胃裡還有消化了一半的海鷗殘骸。

堪稱海底鐘樓怪人的鮟鱇魚不僅外表醜陋，也因為棲息在海底，所以寄生蟲特別多。我曾和一些魚販談過，他們一想起鮟鱇魚的生魚肉就不禁渾身雞皮疙瘩，尤其肝臟裡更可能滿是海生蠕蟲，他們私下都說自己絕對不吃這種魚。鮟鱇魚的身長最大可達一點五公尺。你如果不小心釣到一條，可能會嚇得連釣竿都一起丟掉。

春末的一個平日傍晚，在伯納丁（Le Bernardin）這家堪稱曼哈頓甚至全美最有名的海鮮餐廳裡，行政主廚艿波特（Eric Ripert）突發奇想，以香煎鮟鱇魚尾向高第這位特立獨行的加泰隆尼亞建築師致敬。醬汁由西班牙香腸與阿爾巴里諾白葡萄磨碎而成，加上辣味臘腸，讓切成丁狀的魚肉在微甜的嚼勁之外，又帶有一絲絲的辛香味；上桌時還搭配淋上白色美乃滋與紅色辣椒醬的西班牙炸馬鈴薯。在伯納丁餐廳，各式頂級海鮮都以文火燉煮、汆燙即起、打成薄片，呈現為美觀鮮香的佳餚，消化起來毫無負擔。

高第是個遺世獨立的素食者，厭惡奢華鋪張的享受。他如果到這裡來，一定會覺得格格不入——伯納丁可是位於各種食物鏈的頂端。自從米其林第一本紐約美食指南把伯納丁封為頂級的三星餐廳之後，到這裡用餐就得提前幾周甚至幾個月前訂位。在這個距離洛克斐勒中心只有一個街口、由柚木與藍色絲綢打造而成的海鮮宮殿裡，以錢財從事著古老的交易，饕客懷著虔敬的心情前來享用美食。

「這可是紐約最頂尖的餐廳哪，」一個滿頭白髮的男人身穿鑲著金釦子的休閒西裝，以不可一世的姿態向他的賓客這麼宣稱道（接著又邀請大家到他的莊園去獵麋鹿）。一名女招待生輕輕推動旋轉門，迎接一位全身滿是香奈兒行頭的女顧客。身穿黑色襯衫並且繫著黑色領帶的年輕服務生，像歌舞伎表演中的舞臺工作人員一樣，悄無聲息地冒出於顧客身邊，用金屬刮片恭敬有禮地刮起桌巾上的食物碎屑。連同搭配餐點的葡萄酒以及芮波特的招牌甜點——一整顆水煮蛋挖成中空，填入牛奶巧克力、焦糖泡沫以及楓糖漿內餡——整套主廚推薦套餐要價兩百九十五美元。付出這樣的代價，可以品嚐到不少世界頂級美食，包括伊朗進口的鵪鶉蛋與歐西塔魚子醬，還有鵝肝醬，以及從阿拉斯加空運而來的野生鮭魚。

對於一條從緬因州海岸抓來的底棲鮟鱇魚，這些夥伴不免顯得有些耀眼奪目。過去，一條中等大小的鮟鱇魚只不過可以讓漁民賣得一磅三十美分的價錢。當然，還得要漁民願意把牠們捕上岸才有這樣的價值。拖網漁船的船長通常會把鮟鱇魚當成沒有販賣價值的雜魚拋回海裡。不過，風水輪流轉，鮟鱇魚的身價在三十年前突然扶搖直上——美食風尚開始往海底深處探尋，於是這種原本在漁民眼中不屑一顧的醜陋生物，也一夕之間搖身變為不可或缺的主菜，價格因此翻漲了十倍。

當紅魚種

「我家附近的市場，最近出現了一種從沒見過的新奇魚類，」茱莉雅．柴爾德（Julia Child）在一九七九年五月號的《麥考爾》（*McCall's*）雜誌裡寫道。她最早看到這種魚，是在新英格蘭的一個魚販攤。「我的意思是說，這種魚其實一點都不新奇。自從有了魚類以來，從紐芬蘭乃至北卡羅萊納的大西洋水域就可見到這種魚的蹤影，只不過我們從來不曾把牠當一回事，直到一般常見魚類的價格漲上天，漁民才開始更仔細檢查捕到的魚獲……那天我在魚市場看到的新奇魚類就是鮟鱇魚。消息一旦傳開之後，這種魚的需求就會愈來愈大，其身影也將遍及全國各地。」

柴爾德自己就助長了這股風潮。這位把法國美食帶入美國主流社會的食譜作家，在公共電視網的《柴爾德請客》（*Julia Child and Company*）節目裡，曾經和一條十公斤重的鮟鱇魚奮力搏鬥，教導觀眾如何把這種怪魚的頭顱砍掉，再燉煮尾巴，令人印象深刻。合法海鮮連鎖餐廳（Legal Sea Foods）的創辦人喬治．伯考維茨（George Berkowitz）後來讚嘆道：「她在節目裡提到鮟鱇魚，就此把這種魚介紹給了全美國……原本只是一種沒什麼人吃的食材，但經過她一介紹，鮟鱇魚從此一炮而紅，二十年後還是一樣熱門。」

烹飪潮流對魚類具有致命的影響力。原本冷門的魚類一旦流行起來，就可能遭人捕撈一空。這種現象在北美尤然，因為這個市場的消費者不但多達三億三千四百萬人，而且喜於嘗鮮獵奇。紐奧良廚師普呂多姆（Paul Prudhomme）是卡津料理風潮的推手之一[2]，他在一九八〇年代期間又推廣了紅鼓魚，結果，到了一九八六年，為了因應市場需求，漁民每年在墨西哥灣捕撈的紅鼓魚已多達六千五百噸。十八年後，漁獲量降至僅有三十噸，於是批發商只好向臺灣與厄瓜多進口養殖紅鼓魚。

魚兒要是生不逢辰，成為注目焦點，下場就慘了。這種魚如果嚐起來味道鮮美，更是命中注定難逃一劫。配備著最新衛星科技的漁船不惜深入南極海域和海洋深淵追捕魚類，只為了讓倫敦、東京、紐約的饕客滿足口腹之欲。生態學家沃姆（Boris Worm）與已故的麥爾斯（Ransom Myers）分析了大西洋裡各種掠食魚類數量消減的現象，在二〇〇三年的《自然》期刊發表一篇論文，指出工業化漁業[3]只要十五年的時間，即會讓目標物種的生物質量（所有生物的合計重量）減少百分之八十。

一九七八年，麻州漁民捕捉的鮟鱇魚每磅可賣得三十五美分。三年後，由於柴爾德的倡行，鮟鱇魚的價格幾乎倍增，於是這種原本名不見經傳的底棲魚類也面臨了過度捕撈的命運。

自此之後，鮟鱇魚的世界就完全改變了。

市場裡的小妖精

現在，到紐約的新富頓魚市場（New Fulton Fish Market）走一遭，總是讓人不免心情沉重。過去，這裡可是個令人目眩神迷的地方：十九世紀，城市裡的貧民總是會到這裡的眾多牡蠣攤販吃個半熟的水煮蛋和一打生牡蠣。二十世紀末，綽號叫髒臉強尼這類名字的黑社會人物可以在這裡倒半瓶威士忌消毒身上的刀傷，再把剩餘的酒喝掉，但切起魚排仍是速度飛快。

凌晨四點，南布隆克斯區看去空無一人。我穿越新富頓魚市場的安全門，從側門走進了魚市場。現在，如果要到魚市場旁由泛光燈照明的停車場停車，就得在安全門先繳六美元。走進魚市場裡，整棟建築看起來有如一座龐大的地下碉堡，大小相當於橫擺的帝國大廈，照明的燈光則像是客運車站。我到這裡刻意自找麻煩——我要來會會新鮮現捕的鮟鱇魚。

我對世界上的各大魚市場有個理論：一座大都會一旦喪失了中央市場，就等於是喪失了肚子，於是也不免喪失靈魂。（不過，就紐約而言，「靈魂」一詞也許該改成「本我」。）我知道巴黎在一九六九年就放棄了無產階級的靈魂，因為巴黎市中心的磊阿勒市場（Les Halles）在那一年遷到了市郊的倫傑斯（Rungis），而那座市場正是醉漢在深夜可以喝碗洋蔥湯的好去處。富頓魚市場在二〇〇五年搬遷到布隆克斯區的亨茲角（Hunts Point），也是多年來市區改造的成果，並且證明了老紐約人早就心知肚明的一件事：傳說中階級混雜而且衝突不斷的曼哈頓，早在許久以前就已經移到周遭的郊區去了。

在新富頓魚市場中央走道的兩旁，每隔十公尺左右就有標示牌掛在木箱或水槽上、註明了它們是紐約各家餐廳供應食材的主要攤商：斯萊汶、藍絲帶、格勞斯特魚公司、斯米提的魚排屋。富頓市場雖然遷了新址，廚師和零售商卻沒有因此投向其他市集的懷抱。此外，對於跟著市場搬遷過來的三十七家批發商而言，生意顯然比以前改善了不少。二〇〇六年，這座市場總共賣出十一萬噸的魚貨，銷售量僅次於東京的築地市場。

市場裡不時可見到小型堆高機在走道上來來去去。法蘭克．威吉森公司的一名員工忙著從堆高機上卸下魚貨，好不容易才找到空檔喘息一下。他名叫尼克．丹徒歐諾，身穿白色工作服，漫不在乎地把一根鋼製魚鉤垂掛在肩上。他向我談及在這座市場裡工作三十三年所見到的各種變化。

「以前的鱈魚都很大，像這樣，」他比畫著一大塊冰上一條黏膩滑溜的鱈魚，右手掌比那條魚的尾巴還多延伸了三十公分。「我們會拿到市場鱈魚，也會拿到魚排鱈魚。市場鱈魚比較小，還保留魚頭；魚排鱈魚送來的時候頭就已經切掉了。以前也看得到很多狹鱈和黑線鱈，可是這些魚突然間都不見了。現在的鱈魚都被加工廠買去做炸魚條了，根本沒機會送到這裡來。」

「有了空運之後，我們大概在十年前開始拿得到世界各地的魚貨。現在，他們無論是在澳洲抓的劍旗魚還是在地中海抓的黑鮪魚，不管在地球上的哪個角落，都可以直接裝進保麗龍盒，只要二十四小時，咻，就到這裡來了。」他說他們公司現在主要的營收都來自一種叫做牙鱈的魚，他們每賣一條墨西哥灣的紅笛鯛，同時也會賣掉四十五公斤來自新斯科細亞省的牙鱈。牙鱈是大西洋的一種餌料魚，身長三十公分，魚肉色白味淡，卻是市場裡最熱門的魚類。丹徒歐諾估計他們每周可賣出五十噸，大部分都是賣到非裔美人社區的小餐館。

丹徒歐諾看了看四周，承認新的市場確實比舊的乾淨得多。這裡到處都是不鏽鋼臺面和水槽，地上也滿是排水孔，而且工作人員也不必再戴上帽子以防鴿糞掉到頭上。最重要的是，裝盛魚貨的保麗龍盒再也不必擺在羅斯福大道上，在三十八度的高溫下放上好幾個小時。這整棟建築都設有空調，維持攝氏四度以保鮮魚貨。

「問題是，這裡沒有氣氛，」丹徒歐諾說：「曼哈頓那裡有碼頭，市場就在街上，你會覺得自己就是都市的一部分。在這裡，就像是被關在箱子裡面一樣，不會有路人順道過來逛逛。以前那樣比較好，我們喜歡那種感覺。」

我到其他攤販前面走走看看，發現以前罕見的異國魚類，現在卻成了市場裡的主要商品。實際上，富頓市場有些攤販賣的魚貨，看起來就像是匯集了《海底總動員》的角色陣容一樣。我認得出來自安地卡的鸚哥魚，以及南美洲一種吃漿果的魚，叫做銀板魚。還有鯧魚、石斑、魴鮄，以及一種五顏六色而且眼球凸出的深海魚，叫做橘棘鯛。這正是時代的徵象。紐約人現在吃的不是北大西洋出產的鱈魚、黑線鱈和鮪魚，而是原本只在水族館內看得到的魚，來自遙遠的海底山丘與珊瑚礁，就連這些海域的魚也被蒐羅過來。

我繼續我的深海妖怪探索之旅。其實不難找，每家批發商似乎都賣有鮟鱇魚，無論是蒙托克海鮮（這裡陳列的是整條魚）還是南街海鮮（這裡賣的是魚片）。鮟鱇魚的尾巴每磅要價三點二五美元——由此可見餐廳的轉手利潤極高，在曼哈頓的餐廳裡，六盎司的鮟鱇魚料理要價可高達二十五美元。藍絲帶魚貨是紐約市多家頂級餐廳的魚貨供應商，其中一名員工注意到我在看他們的商品，於是趨前問我：

「你要不要看一種很特別的魚？」

他把魚鉤戳入一個保麗龍盒裡，拉出了一條癱軟黏滑的怪物，咧著一張有如鬥牛犬的嘴巴。我要的鮟鱇魚顯然自己找上門來了：這是一條正好符合我需求的鮟鱇魚，重十公斤，前一天才剛在紐澤西五月岬捕到的。這條魚比我想像的還要醜陋，褐色的外皮在螢光燈下閃閃發亮，猶如蟾蜍一樣。

「這種魚會躲在沙子裡面，」那名藍絲帶的員工解釋道：「用這根小釣竿捕魚。」他扯了扯鮟鱇魚前額的鰭刺。「其他魚看到這根黑色的東西，會以為是小蟲。牠就這樣扭動著，然後——嘩！」他把鉤住鮟鱇魚上顎的魚鉤猛力一挑，於是整條魚跳了起來，張著布滿尖牙的血盆大口，朝著我的鼻子衝了過來。我嚇得往後一跳，那人則是開心大笑。「每次都有效！」他吼道，身邊的同事也笑了起來。（我後來發現，魚販的幽默感是需要慢慢適應的。）

也許我算幸運了，只是被一條鮟鱇魚嚇到而已。在舊富頓市場，白目的傢伙可是會被丟到海裡餵魚的。當時市場所在處的南街，因犯罪組織猖獗而惡名昭彰，黑幫長年向魚販勒索豐厚的保護費。黑手黨之一的傑諾維塞家族（the Genovese family）更是被指控利用有名無實的卸貨與保全公司，把富頓市場變成私人洗錢中心。

說到底，重點就是到富頓市場買東西要小心。一名攤商因違法販售在哈德遜河下游捕捉的野生條紋狼鱸而遭到逮捕，那裡的魚受到嚴重的汙染。結果，警方發現他的販售對象包括了富頓市場的其他批發商，而且共有上千公斤的魚貨流入曼哈頓的頂級餐廳，全都遭到多氯聯苯這種毒性極強的工業化學元素汙染。一九九五年，紐約市長朱利安尼強力推行背景篩檢的許可制度。魚販只要有過犯罪紀錄，執照就隨即遭到吊銷。短短幾個月，就有三十家公司遭到關閉。這項掃蕩行動大大造福了紐約市的海鮮愛好者——魚價下跌，富頓市場的交易量也躍升百分之五十。

這可不是說海鮮詐騙活動已經銷聲匿跡了，還差得遠呢。鮟鱇魚之所以叫做「窮人的龍蝦」，箇中原因耐人尋味。

掛羊頭賣狗肉

海鮮詐騙並不難：既然人們愛吃海鮮卻不懂如何分辨不同種類的魚，魚販可是一點都不羞於利用冒充的伎倆從中獲利。

以「鱸」一字為例。上百個不同品種的魚類，名稱中都有這個字，但只有少數幾種具有近親關係，包括六線黑鱸、智利海鱸以及條紋狼鱸。另一方面，烏魚這種魚在義大利又叫做「cefalo」、「muletto」、「muzao」，以及其他三十七種名稱。（遭到過度捕撈的魚種如果要降低銷售量，最快的方法就是強迫餐廳把各種魚類都標示出真正的名稱。舉例來說，橘棘鯛在紐西蘭叫做「黏液頭」。鬼頭刀原本叫做「海豚魚」——絕對沒有人願意被人說自己竟然拿海豚來打牙祭。英國更是應該強迫炸魚薯條餐館標示出「石鮭魚」的原名：棘角鯊。）不同於牛肉、豬肉和雞肉，「海鮮」一詞包含了各式各樣的動物：總的來說，美國市場裡共可見到三百五十種不同種類的海鮮。要拿某個品種冒充另一種並不難，把養殖魚標示為野生魚更是容易。你如果每周都到餐廳吃幾餐海鮮，那麼每月至少會有一、兩次淪為海鮮詐騙的受害者，頻率按照居住地區不同而有高有低。

世界各地都有當地特有的海鮮詐騙型態。在美國中西部，魚販所賣的大眼梭鱸實際上可能是白梭吻鱸——一種歐洲進口的廉價白肉魚。在澳洲，尖吻鱸通常由比較便宜的尼羅鱸取代。在加拿大，饕客餐桌上的鱈魚通常是黑線鱈。在南美，鯊魚常常切片之後當成鮪魚出售。二〇〇七年，英國食品標準局發現百分之十五的市售野生魚類其實都來自養殖場。即便是在哈洛德百貨（Harrods）這麼商譽卓著的零售通路，也一樣看得到海鮮標示錯誤的現象。

但海鮮詐騙的行為可能不會再增多了，因為新科技逐漸趕上了舊有的犯罪行為。現在，精確的DNA檢測並不需花費太高昂的成本，紐約州一間實驗室又研發出一種方式，能夠檢測烹煮過的魚隻樣本，而且檢測的價格還不到兩百美元。二〇〇七年，《芝加哥太陽時報》發現當地十四家供應紅笛鯛的日本餐廳當中，有四家供應的其實是嘉鱲，其他十家供應的則是吳郭魚——一種味道平淡的養殖魚種。整體來看，在美國八個州販賣的笛鯛當中，四分之三都是以其他品種的魚冒充。

石斑是最常出現騙局的魚種。這種體型肥大、嘴唇渾厚如滾石合唱團主唱的礁魚，是南方各州居民的最愛：除了萊姆派和路邊乞丐之外，石斑三明治也是佛羅里達州海岸地區的正字標記。美國捕撈的石斑有四分之三來自墨西哥灣，但其漁獲量在一九八〇年代開始下滑。後來國家海洋漁業局關閉漁場兩個月，進口商隨即利用這個機會打進供不應求的石斑市場。佛州南部地區的電視臺發現，在當地的餐廳裡點石斑魚，實際上吃到的可能是無鬚鱈、龍占、綠色犬牙石首魚，甚至是花石鱸，總之涵蓋了各式各樣的海魚，但偏偏就是沒有石斑。最常見的替代魚類是養殖的亞洲鯰魚，包括波沙魚、扁加秋司鯊、鯊魚鯰，但這些魚通常以危險的抗生素和殺真菌藥劑處理過。即便是海灘比利（Boardwalk Billy's）、鱷魚燒烤（R.J. Gator）以及麥許海鮮（McCormick & Schmick's）等大型連鎖餐廳，供應的石斑其實也都是鯰魚。有些餐廳可能真的不知道自己賣的魚早已被人偷天換日：調查人員發現，這些魚貨的貨運箱通常都標示為石斑（但不少餐廳倒是偏偏都剛好把收據弄丟了）。儘管如此，還是很難相信所有餐廳真的都不知情。真正的石斑批發價為每磅十美元，佛州有些餐廳卻推出七點九九美元吃到飽的石斑特餐。二〇〇六年，佛州一名進口商成了石斑騙局的代罪羔羊，判刑之重令人震驚，高達五十一個月有期徒刑。

結果，鮟鱇魚竟然也是經常被人用來詐騙大眾的魚種。不過，在這方面騙人的倒不是批發商，而是以餐廳老闆居多。

以下這份食譜，可讓一般義式餐館的龍蝦醬義大利麵擺上一個星期還不會壞，而且成本不到一百五十美元：買兩隻全隻龍蝦，還有十八公斤比較便宜的鮟鱇魚尾；燙熟之後，用牛油煎過，加上鮮奶油、少許白蘭地和歐芹，再把這種醬淋在義大利麵上。菜單上不必註明醬汁裡加了鮟鱇魚。畢竟，加入鮟鱇魚只不過是要讓這道白醬龍蝦義大利麵的保存期限延長一點而已。

這就是為什麼鮟鱇魚又叫做「窮人的龍蝦」。只不過，窮人通常是最後一個知道真相的人。

小妖精的神化

獲得柴爾德的認可之後，過去備受鄙視的鮟鱇魚突然間變成了熱門的桌上佳餚。

不久之後，商人發現鮟鱇魚身上有一種器官，就像海膽的生殖腺一樣，在國外早已有一群忠實的愛好者了。海膽籽在某些未經汙染的太平洋海濱吸收了潮間帶的精髓，鮟鱇魚的肝臟則是吸取了海洋深處各種腐敗物質的精華。一口咬下這種柔軟蓬鬆的器官，就像是灌下了一口馬尾藻海的海水一樣，滿嘴腐爛海草與鯨肉的味道，然後才逐漸化為油脂豐富、綿滑濃郁的美味肝臟。鮟鱇魚的肝臟在市場上的價格可高達每磅十九美元，而且都經由波士頓的羅根機場運往日本的生魚片餐廳與巴黎的圓頂餐廳（La Coupole）這類海鮮聖殿。鮟鱇魚肝在美國從來不曾真正流行起來。即便是紐約這個走在潮流尖端的市場，對於帶有腐臭味的食物還是難以接受。或許問題是出在名稱：畢竟，法語的「foiedelotte」或是日語的「あんきも」都比「鮟鱇魚肝」這樣平淡乏味的名稱好聽得多。

隨著鮟鱇魚受歡迎的程度愈來愈高，捕撈量也逐漸下降。一九九〇年代，儘管聯邦政府發出一連串的最後通牒，身為美國八個區域性漁業組織之一的新英格蘭漁業管理委員會，卻拒絕為鮟鱇魚訂立管理計畫。捕撈量的高峰達到兩萬八千噸，但其中也包括了小魚和幼魚。聯邦官員估計，自從三十年前開始進行魚類普查以來，鮟鱇魚數量在一九九〇年代中期降到了最低點。從獲得柴爾德注意的二十年後、即一九九九年，官方終於宣布鮟鱇魚為遭到過度捕撈的魚類，於是也總算訂定了捕撈限額。

到了這時才訂定限額可能已經太遲了。當時鮟鱇魚早已成了大生意，漁民不惜冒著受罰的風險大發魚財。貿易期刊《海鮮產業》（*Seafood Business*）指出，鮟鱇魚每年可為漁民帶來五千萬美元的收入，成為美國東岸最有價值的魚種，勝過鱈魚和比目魚。國家海洋漁業局短暫指出鮟鱇魚數量「復甦」之後，又在二〇〇六年再次宣布這種魚類遭到過度捕撈。儘管許多證據都顯示鮟鱇魚數量不斷衰減，捕撈行為卻不曾稍緩。

我走在曼哈頓的街道上，一一瀏覽餐廳的菜單，發現每家海鮮餐廳，還有少數其他餐廳，似乎都看得到鮟鱇魚這道菜。西六十四街的皮丘林餐廳（Picholine）把帶骨的魚肉燉煮過後，再淋上濃郁的西班牙羅曼斯科醬汁；哈德遜街的松久信幸餐廳（Nobu）是做成冷醬和魚子醬一起上桌；在東五十四街的旺餐廳（Vong），亞爾薩斯大廚凡吉利奇登（Jean-Georges Vongerichten）把鮟鱇魚加上特殊香料放入烤箱烘烤；中城區的俄羅斯茶館（Russian Tea Room）則是利用首黃道蟹（Dungeness Crab）的高湯，把鮟鱇魚煮成俄式蔬菜魚湯。即便是西村那家樸實無華但總是座無虛席的瑪麗魚館（Mary's Fish Camp），也吃得到香煎鮟鱇魚。而且這道主菜還不便宜，一盤鮟鱇魚尾平均要價二十二點五美元。

鮟鱇魚雖然距離瀕臨絕種的地步還遠得很，但絕對是被過度捕撈：在蒙特瑞灣水族館的水產監控卡上，鮟鱇魚被列入了「避免食用」的紅色警戒名單。不過，就算鮟鱇魚的數量和龍蝦一樣豐富，我們還是應該避免食用，原因是鮟鱇魚的捕捉方式。

鮟鱇魚的問題

鮟鱇魚的底棲生活型態，原本是避免漁民捕捉的最佳利器。不過，科技卻在許久以前破除了這道防護。

美國餐廳裡供應的美洲鮟鱇（學名「Lophius americanus」），可見於佛州北部的聖勞倫斯灣（Gulf of St. Lawrence），潛伏在深度達八千公尺以上的陸棚。（在歐洲的大西洋沿岸，自從蘇格蘭船隊的捕撈活動受到嚴格限制之後，美洲鮟鱇的近親鮟鱇〔Lophius piscatorius〕已經復育成功。二〇〇七年，艾斯達連鎖超市（Asda）宣布將再度販售鮟鱇魚。海洋保育協會的「好魚指南」只把特定地區遭到過度捕撈的鮟鱇魚列入「避免食用」的名單中。）哈德遜海底峽谷為冰河融化之後的水流在大陸坡上切出的裂口，由紐約港口延伸到大西洋外海，長度將近八百公里，而這正是鮟鱇魚喜愛的棲息地。這樣的海底峽谷形成豐富的生態體系，可供龍蝦、鯊魚、黃鰭鮪等海洋生物生存，而且距離新英格蘭的格勞斯特與紐貝德福等海港都不遠。在美國海域，大多數的鮟鱇魚都是遭到底拖網的捕撈，這種圓錐狀的漁網以二到六節的航速掃過海洋底部。現在，即便是最小的拖網漁船，也都利用精確衛星導航與電腦顯像技術追蹤魚群。海床上的隙縫在過去曾經是底食生物的安全避難所，現在卻都逃不過底拖網、驚嚇鏈以及滾輪拖網（採用沉重的鋼鐵與橡膠輪胎，可攀越海底的巨石）的摧殘。

面對這樣的捕魚技術，即便是偽裝得毫無破綻的鮟鱇魚也無可倖免。拖網的底端會把海底的生物刮起來而落進網內，並且因為削過海床而揚起濃密的沙塵。拖網對捕撈的魚種沒有選擇性，漁民捕獲的鮟鱇魚當中，約百分之二十二混有其他魚類，尤其是遭到過度捕撈的魟魚。這種額外捕捉的魚隻在漁業術語中稱為混獲，而且被漁民拋回海裡之後，大多不是早已死亡，就是奄奄一息。

「不要把特定的漁具妖魔化。」在保育人士開始發起反對底拖網的運動之後，捍衛美國漁民與加工業者利益的美國國家漁業協會，曾由發言人提出這樣的呼籲。然而，後來一項調查邀請生物學家、漁業業者和漁民本身以一到一百的分數為各類漁具評分——一百分代表破壞力最大——結果所有人都把底拖網評為最糟糕的漁具。巾著網可以選擇性地圍住沙丁魚或鮪魚魚群，獲得最低的四分；龍蝦籠為三十八分，還在可接受的範圍內；底拖網得九十一分，是這項調查裡十種捕魚方式當中破壞力最大的一種，無論就棲地衝擊或混獲情形而言都是如此。

漁民和科學家都一致同意，底拖網是最該受到嚴格規範的漁具。

海床如果是一片平原，只棲息著具有經濟價值的海底魚類，那麼底拖網這種當前最常見的捕魚方式也許不會造成太大的傷害。但實際上，海床的許多地區都是地形複雜的棲息地，而且我們對這些棲地所知極為有限。海洋有百分之八十的深度都在一公里半以上，並且這些深海區域連綿不斷，所以大西洋、太平洋以及南半球各海洋的海底盆地其實都彼此相連。海底雖然有相當龐大的面積都是泥濘的平原，只有鮪魚和鯊魚等大型魚類穿梭其上，但即便是這些海底沙漠，也還是包含極其重要的生命綠洲。單在過去十年來，探險家就探索了位於海面下三公里的許多深海熱泉，發現許多在缺乏陽光的環境下演化而來的生物。人類在一九七七年發現第一座深海熱泉，暱稱為「黑煙囪」；自此之後，平均每十年即發現一種仰賴熱泉為生的新物種，其中包括盲蝦、龍蝦、海葵，還有一種存活了兩百五十年的巨型管蟲，其所食用的細菌能夠代謝地殼裡噴出的硫化氫。有些人推測認為，地球上的生物可能就是始於這類熱泉的周邊，而且這樣的發展也可能出現在其他星球上。

海洋裡也藏有至少一萬四千座大型海底山，上行的水流會在山坡上沉積營養物質，形成生物聚集地，就像非洲乾草原上的水池。雖然海底山所占的整體面積不大，但對高齡和大型的魚隻來說卻是重要的避難處所，而且這種魚的繁殖力也最強。海底山和熱帶礁石一樣，是深海珊瑚的生長地，其中有些珊瑚的年齡可能高達四千年，其他還有如多絲莖角鮟鱇、寬咽魚、北大西洋長尾鱈，以及其他還沒深入研究的深海物種。（鼠尾鱈有能夠夜視的特殊桿細胞，視力比人類清楚兩百倍；而且還有一種特殊腺體，一旦擠壓，即可促使冷光細菌發出光芒，有如深海手電筒。）不過，近來科學家潛至澳洲偏遠海域的一座海底山，卻發現已被底拖網刮得一片貧瘠了。

「底拖網漁業就像是用推土機抓鳥兒來吃，」主導過六十多次深海探勘的美國生物學家席維雅・厄爾（Sylvia Earle）這麼描述底拖網的破壞力。「遭到拖網摧殘之前，在小隙縫、洞穴、山丘裡都可以看到一隻隻的眼睛……但拖網掃過之後，海底看起來就像是一條高速公路，變成一片平地。生物都不見了。可能還有幾條魚游進游出，可是原本棲息在海床裡的生物都遭到扼殺，全部壓死了。就像是直接在牠們身上鋪路一樣。」

沒什麼東西抵擋得了底拖網。這種漁網的開口裝有一道門，兩邊的門扇各重達六公噸，張開之後的大小足以吞下一整座大教堂。漁網底下的鋼製滾輪壓過珊瑚、海扇、叢聚的海綿、柳珊瑚，以及其他存活了百年的脆弱結構，就像鏟雪車鏟過堆雪城堡一樣。緬因灣因遭到沉重的底拖網反覆摧殘，原本物種豐富的海底山丘都已化為海床上的小土丘。生物學家認為，由於底拖網漁業，許多物種都在人類還沒知曉之前就已經絕種了。所以，我們等於是剷平了海底——挪威外海有寬達四公里的海底刮痕，當地百分之四十的冷水礁都早已遭到底拖網破壞。在佛羅里達州外海，脆弱的目珊瑚礁更是有百分之九十遭到底拖網碾成碎石。

令人吃驚的是，有些拖網可以潛入深達兩公里的海底。因此，目前已知的海底山共有四分之一逃不過漁業的蹂躪。此外，其中有半數又都位在國際海域，超出兩百海浬的國家海域之外。對全世界的拖網漁民而言，這片一億九千四百二十五萬平方公里不受規範的海洋，可說是他們橫行無阻的最後疆界。唯有在這裡，他們才能盡情捕魚，不必煩惱各種繁瑣的官方手續，也不必擔心環保人士的騷擾。公海上的拖網漁船雖然不到兩百艘，這些船隻的效率卻高得驚人——它們每年掃過的海底面積是美國本土的兩倍。令人反胃的是，世界各國政府竟然每年拿一億五千兩百萬美元的納稅錢補助這個產業。如果沒有這筆公共補助款，全世界的公海船隊絕對不可能有利潤。

二〇〇六年，聯合國出現一項提案，建議暫時禁止公海捕魚活動，結果世界各地的上千名科學家簽署了一份請願書，要求徹底禁絕公海漁業，而且這項請願行動也獲得英國、澳洲以及美國支持。少數幾個關鍵漁業國提出反對，後來終於由冰島擋下了暫停公海捕魚活動的提案。最後簽署的協議是折衷版本，允許俄國與中國這類窮凶極惡的漁業國家自行監督本國的船隻。俄國原本每年提供三千萬美元補助深海拖網漁船，在那之後更宣布將增加公海的捕魚活動。

加拿大也反對暫停公海捕魚的提案，但該國的拖網漁船根本不在兩百海浬的國家海域以外捕魚，那麼加拿大反對的動機是什麼呢？原因是聯邦政府想要保護加拿大的近岸底拖網漁業，因為這個產業單是對新斯科細亞省即可帶來每年五億美元的收入。

由於擔心公海禁漁措施可能影響蝦子、鰈魚和干貝等獲利豐厚的漁業，加拿大漁業中最大的業者於是厚顏無恥地提出誤導大眾的聲明。「沒有任何科學證據、沒有一丁點證據能夠證明這種『底拖網漁業對海底環境造成損害，』」清水海產公司（Clearwater Seafoods）總裁約翰．李斯利（John Risley）於二〇〇六年在記者會上如此堅稱。（事實正好相反：早已有厚達數冊的科學論文證明脆弱的珊瑚礁遭到加拿大的拖網漁船大量毀壞，有些甚至就在新斯科細亞省外海。）一名記者直言詰問，加拿大拒絕支持暫停捕魚的提案是不是為了保護像清水海產這樣的大型漁業公司，加拿大聯邦漁業部長的答案是：「這絕對是其中一個因素。」他接著又解釋道：「我們如果全面禁止底拖網漁業，將會剝奪加拿大許多沿岸社區的生計。」實際上，漁業社群真正該擔心的不是什麼暫停捕魚措施，而是公海底拖網漁業造成的長期影響，因為這種捕魚活動是海洋棲地最可怕的殺手。

這也正是鮟鱇魚最大的問題所在——不但捕捉鮟鱇魚的底拖網會殘害近岸的海床峽谷，保護這樣的漁業也讓漁民取得了蹂躪海底山的正當理由。要是把所有成本加總起來，北美洲高級餐廳裡常見的這種窮人龍蝦實在是貴得不像話。

我在紐約的市場和餐廳菜單上還看過比鮟鱇魚更糟糕的東西。舉例來說，橘棘鯛這種凸眼可人的深海魚，一般都在海底山上覓食，可以活到一百五十歲，而且到了四十歲才會開始生殖。許多的深海劫掠活動都是為了捕捉這種魚。二〇〇六年，澳洲政府正式把橘棘鯛列為瀕臨絕種的生物。

捕捉這種深海生物實在是非常不智的行為，害處數之不盡。我們竟然必須在水面下兩公里半的深海拖著漁網捕魚，可見人類尋求野生蛋白質的來源已成了多麼困難的事情。打個比方，這就像是人類把歐洲和北美的鳥兒都獵光了，所以只好放火燒掉亞馬遜叢林，以便用蝴蝶網抓住倉忙逃生的鸚鵡和金剛鸚鵡，然後再把牠們煮來吃。

一天下午，我在格林威治村閒晃，在第三大道與布里克街之間的湯普森街上停下腳步，隨意瀏覽了一家泰式餐廳櫥窗裡的菜單。當天的今日特餐是來自紐西蘭的烤橘棘鯛搭配紅椒濃湯，恐怕是全球僅存的最後幾尾。這套特餐只要十四點五美元，實在是划算至極。

有關紐約的傳言是真的，這裡確實什麼東西都找得到。

把高級餐廳列入黑名單

引領美食風潮的人物雖然可能導致特定魚類遭到過度捕撈而絕種，但如果有人能夠說服大眾反思其飲食習慣，也可能因此挽回某個物種。一九八七年，一位名叫山姆．拉巴德（Sam LaBudde）的生物學家，在一艘巴拿馬籍的鮪魚船上謀得廚師的職務。他用一部索尼攝影機拍下漁船在熱帶海域以巾著網捕捉黃鰭鮪，結果導致海豚溺死網中的情形。在這段令人震驚的影片中，可以看到海豚的鰭遭到尼龍漁網撕裂而不停尖叫的慘狀。經過CNN與ABC電視臺還有《今日秀》節目的播放之後，大眾的飲食習慣隨即改變，鮪魚銷售量因此遽減。到了一九九〇年，由於民意調查發現百分之六十的美國民眾都知道鮪魚罐頭工業殺害了數以萬計的海豚，星奇斯（StarKist）、大黃蜂（Bumble Bee）與海底雞（Chicken of the Sea）等罐頭大廠都宣布往後採購鮪魚，將要求漁民必須在漁網上加裝擋板以避免海豚纏捲於網內。

購買「無害海豚」的鮪魚，大概是北美消費者有史以來首度有意識地要購買合乎道德的海鮮。一九九八年，保育組織海網（SeaWeb）與自然資源保護委員會（Natural Resources Defense Council）聯手發起「讓劍旗魚喘口氣」運動。多年來，漁民和魚販早已注意到這種魚的大小出現了令人不安的變化——一九六〇年代劍旗魚的平均重量為一百二十公斤，二十年後卻降到了四十五公斤，而且在富頓市場及其他魚市場也經常可以見到二十公斤以下的幼魚。隨著價格飆漲，劍旗魚也逐漸成為歐洲與美國餐廳裡的必備菜餚，以其有如牛排般的結實魚肉而備受廚師喜愛。漁民開始採用延繩釣法，這種釣繩長達二十公里以上，餌鉤多達一萬五千個，光是收繩就得花上一整天。此外，海龜和其他數十種海中生物也可能因受到誘餌吸引而上鉤。最後，共有七百名廚師和三家遊輪公司簽署保證書，宣誓不再供應劍旗魚。

下一種受到抵制的魚類是種深海怪物，生物學家稱之為小鱗犬牙南極魚。這種魚在一九七七年由洛杉磯一家進口商首度引進美國，另外取名為智利海鱸。到了一九九〇年，這種魚已可見於紐約四季大飯店的菜單裡，在二〇〇一年更獲得《胃口大開》（*Bon Appetit*）雜誌評選為「年度佳餚」。一年後，隨著這個魚種的數量近乎崩盤，也就因此成為保育人士抵制的對象。國家環境信託基金會發起的「拒吃海鱸」運動，成功讓大眾注意到過度捕撈的現象。直到今天，許多著名餐廳仍然拒絕供應智利海鱸。

不過，這種抵制運動其實也經常造成負面效果。即便是目標最明確的抵制運動，也可能對採取永續捕魚方式的漁民造成不公平的懲罰。在《飢餓的海》（*The Hungry Ocean*）這本回憶錄中，劍旗魚捕撈船長格林勞沮喪地提到劍旗魚抵制運動對她的生計所造成的衝擊：「我不知道這些廚師如何跟上漁業發展的最新狀況，也不瞭解他們怎麼能夠這麼自以為是。畢竟，漁民與科學家已花了許多年的時間共同努力保持魚群健全，這些廚師憑什麼認為自己會比他們懂得還多？在我看來，這些衣著光鮮的廚師應該多把心力花在做出完美的焦糖布丁上。至於漁業管理的問題，則該交給真正懂得劍旗魚的人，而不是只懂得怎麼料理劍旗魚的人。」太平洋的許多劍旗魚都是由魚叉或手釣絲等永續方式捕捉；然而，經過抵制運動之後，無論是出自什麼來源的劍旗魚，都已成為大眾心目中拒絕食用的對象。（順帶一提，現在格林勞已改行捕捉龍蝦了。）

不過，促進公眾認知的宣導運動只要規畫良好，確實能夠挽救若干魚類免於遭到過度捕撈而絕種的命運。舉例而言，大西洋有些劍旗魚群已逐漸恢復了元氣。廚師不再供應條紋狼鱸之後，這種魚類的數量也在短短五年間就已開始回升。「拒吃海鱸」運動的效果則不太明確：自從這項運動開始推展以來，海鱸的數量已逐漸回升，也有一個漁場獲得認證為具備永續經營的條件——所以這種一度遭到禁止的魚類，現在已可在健全食品（Whole Foods）與沃爾瑪等超市買到；然而，市場上的智利海鱸仍有百分之四十是非法捕捉而來，也就是說消費者如果在遊輪或中型海鮮餐廳的菜單上看到這種魚，根本無從得知自己會不會吃到海盜船捕捉的魚。批評人士指出，為單一漁場賦予永續認證，恐將讓人誤以為這種處境仍然堪慮的物種已經恢復了永續性。

為了凸顯自己的食材絕非來自有問題的來源，許多頂級廚師都開始在菜單中加上說明，強調自己供應的鮪魚是採取「垂釣」方式捕捉而來（表示不會有混獲的情形），鱈魚是「單日漁船捕捉」的海產（由小型的近海漁船捕捉而來），干貝由「潛水夫摘取」（徒手摘取），石斑則是「捕自船隻殘骸」（在沉船附近捕捉而得）。在柏克萊的帕尼斯之家餐廳（Chez Panisse），主廚愛麗絲．瓦特斯（Alice Waters）在菜單上一一註明餐廳裡所有的桃子和羊乳酪分別來自哪些山谷或國家，其他廚師於是也隨之跟進，有些廚師甚至還會註明每一種魚來自哪一座漁港或是哪一州。經由這樣的積極宣導，銅河及育空河的王鮭在採取永續方式捕捉的太平洋鮭魚當中，已然成為大眾耳熟能詳的品牌。

然而，在食譜與主打餐廳裡，美國的明星廚師對於遭到過度捕撈的海產卻似乎帶有盲點。在芝加哥名廚查理．托特（Charlie Trotter）的托特海鮮餐廳裡，招牌菜包括生紅笛鯛、蒸鱈魚，以及幼鮟鱇魚尾。明星廚師羅倫．杜朗鐸（Laurent Tourondel）在曼哈頓經營的ＢＬＴ海鮮餐廳不忘表態支持生態正確的立場，在菜單上註明指出：「本餐廳供應的魚類多為線釣捕捉，干貝皆由潛水夫摘取，龍蝦則是由緬因州空運而來。」不過，我後來實地走訪這家餐廳，卻發現他們仍然供應紅笛鯛、魟魚、庸鰈、鮟鱇魚及黑鮪魚等遭到嚴重過度捕撈的魚類。

松久信幸在勞勃．狄尼洛的資助下打造了十三家餐廳的美食王國，而他寫的食譜更是窮奢極欲。在

《松久信幸典藏食譜》裡，除了智利海鱸、鮑魚、石斑、紅笛鯛等海鮮的料理方式之外，他還以一整章的篇幅介紹脂肪豐美的黑鮪魚肚，完全無視於這種魚已瀕臨絕種邊緣。「許多日本人，包括我自己在內，」松久信幸寫道：「對於黑鮪魚肚切片不採生食的『糟蹋』做法，總是自然而然持反對態度。所幸，我的美國顧客沒有這樣的偏見，因此也就能夠盡情品嚐黑鮪魚肚排的美味。」這種魚近來在日本已極為稀有，以致許多壽司廚師不得不以馬肉與鯨肉代替。然而，松久信幸絕非唯一以黑鮪魚上菜廚師——曼哈頓幾乎每家日式料理都供應這種頂級掠食魚類。

紐約切爾西區的森本日式料理甚至還推出以鯷魚醬佐味的黑鮪魚披薩。

生吃熟食瀕絕生物

就價錢而言，北美的海鮮有百分之六十八是在餐廳裡吃掉的。吃魚原本是天主教徒在周五晚為了守小齋而盡的義務，現在卻已成為美國人極為名貴的蛋白質來源。在紐約的兩萬六千家餐廳裡，顧客用餐的花費，每五元就有一元是花在海鮮菜餚上。

在各大美食評論家的心目中，紐約的艾斯卡餐廳（Esca）是多年來最具原創性的海鮮餐廳。（「Esca」是義大利文，意為誘餌，亦指鮟鱇魚用來引誘獵物的那片組織。）這家餐廳的傑出成就獲得《紐約客》雜誌刊登七千五百字的專題報導，作者並在文中指出，在紐約市的所有餐廳中，唯有艾斯卡能夠「全年不斷供應主廚親自捕捉的野生海產」。

周四晚間的艾斯卡用餐氣氛相當悠閒：裡頭的布置一方面像是法國小酒館，用餐的顧客比肩而坐，彼此之間自然而然就打開了話匣子；另一方面又像是地中海風味的義式小餐館，儀容整潔但神態輕鬆的服務人員說說笑笑，卻又絕對不會出現踰矩的行為。

我到這裡是為了品嚐義式生魚片，結果也沒有失望。生冷海鮮盛在玻璃盤上，堪稱達到了美食的理想境界。盤中有一顆來自緬因州的野生貝隆生蠔，看起來肥美多汁，扁平的牡蠣殼安放在一片碎冰上。我品嚐了一片撒滿碎杏仁的犬牙石首魚生肉。接著，這道菜餚中最精緻的部分，則是一顆竹蟶，裡面的肉和紅番椒、青蔥、薄荷攪拌調味之後，再塞回殼內，看起來就像是一艘滿載著耶誕禮物的獨木舟。這道義式生魚片的食材取自食物鏈中的各個階層，堪稱海鮮菜餚的模範。不過，菜單中的其他餐點可就問題重重了。

我非常克制，沒有開口問服務生這些海鮮究竟新不新鮮。在艾斯卡這種高級餐館裡，問這種失禮的問題就像在二手車行裡踢車胎，顯出自己是個十足的門外漢。

在海鮮產業裡，「新鮮」一詞其實暗藏許多玄機。舉例來說，在大多數的壽司吧裡，魚貨送來的時候都是冷凍成塊，必須用木鋸切成片狀。食品藥物管理署堅持生食的海鮮必須先冷凍以殺死寄生蟲。（鮪魚是例外——這種魚游水速度極快，所以通常不會感染寄生蟲。）絕大多數的中型或連鎖海鮮餐廳都採用冷凍魚貨，而這樣對消費者可能也比較好。適切冷藏的溫水魚類，尤其是鯰魚和笛鯛等精瘦品種，皆可保存長達三周的時間，但鮭魚、鯖魚及其他脂肪肥厚的冷水魚則只能保鮮一周左右。你點的那盤「新鮮」鱈魚，其實可能早已在漁船裡的冰塊上擺了十天，在那之前，也可能在拖網的尾端裡翻滾擠壓了好幾個小時；相對之下，船凍的海魚則是一捕上船即保存在零下二十度的低溫，可以保鮮長達兩年，只需在廚師料理前幾小時再解凍即可。現代的液態氮「瞬間冷凍」技術，更是可在極短時間內完成冷凍，讓水分來不及結晶，所以解凍的時候也就不會產生肉質稀糊的現象。

與一般認知不同的是，海鮮其實不能太新鮮就端上桌。活魚剛宰殺後，肌肉纖維會短暫出現屍僵現象，以致魚肉硬得有如鞋革，連切都切不動。魚肉和牛肉一樣，都必須經過熟成——屍僵現象需要八小時至一天的時間才會消失，然後酵素才會開始分解蛋白質，促成肉質柔軟，同時釋放出攸關食用風味的胺基酸。（甲殼動物的肉則是充滿酵素，一旦死亡就會自動促成肉質軟化——所以高檔餐廳才會把龍蝦養在水箱裡，等到要上桌之前再抓出來宰殺。）你如果不是在三星級餐廳裡，也不是在海邊，那麼你該問的問題不是：「這魚新不新鮮？」而是：「這魚是多久以前解凍的？」

在艾斯卡以及曼哈頓的其他頂級海鮮餐廳，雖然用餐價格冠於全球，卻可讓人確定自己吃到的是真正新鮮的海鮮。這正是價格昂貴的原因——你其實是在幫廚師支付快遞費用。一盒二十公斤重的阿拉斯加鮭魚，如果隔夜就要送到曼哈頓，就得加上一百美元的運送費，而這筆錢也直接轉嫁到消費者身上。法國的大菱鮃和蘇格蘭的挪威海螯蝦都是活體裝箱，而且因為箱子設有溫控設備，所以送到的時候也還是活的。

在曼哈頓經營雅壽司吧（MASA）的高山雅方，在東京有一名採購人員負責到築地市場買魚，買到之後立即送到成田機場，由日本航空公司的006號班機隔夜運到紐約。這就是為什麼雅壽司是曼哈頓最昂貴的餐廳——一客套餐要價三百五十美元（紅酒和清酒還不包含在內）。

艾斯卡主廚大衛．帕斯特納（David Pasternack）非常明白，他如果要為顧客端上沒有冷凍過的生魚肉，就必須確定擁有可靠的魚貨供應商。帕斯特納是猶太人，小時候在長島的義大利社區長大。他和名廚巴塔立（Mario Batali）到義大利實地考察過後，決定在餐廳裡供應義式生魚片，也就是生食或僅經過些微烹煮的海鮮，例如撒上海鹽的赤鯖笛鯛、鮪魚生薄片，以及拌上自製醬汁的沙丁魚和鯷魚。

我認為帕斯特納處理魚的方式頗有可取之處。他定期搭友人的船隻出海，從蒙托克角（Montauk Point）到洛可威（Rockaways），然後用大垃圾袋裝著前一天捕到的海鮮，搭長島鐵路帶到曼哈頓。大多數海鮮餐廳合作的魚貨供應商通常不超過五、六個，帕斯特納在職業生涯中來往密切的供應商卻不下一百。每天，阿拉斯加曳繩釣漁船的船長都會為他送來頂級王鮭，加拿大的養殖商送來品質最好的牡蠣，巾著網漁船的船長則是從加州寄送沙丁魚——聯邦快遞保證一定新鮮送達。（在艾斯卡這種等級的海鮮餐廳，所謂周一應該避免點魚的說法是不適用的。在艾斯卡，每天晚上都是周五夜。）帕斯特納的高價魚類絕對不是出自養殖場，而且他也供應不少食物鏈下層的海鮮，包括拌上自製醬汁的沙丁魚和鯷魚、當地的魷魚、還有長島大南灣的蛤蜊，叫做「海螂蛤」。

然而，帕斯特納也毫無顧忌地向顧客供應大西洋裡不少遭到嚴重過度捕撈的魚類。在我來到艾斯卡的這一天，餐廳裡的當日特餐是酥炸海鮮拼盤，包括魟魚、來自卡斯科灣（Casco Bay）的大西洋庸鰈和鱈魚、美國的紅笛鯛和劍旗魚。此外，最讓人疑慮的菜色是黑鮪魚，料理方式有幾種：煎魚子、醃製風乾，甚至做成肉丸子搭配通心粉。只要瀏覽一眼，即可看出這份菜單涵蓋了蒙特瑞灣水族館水產監控卡上三分之一的「避免食用」魚類，包括曼哈頓的當紅海鮮鮟鱇魚在內——燒烤過後，再與三豆沙拉及紅葉波爾多菠菜一同上桌。

帕斯特納身材結實，年約四十出頭。在這個平日午後，他正坐在艾斯卡的小吧檯前，忙著許多事情。服務生拿了當天的菜單給他檢查，他在鮟鱇魚旁寫上「蒙托克」，一面回答著酒商的問題，同時又咬了一口烤乳酪三明治。我提到他菜單裡某些魚類的狀況，他的回答雄辯滔滔，倒是挺有老富頓市場的風格。

「鱈魚是天賜的食物，」他說：「我祖母是英國人，所以我從小就吃鱈魚長大。我吃鹽醃鱈魚，也吃新鮮鱈魚。說來奇怪，鱈魚在長島南岸就這麼消失了。因為水溫改變，現在鱈魚好像再也不會游到蒙托克。我最近和幾個朋友出海釣魚，在一個每次都能滿載而歸的老地方，離岸大約一百公里，結果只釣到一隻鱈魚。而且因為還太小隻，所以我又把牠丟回水裡。現在，我的鱈魚都是在緬因州波特蘭競標買來的。」

「黑鮪魚現在問題很多，實在很可惜，因為這是一種很棒的魚。保育問題實在很棘手。我試過日本的養殖魚，有些真的很不錯，可是他們現在品質還沒辦法穩定。」帕斯特納說他比較喜歡大西洋捕撈的野生黑鮪魚。

「我的看法是，你遵守政府的規則就對了。海鱸季節到了就買海鱸，黑鮪魚季節到了就買黑鮪魚。沒錯，總是有些漁民會為了豐厚的利潤不惜冒著被罰的風險。一旦一條魚可以賺近三萬美元，冒這樣的風險絕對值得。」

「道德跟不道德其實只有一線之隔，」帕斯特納論斷道：「相信我，每天都有一大堆環保團體寄電子郵件向我宣導這些議題。我從沒供應過智利海鱸，以後也還是不會。我不會供應養殖鮭魚，因為我覺得太腥，而且吃起來味道像黃豆。我也不供應魚子醬，主要是因為太貴了。而且，我只用當地的劍旗魚，也就是在南、北卡羅萊納州到墨西哥灣之間捕撈的劍旗魚。美國漁民如果不抓劍旗魚，哥斯大黎加的漁民一樣會把這些劍旗魚抓來賣錢。既然這樣，何必讓我們的同胞沒飯吃呢？」

在帕斯特納的認知裡，顯然只要向小型供應商進貨，一切罪過就都可因此獲得原宥。他只供應官方許可的海鮮，也避免向大公司進貨，因為他認為大公司才是過度捕撈的罪魁禍首。

「政府的管理實在不聰明。他們應該幫助那些老爹老媽，也就是我購買魚貨的那些第四代漁民，可是政府的一切措施卻都只是助長了那些大公司的利益。大公司的漁船都拖著該死的漁網，下水可以深達海底三公里，把珊瑚礁都給破壞光了。政府應該聰明一點，我們已經比漁業現狀落後十年了。」

帕斯特納對鮟鱇魚的各項議題似乎一無所知。「鮟鱇魚——我不知道耶，」他說：「這種魚的數量好像很多嘛。」我問他對鮟鱇魚的捕捉方式有什麼看法。「底拖網確實對海洋造成了很大的傷害，」他答道：「可是我不太擔心海洋的狀況。我上次出海釣魚，發現海面上空還是有很多鸕鶿、燕鷗和潛鳥。只要牠們有食物可以吃，就表示海水還是乾淨的。」

離開之前，我買了一本帕斯特納的食譜：《少年與海》（*The Young Man & the Sea*），封面的照片可以看到他站在友人的船隻甲板上，手裡舉著一尾條紋狼鱸。食譜裡的圖片非常精美，還有名廚巴塔立寫的引言。這是一本相當有趣的書——我可以想像這本書展示在未來的博物館裡，讓遊客瞭解世界上的野生生物究竟是怎麼消失的。

書中各種逞強鬥狠的描述，不禁讓人回想起海明威的時代，當時海裡還滿是大型野生魚類。帕斯特納寫道：「釣鮪魚就像是用一條線把時速九十五公里的福斯金龜車拉住一樣。我和十八公斤的鮪魚奮戰過，差點拗斷了背脊。」當然，在海明威的時代，鮪魚通常都是幾十公斤重，不是只有十幾公斤而已。

看著《少年與海》以及其他許多明星廚師那些充滿瀕絕魚類的菜單與食譜，很容易讓人忘記大西洋裡有百分之九十的大型掠食魚類早已被捕撈一空。帕斯特納寫道，鮟鱇魚「肉質像龍蝦，而且味道清淡，非常適合氣味較重的配料。此外，鮟鱇魚的價格通常相當划算」，接著為這種魚列出了三種料理方式。他對北大西洋鱈魚數量崩潰的現象似乎也有獨創的見解：「過去數十年來，鱈魚突然不再到我這裡的海域，不再到蒙托克來繞一圈。也許是因為我抓得太多，所以牠們怕了我了。不過沒有關係，反正海裡的鱈魚多的是。」

帕斯特納的義式生魚片風味絕佳。他愛海上冒險的硬漢廚師形象可不只是嘴上說說而已。不過，我實在不確定他居住的是什麼星球。如果是地球的話，也一定是一九五〇年左右的地球，那時海明威還正當壯年，少年人確實想釣什麼魚都釣得到。

法廚入侵

傳統上，北美的海鮮料理方式經常脫不了油炸、裹麵包粉，以及大量調味——在這種烹調方式下，海鮮的風味總是不免徹底被覆蓋，變成一團團充滿嚼勁但是毫無特色的蛋白質。於是，歐洲廚師挾著淵遠流長的海鮮料理傳統，不時把北美當地的海鮮食材轉化為高級菜餚。法國廚師更是擅於此道。

紐約在十九世紀還是個充斥著舞廳和牡蠣餐館的城市，當時一名瑞士出生的酒商在威廉街二十三號開了紐約第一家精緻餐廳，叫做戴摩尼可餐廳（Delmonico's）。自從一八六二年起，在將近三十年間，來自亞爾薩斯的戴摩尼可主廚蕙荷菲（Charles Ranhofer）一再以濃郁的醬汁妝點鱒魚及鴨肉等當地食材，並且把紐約港的雙殼貝類提升為「佐以法式白醬與松露的牡蠣」。到了二十世紀、一九三九年於紐約舉行的世界博覽會裡，法國展場又重新把法式料理介紹給了美國人。結果，奶油香煎比目魚和青醬鮭魚從此長久盤據北美海鮮料理的龍頭地位。

真正的革命出現在一九七九年，當時一位名叫帕拉丹（Jean-Louis Palladin）的廚師，在華府的水門飯店地下室開了一家四十個座位的餐廳。法國的米其林評鑑在帕拉丹二十八歲那年就給予了他兩顆星的榮耀，使他成為第一位這麼年輕就獲此殊榮的廚師。藉由促使魚貨供應商轉型，帕拉丹也就此轉變了美國的海鮮料理。他影響最長遠的貢獻，可以說就是教出了羅德・米契爾（Rod Mitchell）：這位海洋生物學家暨水肺潛水員揚棄了學術生涯，到緬因州坎登開了一家美酒與美食的小公司。帕拉丹後來懷念起用八目鰻的魚血和紅酒共同烹煮魚肉的菜餚，充滿生意頭腦的米契爾隨即套上橡膠靴，在緬因州一片水潭的廢棄水堤裡發現了像鰻魚一樣的寄生蟲，活生生地送到帕拉丹面前。欣喜之餘，帕拉丹於是宰了這些寄生蟲，做成他的招牌菜餚波爾多紅酒醬汁鰻魚。在帕拉丹的支持下，米契爾精通了魚子醬生意，他的布朗貿易公司（Browne Trading Company）也因此成為業界裡的頂級供應商。米契爾鼓勵當地漁民和餐廳業合作以提升利潤：小型漁船的船長於是在船上直接把魚剖好，保存在碎冰裡以免腐敗。米契爾的公司號稱「明星的魚貨供應商」，客戶名單裡包括了沃夫岡・帕克（Wolfgang Puck）、艾姆里爾・拉加斯（Emeril Lagasse）及查理・托特等名廚。潛水夫採集的干貝、鰻苗，以及「尖趾蟹」，都是米契爾為美國餐廳菜單的貢獻。

不過，徹底改變紐約海鮮產業的，卻是一對來自不列塔尼的兄妹檔。瑪姬和吉爾伯特・勒寇茨（Gilbert Le Coze）在一九八六年創立了伯納丁餐廳，就此把義式生魚薄片和生魚粗韃引進美國。此外，他們也創下了在菜單裡對海鮮用上「燒烤」與「五分熟」等字眼的先例。勒寇茨對另一名供應商同樣有教導之功——富頓市場藍絲帶魚貨的大衛・山繆爾斯（David Samuels）。山繆爾斯是家族批發商的第三代接班人，他的祖父在一九一四年從中歐來到美國，創業之後都是駕著馬車跨越布魯克林大橋去買魚。山繆爾斯從沒看過有人這麼鄭重其事地看待海鮮。吉爾伯特為了說明自己對新鮮的要求，特地做了一道滿是海膽籽的海膽湯。有一次，山繆爾斯接受《紐約時報》記者的訪問，回憶說勒寇茨從來不問海鮮的價錢，只要求一定要新鮮：「他把整個產業都提昇到了一個新的層次。他把我們拉到了全新的層次。」

其他法國廚師也開始到市場來採買魚貨，包括拉法葉餐廳（Restaurant Lafayette）的亞爾薩斯主廚凡吉利奇登（Jean-Georges Vongerichten）：他總是清晨四點就出現在市場，親自挑選魟魚翅、鯵魚和鮪魚。富頓市場的魚貨總是傷痕累累，甚至還有魚鉤留下的孔洞，而這些年輕廚師只要一看到這種狀況，就會理直氣壯地露出驚恐嫌惡的表情。於是，供應商也就因此慢慢瞭解到販售真正的魚貨以及高品質的魚貨應該有什麼樣的標準。等到下一個世代的海鮮廚師開始出道，變成是山繆爾斯反過頭來挑剔廚師了。在賭城開設RM海鮮餐廳的瑞克・目南（Rick Moonen），就記得藍絲帶魚貨的老闆曾經拒絕向他供應魚貨，要求他必須先證明自己確實是以認真的態度對待海鮮。

帕拉丹仍然繼續推進這場世紀末的法廚入侵：他幫丹尼爾・布盧（Daniel Boulud）找到了在紐約的頭一份工作，自己在華府的餐廳也雇用了芮波特。芮波特是個年輕廚師，生長於安道爾（Andorra），先前已在巴黎的銀塔餐廳（La Tour d'Argent）工作過，但在帕拉丹手下任職卻是他遭遇過最嚴酷的試鍊。他記得自己當二廚時，曾經氣得把圍裙丟在地上，轉身就要走人，只因為帕拉丹嘲笑他沒有男子氣概（而且威脅不為他寫推薦函），最後才留了下來。後來，芮波特終於當上副主廚，接著帕拉丹又把這位弟子送進伯納丁。

一九九四年勒寇茨去世之後，芮波特便接下了行政主廚的職務。在他掌舵下，伯納丁的名聲更加鞏固，在二〇〇五年獲得米其林三星的評價。全球僅有五十六家餐廳享有這項殊榮。

我很期待和芮波特見面。據說他性喜沉思，雖然身為明星廚師，卻不願以開設連鎖餐廳的方式推廣知名度。他的辦公室位於曼哈頓中城一幢高聳的大樓內。在這個沒有窗戶的房間裡，我一面等著他，一面瀏覽著四周的書架。他的書架上不但塞滿了海鮮食譜（包括他自己的兩本作品），也有不少探討魚群耗竭的嚴肅著作。芮波特是水產品選擇聯盟（Seafood Choices Alliance）的成員，這是個全國性的組織，宗旨在於和廚師合作，提升大眾對永續水產品的認知。他也領先全美絕大多數的廚師，早就不再供應劍旗魚和智利海鱸。他相貌英俊，嘴唇厚實，五官端正，穿著一身雪白的廚師制服走到會議桌前。

「我在二十年前踏進這個行業，」他說話的口音介於咄咄逼人的紐約腔和溫柔婉轉的法國腔之間，聽來相當舒服。「當時根本不知道海洋的狀況，尤其是過度捕撈的問題。我甚至也不曉得有機蔬果這種東西。不過，我後來遊歷了各地，到過加勒比海，看過珊瑚白化的現象，還有其他類似的狀況。我現在懂的東西比我剛入行那時多得多，而且我也知道，像我這樣的廚師其實有影響別人的能力。」

芮波特估計他的魚貨有百分之四十來自米契爾在緬因州的布朗貿易公司，另外百分之四十來自富頓市場的供應商——他是藍絲帶魚貨的早期客戶之一——剩下的則來自他在日本認識的合作夥伴。他最感自豪的一點，就是自己供應的絕大部分都是野生海鮮，只有海膽和從日本進口的鰤魚是養殖產品。不過，伯納丁的菜單裡還是有些遭到過度捕撈的魚類。我一面看著他的菜單，一面指出其中幾個有問題的魚種：庸鰈、魟魚、鱈魚、紅笛鯛，當然也包括鮟鱇魚在內。

「的確，警戒名單上的魚種似乎每天都不斷增加。這些資訊像是疲勞轟炸。我們不供應黑鮪魚或黑鮋鮨，也把野生鱘魚的魚子醬改成了養殖的伊朗魚子醬，因為現在野生鱘魚已經消失無蹤了。我們的菜單上還是看得到警戒名單裡的魚，可是這些都是小漁船捕來的。當然，只要不是自己釣的魚，其實都很難確認來源，但我對自己的供應商有信心。羅德．米契爾都採購小漁船以線釣捕的魚。拿鱈魚來說，我認為大漁船在遠洋捕的鱈魚和當地漁民駕著小船捕到的鱈魚，是完全不同的兩回事。我到過緬因州，看過小漁船回港的情形，也看過波特蘭的拍賣。我能夠確認我買的鱈魚來源沒有問題。」他也必須面對漁民的憤怒，包括格林勞指控他加入劍旗魚抵制運動的行為毀了漁民的生計。「廚師確實擁有影響力——可能會導致漁民和他們的家人失業。所以廚師對自己的作為一定要三思。」

不過，芮波特和帕斯特納一樣，對海洋的未來倒是頗為樂觀。「海洋環境雖然因為汙染和過度捕撈的雙重問題而惡化得很快，可是我不覺得悲觀。我們已經覺醒了，政府為庸鰈和笛鯛這類魚種設定的限額也愈來愈嚴格。或許我們必須再聰明一點，積極一點，可是我不覺得已經走到了世界末日。況且，現在的情形也比三十年前好得多了，那時候根本沒人鳥這種事情。」說完這句話，他便轉身上樓，趁著晚餐人潮到來之前再巡視一遍餐廳。

芮波特顯然深入思考過這些議題。他其實大可不必——廚師可以高舉烹調傳統而宣稱自己的作為是為了藝術而藝術。這種觀念認為，為了追求精緻的感官享受與最高的品質，只有拙劣的藝術家才會讓食材瀕臨絕種等世俗問題限制自己的表現。我在伯納丁用過餐，知道芮波特絕非不道德的業者，他不會刻意迎合曼哈頓饕客吹毛求疵的口味，而是確實用心向恪守職業道德的供應商購買魚貨；不過，我走出伯納丁的大門之後，卻不禁懷疑自己會不會是被他以老練圓滑的手腕給打發掉了。我看了看他最新的菜單——沒錯，裡面還是有鮟鱇魚的菜餚，以紅酒與白蘭地醬汁烹調，再搭配高纖蔬菜。

走在劇院區的街道上，不時探頭望望餐廳門前那些充斥著智利海鱸、鱈魚、橘棘鯛及其他瀕危魚類的菜單，我突然領悟自己為什麼心裡一直隱隱覺得不安。我訪問的這幾位廚師雖然都向採用永續手段捕魚的小商人購買魚貨，他們的菜單裡卻還是充滿了遭到過度捕撈的魚類。我又經過了一家供應黑鮪魚的壽司吧，還有一家供應劍旗魚排和鮟鱇魚的義式餐館。儘管有伯納丁與艾斯卡這類願意正視海洋資源耗竭問題的業者，北美各地卻有更多餐廳仍然供應著警戒名單裡的海鮮。這些餐廳之所以端出這樣的菜單，可能是因為他們的廚師在紐約頂級餐廳的評鑑報導裡看過這些菜餚，也可能是顧客在曼哈頓吃過某種魚之後念念不忘，而要求當地餐廳供應相同的餐點。芮波特和他的同僚雖然買得起米契爾親自摘取的干貝，也可以向自己認識的小型漁船船長購買鮟鱇魚，但密爾瓦基一家小酒吧或是卡加立一家鮭魚餐館的廚師卻不太可能有這樣的管道。於是，輕率採購的鮟鱇魚和干貝以及其他海鮮，也就這麼出現在北美各地的餐廳菜單上，而且這些魚貨大都來自摧殘海洋的工業化漁業。世界各大名廚的聲望為人類劫掠海洋的行為賦予了正當的理由。

這樣的結果不一定是紐約這些明星海鮮廚師的錯，但他們仍然脫不了干係。

2 譯註：卡津（Cajun）指路易斯安那州的法國後裔，其祖先原本殖民於加拿大的阿卡迪亞，但在十八世紀遭到放逐而移居路易斯安那州。

3 漁業指的是捕捉或飼養某一種魚類的所有相關活動，無論是撒網還是販賣都包括其中；而此處的魚類，也包括牡蠣、鮑魚以及其他各種海洋生物。

CHAPTER 2

牡蠣王國

切薩皮克灣與不列塔尼｜牡蠣

這是一則關於兩種牡蠣的故事。

這則故事必須從美東牡蠣（Crassostrea virginica）談起，而以歐洲牡蠣（Ostrea edulis）作結，前者是出產在美國東岸的厚殼牡蠣，市面上販售的名稱很多，包括「欽科蒂格」、「韋爾弗利特」、「藍點」等，族繁不及備載；後者則是外殼扁平，肉質呈灰色，早在羅馬時代就可見於歐洲人的餐桌上，又稱為科徹斯特、貝隆、奧斯坦德。此外，這則故事還牽涉到入侵生物、夜間劫掠、人造疾病、低等科技解決方案、不斷擴張的死亡海域，以及無可救藥的短視近利。

更重要的是，這則故事呈現了兩種看待世界的態度，兩種對待自然界的不同觀點。第一種看待世界的態度自古以來就存在，認為世界是一片廣大的叢林，充滿了取之不盡的資源，就像是一座不斷由上天補貨的超市。這是獵人的觀點，萌生於開疆闢土的時代，因為那個時候的自然資源看起來無窮無盡，競爭對手又相當有限。第二種看待世界的態度則是農夫的觀點，認為自然界必須加以耕作施肥，才能在未來得到收穫。出人意料的是，這兩種史前時代的觀點竟在二十一世紀的海岸上出現了針鋒相對的衝突。這項衝突如何化解，不但將決定海洋的命運，影響也將及於所有仰賴海洋生存的生物。

首當其衝的正是牡蠣。

烏雲籠罩的大海

當年英國清教徒請求詹姆斯國王准許他們到新大陸開拓殖民地，曾天真地說他們將以捕魚為生。

（「很正當的職業，」國王答道：「耶穌的門徒裡也有漁夫。」）後來五月花號抵達鱈魚角，雖然海裡滿是鯨魚，船上的清教徒卻忘了帶漁具，不但不知道該怎麼獲取海中豐富的資源，甚至也不曉得要怎麼活過冬天。一名暱稱斯夸托（Squanto）的萬帕諾亞族印地安人教了他們挖掘鰻魚以及採集貝類的簡單方法，只是這些膽小的外來者畢竟還是不敢吃淡菜和圓蛤。

不過，只要找對地方，新大陸其實是一座讓人享用不盡的海鮮天堂。藉由早期的記述，可知美洲滿是十公斤重的龍蝦、兩公尺寬的庸鰈，還有長度相當於成人身高的鮭魚。在東岸整條海岸線上，就數切薩皮克灣的野味最豐富。切薩皮克灣切入內陸約三百二十公里，寬度平均二十五公里，是北美洲最大的河口地，共有一百五十條溪水和河流在此入海，其中最大的一條河為薩斯奎哈納河（Susquehanna）。在這片海灣裡，由於大西洋的鹹水和阿帕拉契山脈的雪水交會，形成了許許多多的微棲地，大量的浮游生物也成為兩千七百種動植物的養分來源。一六〇七年建立的詹姆斯城，殖民地居民記載他們看到了殺人鯨與鼠海豚、巨型鱘魚和海牛、短吻鱷與鑽紋龜。水裡滿是石首魚、條紋狼鱸，還有一種叫做油鯡的小魚。一名十九世紀的遊人寫道：「魚群密密麻麻，在岸邊長達四十公里的水面上，滿滿都是劈哩啪啦往北游去的魚兒。」海灣裡數十萬英畝的面積，長滿了三十種以上的水草——一片一望無際的海底植被。不久之後，切薩皮克灣除了豐富的生物多樣性之外，也聚集了各式各樣的人類文化，包括騷擾英國帆船的海盜、在全面禁酒的鄧吉亞島（Tangier Island）上專捕鰹魚為生的衛理公會教徒，以及切薩皮克灣裡四處可見的討海人，駕著鴨尾船撬取牡蠣。此外，在克里斯菲德（Crisfield）這座街道都以貝殼鋪成的小鎮裡，則有許多非裔美人家庭在這裡幫人剝螃蟹。切薩皮克灣的居民不但住在水上，也仰賴水中的資源為生。直到一個世代之前，這座海灣每英畝所出產的海鮮，遠多於地球上其他海域。

這一大片受到掩蔽的河口地，由於匯集了不同鹹度的水，所以應當是牡蠣生長的理想地點。以前的確是如此。在北美印地安人的阿爾岡昆語中，「切瑟皮克」（Chesepioc）據說意為「大貝灣」。這裡曾經有許多天然生成的牡蠣柱，宏偉壯觀的程度被人比擬為加勒比海的珊瑚礁，甚至足以對航行的船隻造成危險。在美洲原住民棄置於海岸邊的貝殼堆下，考古學家曾經發現長度將近三十公分的牡蠣。後來，切薩皮克灣的牡蠣開始運到歐洲各國首都；二十世紀初期，巴爾的摩每天都會有十三節滿載牡蠣的火車廂開往美國各地的生蠔餐廳。然而，經過一百多年來的密集採集之後，牡蠣數量已剩下不到原本的百分之一了。今天，如果你在牡蠣生產淡季的夏天到切薩皮克灣的海鮮餐館用餐，你吃到的牡蠣可能來自路易斯安那州，螃蟹更是從委內瑞拉空運而來。

由飛機上鳥瞰，即可明確看出切薩皮克灣面臨的挑戰有多麼嚴苛。四面八方都是人類文明。北邊，賓州的肥沃土地上切成了一片片大小不一的農田。在馬里蘭州東岸，龐大的養雞場和養豬場紛紛把排泄物排進海中。在海灣周遭的城郊地區，生氣盎然的草坪和清澈湛藍的游泳池在陽光下閃閃發亮，抽取著地下水，同時也造成鹽度升高。灣區周圍在一八三〇年代以前是一片濃密的森林，現在統統變成了公路和橋梁。雙道橋梁的切薩皮克灣大橋隧道位於諾福克東岸，跨越這道橋梁的車輛競相排放出溫室氣體。包括巴爾的摩與美國首都在內的四大都會中心，每天排入切薩皮克灣的廢水多達五十六億公升。總的來說，切薩皮克灣各條河流的流域上總共居住了一千六百萬人，面積達十六萬六千平方公里，橫跨六州。然而，海灣的平均深度只有六點五公尺，也就是說其中兩千八百平方公里的水深還不足以淹沒身高一百八十公分的人。如果建造一座足球場大小的海灣模型，其中的平均水深將不超過美元一角硬幣的厚度。

總而言之，切薩皮克灣只是一座淺淺的海灣，卻必須承接許許多多的高爾夫球場、市郊綠地以及牧場的廢水。實際上，切薩皮克灣的陸地對水比例遠高於地球上其他大型水域。即便是離岸極遠的外海，水面看起來仍然渾沌汙濁，呈現出泥濘暗沉的灰綠色；接近河口處，則是死氣沉沉的藍褐色。

現在的切薩皮克灣最需要牡蠣。車輛排放的廢氣、富含肥料的廢水，以及中西部的火力發電廠造成的汙染，都在海灣中形成大量的氮，超越海水能夠代謝的程度，達到每年十三萬噸，比當初人類首度來到切薩皮克灣岸的時候高出七倍以上。氮與磷這兩種植物養分，正是藻類賴以繁殖茁壯的元素。另一方面，牡蠣則能藉由鰓過濾藻類。成熟的牡蠣每天可過濾一百九十公升的水。一旦缺乏牡蠣，海灣裡的藻類就不會消失，而且會隨著水溫提高而大量繁殖。

近年來，這種「紅潮」已把不少河流徹底轉為紅褐色，以致數量早已稀少的貝類因此而不可食用。一九九七年，五萬條魚死在波科莫克河（Pocomoke River）出海口，生物學家發現一種叫做紅潮毒藻的惡性微生物吃了這些魚的肉，以致內臟都暴露在外。數十名討海人接觸了這種別稱「地獄細胞」的微生物之後，都出現精神錯亂、短暫失憶，以及其他精神問題。

開始出現這種魚群死亡的現象，就是因為海灣裡的藻類大量繁殖，導致其他生物窒息而死。這種狀況稱為優養化。死去的藻類不再由牡蠣及其他濾食生物濾除，就逐漸沉到水底，並且在腐爛過程中吸光了海灣底部的氧氣。夏天由於海水極少垂直混合，海灣底部於是成為一座沒有氧氣的棺材，這種現象稱為缺氧。海底這片惡臭泥層，會散發出毒害動物的硫化氫。二〇〇五年，切薩皮克灣有百分之四十一的面積缺氧情形非常嚴重，連生命力極強的螃蟹都無法存活下來。討海人發現海灣裡著名的藍蟹成群逃上陸地，當地居民把這起現象稱為「狂歡節」。

在《力挽狂瀾：拯救切薩皮克灣》（*Turning the Tide: Saving the Chesapeake Bay*）一書裡，湯姆．荷頓

（Tom Horton）寫道：「到最後，切薩皮克灣絕大部分的區域都可能變得和月球表面一樣毫無氧氣……對魚類和螃蟹而言，就像沙漠一樣難以生存。」

生態學家認為，之所以會產生這種現象，主因就是美東牡蠣這種基礎生物遭到捕食殆盡。在全盛時期，切薩皮克灣的牡蠣能夠濾淨灣內六十八兆公升的海水，不到五天即可將藻類濾食一空。除了牡蠣之外，油鯡這種滑膩的硬骨魚也會濾食藻類，通常會有上百萬條聚集成群。現在，切薩皮克灣的油鯡專由一家公司捕撈，下場則是遭到磨碎製成肥料。（油鯡是條紋狼鱸的主食。隨著油鯡日漸稀少，條紋狼鱸這種深受釣客喜愛的魚類也因營養不足而且傳染病盛行，導致復育希望就此破滅。）牡蠣與油鯡持續遭過度捕撈，於是切薩皮克灣也就彷彿是肝臟遭到切除，只能任憑各種工業毒素橫行殘害海灣裡的生態體系。

隨著全球暖化造成世界各地水位上升，切薩皮克灣不但水位上升速度高達全球平均的兩倍，陸地的高度也逐漸下沉，導致不少傳統聚落例如史密斯島（Smith Island），徹底遭到海水淹沒，無論棒球場還是碼頭都從此沉入水面底下。由於溫度改變以及優養化的現象，海灣裡原本茂盛的海草已逐漸消失，僅剩全盛時期的十分之一，於是條紋狼鱸、甲殼動物及軟體動物都因此喪失了繁殖生長的理想場所。成群的鰣魚和鯡魚、鱘魚及鮭魚，還有偶爾闖入灣裡飽食一頓的鯨魚，早已不復得見。過去，世世代代的學童總是以麻線綁著雞脖子，誘捕藍蟹這種切薩皮克灣的招牌生物，但現在，藍蟹也已逐漸遷徙到南方各州了。

在這片逐漸由刺水母和毒藻所占據的水域裡，最瀕臨絕種邊緣的生物，就是切薩皮克灣的討海人。

韋德．墨菲船長駕著蕾貝嘉．魯厄克號駛出道格伍德港（Dogwood Harbor），背著夕陽，航向查普唐克河（Choptank River）與切薩皮克灣交會處的淺水區。

我是他這一天的航行夥伴。我拉著升降索，把主帆高高懸在桅杆上。不久之後，風就鼓滿了帆，推著我們遠離小小的提爾曼島（Tilghman Island），同時也把惱人的成群小黑蚊拋在身後。

自從十九世紀以來，馬里蘭州的漁夫就駕著俗稱飛魚船的平底小船採集牡蠣，這種船輕巧、機動性高。墨菲船長告訴我說，蕾貝嘉．魯厄克號原本建造於一八八六年，船帆雖然採取飛魚船的型式，船身卻呈弧狀，可見這艘船採用的是飛魚船出現之前的造船技術。墨菲在一九八四年買下這艘船，但他早自一九五七年起就是切薩皮克灣上的討海人了。（英文的「討海人」〔waterman〕一詞，指的就是在水上討生活的人，這個字眼據說可追溯到伊莉莎白女王時期的英國。）

墨菲的衣著簡單俐落，只有一件馬球衫搭配卡其褲。他雙眉低垂，覷眼望著前方，有力的雙手操控著舵輪，手上的皮膚因長年的日曬與勞動而布滿了斑點。

「我祖父來自愛爾蘭，」他說：「我爸生在一九〇〇年，祖父在我爸十三歲的時候跌下牡蠣船淹死了，所以他必須出外工作，幫著媽媽養育其他八名兄弟姊妹。那時候沒有童工法，老天怎麼安排，就得要認命。我也是十六歲就踏進這行了。」

在這個已經有回音測深儀和衛星影像技術的時代，為什麼還要駕著這艘十九世紀的帆船出外討海？這個故事說來話長，可是墨菲每次提起總是樂此不疲。

他說，切薩皮克灣的牡蠣採集業自古以來就已經存在。採貝人划著裝有「鉗子」的獨木舟採集牡蠣——所謂的鉗子係由兩根木桿構成，木桿尖端裝著兩個開口相對的金屬籃，閉合起來即可剪下依附在石頭上的牡蠣。到了一八一二年戰爭之際，來自新英格蘭的帆船開始出沒於切薩皮克灣，找尋著可以供應紐約市眾多餐館和酒吧的牡蠣。北方佬帶來了帆船拖撈網這種極有效率的新工具，直接刮過海底，幾分鐘撈得的牡蠣數量抵得上採貝人採集一個小時的成果。這些北方佬從鱈魚角、長島海峽和史坦登島一路南下，所經之處的牡蠣礁都被刮取一空。

一開始，這些新來的漁夫還滿足於捕撈切薩皮克灣的成熟牡蠣，撈起之後再「栽殖」於新英格蘭的海岸上，藉此提高牡蠣的鹽分，以迎合紐約牡蠣餐館的饕客口味。切薩皮克灣當地的採貝人把自己採集的牡蠣，以一蒲式耳（相當於三十五公升，約是七十顆牡蠣）十美分的價錢賣給新來的漁夫，但也逐漸把他們的小船和獨木舟換成輕便快速的船隻，陸續稱為布羅根、凸眼船、巴托，最後才定名為飛魚船。不久之後，即便是最迅捷的鱈魚角帆船，也敵不過硬殼單桅的切薩皮克灣土產飛魚船了——無論航行速度或捕撈量皆然。這些船隻催生了有史以來最粗暴也最貪婪的漁業。

「拖撈網船的惡名早已傳揚了一百五十年，」墨菲船長說：「書裡有寫：『一群肆無忌憚的人，以拖撈網把牡蠣床洗劫一空。』他們說我們趁著黑夜行動，說我們偷走了海中的牡蠣，還說徒手採集的漁民和使用拖撈網的漁民互相開槍火拚。我們的名聲還是很糟糕，下灣處的居民以前都把我們叫做『切薩皮克灣的妓女』。」

製冰機的出現、鐵路網的擴張，再加上一八七〇年代發明的罐頭蒸汽殺菌法，切薩皮克灣的牡蠣也就因此成了熱門商品。這種生物原本和蒲公英一樣普遍，卻突然間成為淘金熱的對象，因此吸引了許多走投無路的人，尤其是不會說英語的外國人。當時岸邊滿是水上妓院，而且在全盛期間，每周都有四到五起凶殺案。在克里斯菲德的街道上，有一種常見的船員招募方式，就是用短棍把人擊昏，再挾持到船上去；船長如果決定不發薪資給某位船員，則可甩動帆杠把他打下船去。官方的「牡蠣海軍」只有一艘輪船，根本不足以巡查那些無法無天的船隊。（後來，據說只有在衛理公會傳入之後，當地的討海人才終於受到馴服。）到了一八七九年，切薩皮克灣裡遭到捕撈的牡蠣已達六億公升。為了減少海底所遭到的劫掠，國會議員於是規定只有帆船才能合法使用拖撈網。由於這項被人稱為「馬里蘭州解決方案」的法規，我們才能在傅爾頓（Robert Fulton）推出第一艘商業用輪船的兩百年之後，於現代漁業中仍然看得到帆船的身影。

墨菲讓我看了拖撈網的模樣：一個三角形的金屬框，底部邊緣呈鋸齒狀，後面拖著一面繩網，用以接住從蠔床上刮起的牡蠣。他一扭腰，把拖撈網從船邊拋進了水裡。他說一般的拖撈網通常比較大——容量達一百七十公升——而且船隻兩側都必須各拋下一面網以避免失衡。隨著拖撈網沉到海底，鋼製的鋸齒開始刮削海灣底部，船上拖著漁網的繩索於是緊緊繃起，並且不時彈跳振動。平穩航行十分鐘後，墨菲拉起了漁網，把收穫倒在木甲板上。

「唉，這顆牡蠣太小了，」他拿著一把三吋長的金屬尺量著。「這顆死了，這顆是活的，這一顆也死了。」在剛剛撈起來的二十顆牡蠣當中，十顆是空的，於是又被丟回了水裡，好讓幼牡蠣附著在上面生長。只有六顆活牡蠣夠大，值得留下來。這樣的收穫實在少得可憐。不過，我們捕撈的對象如果是水母，就可算得上是大豐收了：拖撈網的網眼全都塞滿了垂掛著觸鬚的半透明凝膠體。

「這種水母叫做海蕁麻，」墨菲皺著眉頭說：「你要小心，這種東西會螫人的。」他說每年水母愈來愈多。不過，從他五十年前開始討海以來，水母增加還只是他目睹的各種變化中最微不足道的一項。

「五〇年代初期，一種叫做ＭＳＸ的單孢子蟲病開始感染牡蠣，而且慢慢往北傳到馬里蘭州。到了一九八五年，這個區域的牡蠣床有百分之八十都因為那種病死光了。那種病一開始沒有傳入這裡，因為那種病菌需要鹹水才活得下去。你看，老天爺都規畫得好好的，這個海灣很理想，剛好有薩斯奎哈納河把山上的淡水帶進灣裡。不過，後來我們開始蓋水壩和水庫，截住了淡水，導致海灣裡的水開始變鹹，所以ＭＳＸ也就能夠在這裡存活。」

墨菲認為氣候變遷對牡蠣也造成了衝擊。「我記得以前切薩皮克灣的結冰期有七周。可是現在因為地球暖化，我們已經不像以前有那麼多冰了。老天爺造冰，就是要消滅細菌和疾病。」

他一手指向提爾曼島岸上的房屋，說：「還有開發過度的問題。岸上那些住宅，二十年來都是從賓州、華府和紐澤西搬過來的。每家都有游泳池，都要幫草坪施肥，化學藥劑全部都排到了海灣裡。以前印地安人住在這裡，並沒有造成什麼汙染。現在海灣得要好好清理過才行，所以我都不吃生蠔了。水裡不管有什麼雜質，牡蠣都一樣會過濾，我可不想吃雜質。不過，只要是煮熟的我就吃，不管怎麼煮都沒關係。」

墨菲請我幫他掌舵，指示我朝著夕陽駛去，這時太陽已經落到了道格伍德港後方的地平線上了。他在三年前意識到自己無法再靠著捕撈牡蠣維持生計，所以放棄了這個行業。那一年，整個切薩皮克灣的牡蠣捕撈量只有八十八萬公升，僅是十九世紀全盛期的千分之一再多一點。現在，墨菲主要靠著帶遊客出海賞夕陽謀取收入。他認為切薩皮克灣裡，現在大概只剩五艘飛魚船還在捕撈牡蠣，但當初曾經多達兩千艘。

牡蠣從來就不難找，絕對不算是行蹤難以捉摸的獵物。後來發明了開口式網鉗，裝有網子的鉗頭採取液壓作動，採集牡蠣的效率又因此提高了不少。一九八〇年代開始出現採集牡蠣的潛水夫，他們在不受節制的情況下，短短幾個月即可把牡蠣床採集一空。真正的挑戰不在於如何提高效率，而在於該怎麼減緩採集速度，以免提爾曼島及其他地區的討海人落入沒有牡蠣可供捕撈的窘境。「馬里蘭州解決方案」不但為切薩皮克灣增添了風帆點點的美麗風情，其絕妙之處則是在為牡蠣採集業的發展踩了煞車。令人驚奇的是，這項方案竟然得以實施如此之久。不過，限制飛魚船以外的船隻以拖撈網捕撈牡蠣，也只是延緩必然的後果而已。要挽救牡蠣，就必須徹底改變人類的心態——把狩獵採集的生活模式轉為管理維護自然環境的生活模式。然而，像墨菲船長這樣的討海人，對於這種改變卻帶有根深柢固的抗拒心態。

對於自己在討海生涯中只使用飛魚船這種採取風帆動力的船隻，墨菲深感自豪。每當其他討海人要求政府更改規定，允許汽船使用拖撈網，他總是表示反對。「我不贊成機動船用拖撈網，因為我希望我的兒子、孫子，還有曾孫都享受得到這個海灣裡的牡蠣。我認為讓機動船使用拖撈網會導致過度採集。不過，牡蠣卻突然間都因為感染疾病死掉了。」儘管如此，墨菲說他實在無能為力。「過度採集的問題其實在我出生之前，在久遠前就已經存在了。」自然形成的牡蠣柱早在十九世紀就遭到討海人徹底破壞。經過數十年的努力，花費數千萬美元的公共經費在孵化場中培育牡蠣，還是回復不了牡蠣原有的數量。

墨菲跳上了岸。雖然已經六十五歲，他的動作還是相當敏捷。而且，就像身手矯健的獵人，他似乎也瞧不起農夫式的靜態生活。我提到養殖牡蠣恐怕是當前改善海灣水質的唯一方法，他卻眼望著遠方，以高傲的口氣說：

「我不贊成養殖牡蠣供應一般大眾，因為這樣就再也不會有自由漁民了。」

掠奪的自由

威廉．華納（William W. Warner）在一九七〇年代初期與馬里蘭州的討海人共同生活一段時間後，寫下了《美麗的泳者》（*Beautiful Swimmers*）這部巨著。書中，他提到自己在距離提爾曼島一百公里處的史密斯島上，曾在一個牡蠣採集聚落裡聽到一段話，明確表達出討海人心聲。當時，一名官方的生物學家正努力說服一群討海人採取保育措施，以免切薩皮克灣內的生物因過度捕撈而耗竭。不過，島上一位居民卻搶白了他一頓。

「『你不懂，』」華納記述當時一名年輕人駁斥那位生物學家的話：「『岸上這些聚落，以及從這個島到大陸上的小鎮，都是建立在自由掠奪權的基礎上。只要靠水生活，就是這樣，而且也一定要是這樣。』」

這段話裡的關鍵字就是「自由掠奪」。年輕人的這段話，就像是莎劇裡的角色向觀眾表明心跡的旁白一樣。而且，這段話也確實毫不掩飾地道出了漁業從業人員的基本心態。

一九六八年，生態學家哈定（Garrett Hardin）在《科學》期刊裡發表一篇論文，扼要說明了漁業究竟出了什麼問題，不只是切薩皮克灣的牡蠣捕撈業，也包括世界各地上千個漁場。他要讀者想像一片開放所有人進入的草原。數百年來，部落裡的牧人都在這片公有地上放牧牲畜，此外，由於戰爭、盜獵與疾病等現象，居民與牲畜的數量也一直保持在土地的承載上限以下；不過，社會一旦穩定下來，局面就改變了，每個牧人都想要藉由增加牲畜數量以提高收入。問題是，公有地上每增加一隻牲畜，每隻牲畜可以分到的草地面積就少了一點，最後導致青草耗竭。由於過度放牧的後果是由所有牧人平均分攤，因此在公有地上增加一隻牲畜所造成的衝擊，總是遠小於個別牧人因此獲得的經濟利益。

哈定寫道：「在這個資源有限的世界裡，每個人卻都陷入惡性競爭的體系中，毫無限度地擴增自己的牲畜群，奮力奔向集體毀滅的目標。在這個信奉公共財自由化的社會裡，每個人都忙著追求自身的利益。」他接著斷言指出：「公共財自由化會帶來所有人的災難。」他把這種現象稱為「公共財的悲劇」——而且是希臘式的悲劇，因為結果不但可以預見，卻又無可避免。

如果把切薩皮克灣或是全世界的海洋視為公共財，即可看到一場規模龐大的悲劇。在人類歷史上，我們一向都認為海洋浩瀚無垠，而且先天就開放所有人共享。國際法認可購置船隻出海捕魚的自由；休閒釣客極力倡議的「釣魚權」，也可見於美國各州的憲法中。如果是在一個資源無限的世界裡，這種標舉民主的態度顯然值得稱許。問題是，我們一旦發現海洋資源其實有限，悲劇也就顯而易見了。對於個別漁夫而言，多撈一堆牡蠣，或是多捕幾條鮟鱇魚，絕對可以帶來經濟上的利益；但在資源有限的世界裡，一個人捕殺的生物愈多，其他人能分享的資源就愈少。（而且，遭到捕撈的牡蠣或鮟鱇魚如果正在產卵，則造成的影響更大。）魚類雖然生殖力極強，一次產卵的數量可達百萬以上，但所謂水產資源永無窮盡其實是維多利亞時代的誇大看法，早已被現代生態學的發現推翻。海洋雖然看來浩瀚無垠，但人類耗竭資源的天分實在無與倫比。

自從十八世紀開始，各國紛紛把距岸三海浬內的海域畫為領海，當時這樣的距離差不多就是海岸大炮的射程。一八八二年，法國、德國、荷蘭、丹麥、英國等五國共同簽署了《北海漁場公約》，首度把三海浬的領海明文規定在國際法裡。一九四五年，杜魯門總統宣告美國對沿海的大陸棚握有主權（主要是為了掌控採礦權）。拉丁美洲隨即跟進，接著冰島更積極擴張專屬經濟海域（EEZ）的範圍。自從一九九四年以來，國家享有沿海兩百海浬以內的自然資源主權，即可見於《聯合國海洋法公約》的條文規定裡。美國的專屬經濟海域面積達七億八千萬平方公里，在世界各國中居首，約等於南方四十八州加總起來的面積。現在，全球的漁場有整整百分之九十都包含在兩百海浬的範圍內。

畫分專屬經濟海域之後，國際公共財於是轉為國家公共財，但仍然朝著同樣的悲劇後果邁進。切薩皮克灣這片公共水域因為分別畫歸維吉尼亞與馬里蘭兩州，自然排除了來自新英格蘭的拖撈網漁民，總算減緩了牡蠣的捕撈速度。不過，當地討海人的飛魚船雖然只靠風帆推動，但在他們的努力捕撈與傳染疾病的雙重摧殘下，畢竟還是徹底掃除了自然生長的牡蠣。

世界各地雖可見到各式各樣的護漁措施，包括設定限額、限制漁具和漁船種類、只開放特定人口捕魚，以及限制捕魚天數，但這些措施對漁場崩潰的趨勢頂多只有延緩效果而已。我們已經漸漸逼近哈定那篇論文所預測的「清算日」，因為有太多生態體系的負擔都已超越其承載能力。人類的捕魚技術實在太過高明，以致海洋這項全球公共財陷入了悲劇性的後果。

既然如此，那我們該怎麼拯救切薩皮克灣？該怎麼做才能在海灣內引進大量濾食生物，讓水質恢復到原有的清澈狀態？自從動物學家威廉．布魯克斯（William K. Brooks）在一八九一年寫下《牡蠣》（*The Oyster*）這本具有先見之明的著作以來，許多科學家就紛紛提出了相同的結論——切薩皮克灣的牡蠣應該當成作物培育，而不是當成獵物恣意捕撈。布魯克斯建議維吉尼亞與馬里蘭兩州把海灣底部出租給私人企業家養殖牡蠣。馬里蘭州的討海人對於這項提議特別憤怒，於是他們影響力龐大的遊說團體確保了切薩皮克灣北端至今仍然沒有牡蠣養殖場，但悲慘的是，也同樣見不到牡蠣的蹤跡。畢竟，上天賜予了人類掠奪公共財的權利，這樣的權利絕對不容任意干預，就算自然資源早已被掠奪一空，這項權利還是不容干預。

切薩皮克沼澤

「我的看法又更進一步，」馬克．盧肯巴赫（Mark Luckenbach）說：「我認為牡蠣養殖是這裡唯一可行的產業。」我們身在一間實驗室裡，這裡是一座面對大西洋的寧靜村莊，叫做瓦恰普利格（Wachapreague），位在馬里蘭州與維吉尼亞州交界處的東海岸半島（Eastern Shore）上。盧肯巴赫是維吉尼亞海洋科學研究所的實驗室主任，也是牡蠣專家。在他的職業生涯裡，他冷眼看待著大眾對牡蠣的關注起起落落。有一次，他的一位同事在計算時無意間發現，切薩皮克灣內只要有健全的牡蠣數量，整座海灣的水質即可在不到一周的時間內過濾乾淨。這項發現傳開之後，牡蠣復育隨即成為民粹政客熱切關注的議題。牡蠣復育合作組織鼓勵民眾在小溪裡養殖幼牡蠣，再由數千名志工把這些牡蠣傾倒在被人採集一空的牡蠣柱上。

「那時候好像每個學校團體和非政府組織都忙著養殖牡蠣，好讓海灣恢復清淨，」盧肯巴赫回憶道：「我覺得他們實在太誇大了牡蠣的功能。」然而，實際上卻沒多少牡蠣苗能夠附著在牡蠣柱上繼續生長；少數復育成功的牡蠣，也幾乎都不免在第三年死於疾病。

牡蠣沒有免疫系統，所以特別容易受到環境壓力影響。在科學家眼中，牡蠣在海洋中扮演的角色就像是礦坑裡的金絲雀一樣。公共衛生官員常用牡蠣肉測知自然環境裡的滴滴涕殺蟲劑乃至輻射的含量。

一八八四年，德國一名細菌學家證明了巴斯德的病菌學說。他的證明是，牡蠣如果生長在充斥廢水的水域裡而帶有霍亂弧菌，人類即可能因食用牡蠣而感染霍亂。一九五七年，科學家在切薩皮克灣南端發現了MSX這種原生寄生蟲。現在，研究人員認為罪魁禍首應是二次世界大戰結束後編入後備隊的八百艘海軍船艦。這些船艦原本停泊在詹姆斯河，到了韓戰期間又用來載運部隊往返亞洲，而MSX想必就是附著在這些船隻的船身上，因此散播到切薩皮克灣。這種寄生蟲雖然對人類無害，卻是牡蠣的致命天敵；一旦透過牡蠣的鰓進入其體內，就會快速繁殖，導致牡蠣在成熟之前死亡。另一種稱為派金蟲（dermo）的病原體則可能原產於切薩皮克灣，因為上游建造水壩以及乾旱現象導致灣內海水鹹度升高而大幅擴散。（這兩種寄生蟲都適合在鹹水中生長。）派金蟲病就像人類的瘧疾一樣，屬於慢性病，遭到寄生的宿主不一定會立即死亡，健康情形卻會不斷惡化，也可能因此夭折。

盧肯巴赫說，現在派金蟲已擴散至維吉尼亞州所有的牡蠣床，而且也開始出現在馬里蘭州。由於消滅這種寄生蟲的一切措施都未能成功，有些科學家與國會議員於是倡議在海灣內養殖近江牡蠣，因為這種牡蠣存活力強，口味又與當地的牡蠣相近。引進外來牡蠣並非史無前例的創舉，歐洲與華盛頓州常見的養殖牡蠣，就都是原產於亞洲海岸的長牡蠣。

在一幢俯瞰大西洋岸沼澤地的建築物裡，盧肯巴赫帶我看了一座座塑膠水槽，裡面養滿了近江牡蠣，靜靜過濾著海水裡的浮游生物。他說國會要求對近江牡蠣進行研究，盧肯巴赫即是負責評估這種牡蠣對生態體系可能造成的衝擊。

「大多數人還是想要為複雜的問題找出簡單的解答。近江牡蠣的耐鹽性確實和我們這裡的土產牡蠣相同，而且對這裡的兩種疾病也都有高度的耐受性。」目前的希望是，只要引進這種外來的新種牡蠣，即可讓切薩皮克灣原本規模高居全國第一的牡蠣產業恢復生機。盧肯巴赫雖然樂於從事這項研究，卻說他寧可看到政府投注更多心力在海灣裡現存的牡蠣柱上，好好維護並擴增土產牡蠣的數量。他說，切薩皮克灣從來不曾嘗試過大規模的水產養殖，但主要是基於文化與歷史因素，而不是因為生態上的考量。

馬里蘭州的飛魚船漁民靠著風帆動力捕撈牡蠣，維吉尼亞州則是針對野生牡蠣的採集發展出了一套封建體系。牡蠣大亨都來自擁有海濱土地的富有家族，州政府把鹹度較高的海灣底部租給他們，因為移植的牡蠣在這裡生長得比較快。討海人扮演農奴的角色，從天然的牡蠣柱上採集種牡蠣，然後以三十五公升五美元的低廉價格賣給牡蠣大亨。在牡蠣大亨的剝殼廠內，以非裔女性為主的員工則負責為牡蠣加工裝罐。（這種封建體制的傳統至今仍然存在於切薩皮克灣：飛魚船船長韋德・墨菲在不久前還曾把自己捕獲的牡蠣賣給馬里蘭州主要的牡蠣收購商羅尼・貝文斯〔Ronnie Bevins〕，他稱貝文斯為「牡蠣大王」。）

在盧肯巴赫眼中，這套體系嚴格說來根本不算是養殖：「維吉尼亞州的業界總是喜歡把這套老做法叫做養殖，可是海灣裡的牡蠣數量並沒有因此增加。他們的做法其實只能叫做兩階段採集。」更重要的是，鹹度較高的水域正是派金蟲與MSX最容易生存的地區，所以把牡蠣移植到這種環境反倒會加速寄生蟲的擴散，導致牡蠣數量減少。

盧肯巴赫提出了一項建議，不但是切薩皮克灣從來不曾嘗試過的做法，而且當地酷嗜自由掠奪的居民也絕對無法認同。他認為，如果真要遏止海藻的大量繁殖、減緩死亡海域的擴張速度，從而恢復牡蠣產業的活力，就應該讓私人企業家能拿到孵育場的牡蠣苗，以鼓勵大規模養殖。

盧肯巴赫說：「我希望看到各方協同一致，在最有機會成功的地區努力復育野生牡蠣。此外，我也希望對環境無害的本土牡蠣養殖業能夠擴展開來。」他說這種情形已可見於維吉尼亞州的大西洋岸，不少私人公司都在那裡養殖貝類。「由於養殖業的興盛，現在無論是在水上工作的人數還是他們的收入，都比二十五年前還多。」他拿出一張照片，照片裡可以看到一座小海灣，海灣裡滿是裝著櫻桃核蛤的網袋。「櫻桃核蛤養殖場雇用了三百人，而且他們差不多有一半是採取共生經營模式，讓討海人租下養殖場的一部分，用來養殖自己的蛤蜊。」

他坦承養殖場也有不少爭議。既有貝類養殖場，就必須設立界樁、裝置發電機、布下長達數公里的網子，水上也有小艇穿梭來去。那些到切薩皮克灣享受退休生活的居民，可不想看到養殖業破壞了大海悠閒的景致。

「養殖規模如果不大，」盧肯巴赫指出：「就不會有人反對。可是小規模的養殖業維持不久。要有競爭力，就必須擴大規模。」而問題就出在這裡。舉例來說，華盛頓州的韋拉帕灣（Willapa Bay）因為養殖了太多牡蠣，以致海床上覆蓋了一層排泄物；蝦子在這層排泄物的吸引下前來棲息，結果因為挖掘沙穴而揚起許多沉積物（最終導致牡蠣養殖架崩塌在淤泥當中）。然而，牡蠣養殖對環境的衝擊遠低於養殖蝦子或鮭魚——養殖牡蠣不需要捕捉數百萬噸的海中生物磨製成飼料，因為牡蠣能夠直接濾食水中的浮游生物，並且藉此清潔環境。反對聲浪最大的來源通常是都市裡的退休居民，他們的心態就是「別設在我家後院」。即便是存在已有數百年之久的漁民社群，其生存需求也同樣得不到正視。

「我們如果決定要在這座人口眾多的海灣從事養殖，」盧肯巴赫說：「就必須按照目前的人口和生態狀況做出決定，必須把海灣畫分成幾個區域。」

一旦畫分區域，就表示海灣裡有些部分不再開放大眾任意捕撈，而當地許多老一輩的人士必然無法接受這樣的安排。他們認為這座海灣是一項龐大而且恆久的公共財，不希望受到任何干預。可嘆的是，若是如此，就只能淪為沼澤一窪，成為一片充斥水母與有毒藻類的海灣。

變節的討海人

「你看窗戶外面，」湯米．列格說。我們坐在他牧場式家宅的客廳裡，望著約克河支流塞傑溪（Sedgers Greek）的溪畔。如果沿著約克河順流而下，最後會在維吉尼亞州內流入切薩皮克灣。窗外的景致充滿了恬靜的田園氣息：在草地邊緣，一道木造碼頭蜿蜒伸入緩緩流動的溪水裡，溪畔生長著網茅和鹽沼灌木。我看到一艘長七公尺的小艇，名叫「牡蠣苗船一號」，但除此之外並沒有其他產業活動的跡象。「我的牡蠣苗圃，」列格說：「就在我的碼頭邊。」

除非仔細觀察，否則你絕對猜不到列格在他的碼頭盡頭處養殖了十萬顆肥美健康的美東牡蠣，也就是切薩皮克灣的土產品種。

列格活力充沛，皮膚黝黑，出生於維吉尼亞州。現年五十幾歲的他，過去曾是討海人，抓過螃蟹與鰻魚，用開口式網鉗捕撈過蛤蜊，也曾用刺網捕捉石首魚和岩魚。

「我以前還以捕魚為業的時候，」他說：「剛好都遇上了各種漁業的夕陽時期。我看到螃蟹漁業沒落，目睹蛤蜊漁業衰敗，在八〇年代更是親身參與了牡蠣漁業的終結。」他看過溪流因藻華（algae bloom）現象而染成血紅色，也見過水中含氧量下降，而導致當地三分之二的貝類因此死亡的慘狀。他目睹了海水鹹度升高促成ＭＳＸ與派金蟲擴散，也眼睜睜看著水溫逐步上升造成大葉藻消失，以致他所捕捉的生物就此喪失了棲息地。

不過，列格是個新類型的討海人，他擁有海洋科學的碩士學位，他原先選擇的職業一旦面臨了無以為繼的困境，即轉而從事環境教育的工作，受雇於切薩皮克灣基金會——這是美國公認最成功的區域環保團體。（早自一九六七年起，他們的「救救海灣」貼紙即普遍見於當地車輛的保險桿上。）他經常帶領學生團體到島嶼進行實地考察，讓學生瞭解切薩皮克灣原本有多麼清澈純淨；不過，他雖然非常重視這項活動，現在卻是全副心思都投注於他在住家後院推展的計畫——一座二十四公畝的牡蠣養殖場，場地向維吉尼亞州租賃而來。

他說：「我早在念研究所時，就想從事養殖業了。我想養東西。」我們走到屋外，踏上碼頭的木棧道，列格用一根帶鉤的長桿勾起一個裝有上千顆嘎嘎作響牡蠣的網袋。他扯開網眼，拉出一串牡蠣，同時有五、六隻指甲大小的青蟳和滑溜不已的薄氏鮈鰕虎跳回水裡。這些牡蠣上頭垂掛著藻類，約有七公分長，已將近可以販賣的大小了。

列格採集牡蠣的做法已經建立了固定的模式，他每周會到碼頭的盡頭，挑出一千兩百顆左右最大的牡蠣，以每顆三十五美分的價格賣給一名收購商。（他認為他如果自己拿到市場上兜售，應可賣得兩倍的價錢。）這些牡蠣都在威廉斯堡與里奇蒙的高檔餐廳裡帶半殼出售，名稱叫做約克河牡蠣——「這個地區最甜美的牡蠣，」列格說。他估計現在養殖牡蠣的營收，已和任職於切薩皮克灣基金會的收入不相上下。

列格對韋德．墨菲這種飛魚船船長的老派作風不屑一顧。身為現職討海人，而且也曾經採用古老的狩獵採集技術在這片公共水域上勉強謀生，列格的意見顯得頗有分量。

「馬里蘭州的討海人說他們徹底反對養殖。他們只要海灣底部有一群能夠不斷繁殖的牡蠣，好讓他們繼續按照以前的方式採集。」州政府已建造了一座兩千萬美元的孵育場，為這個計畫培養種牡蠣。「他們甚至還不知道這麼做會不會成功。而且，就算真的有效，也可能得花上好幾十年。

「我們要挽救這座海灣，不只是為了欣賞美景、拍幾張漂亮的照片，而是要好好運用這座海灣，享受這裡的天然資源。一座健全的海灣就應該有人游泳划船，有休閒釣客垂釣，有討海人以永續的方式捕魚。這座海灣和大沼澤國家公園或五大湖一樣是國寶，我們也必須說服國會認同這一點。政府官員一定要有認知，他們必須開始投注經費清理海灣了。」他說，這項工作首先應由官方支持養殖牡蠣做起。

列格說他對這項理想甚至帶有宗教般的狂熱，還說服了一個朋友著手嘗試牡蠣養殖。

「他採牡蠣採了一輩子，而且一向堅持徒手採集，可是在我們的鼓吹下已經購置了水槽和幫浦，再過幾個月就要第一次收成了。他投入得愈深，愈是起勁，就好像是在黑暗中見到了光明一樣。我剛放他自己上路，他現在已經能夠獨立運作了。」

「切薩皮克灣不是單靠牡蠣就可以恢復舊觀，」列格坦承道：「可是沒有牡蠣，絕對挽救不了這座海灣。牡蠣是不可或缺的基本生物，是海灣的天然過濾器。牡蠣會濾清水質，牡蠣柱又可為其他生物提供棲地。但除此之外，也還是需要其他條件的配合，包括升級汙水處理廠、畫定更多海岸緩衝區，以及鼓勵農民在耕種過程中減少氮與磷的排放。」開發活動也必須受到限制。不久之前，在維吉尼亞海灘（Virginia Beach）這座度假小鎮附近的重要濕地上，曾有建商想興建一千棟住宅，後來在當地民間反對運動的奮力阻擋下，總算沒有付諸實現。列格對這項開發計畫深感憤怒。「你也知道他們一定會再捲土重來。」由獵人轉型為公共財管理人的列格，小心翼翼地把網袋放回水裡。「你看牠們，」他把自己養殖的那些美東牡蠣擺回溪底，又依依不捨地看了最後一眼。「牠們就這樣不斷辛勤工作，用盡全力過濾著溪裡的水。」

「只要是牡蠣就好」

只要談到食物，美國的「食欲詩人」費雪（M. F. K. Fisher）絕對不會大小眼。在《牡蠣之書》（*Consider the Oyster*）這本頌讚雙殼貝類的迷人著作裡，她從各個角度探討牡蠣的烹調方式，包括烤的、煮的，還有牡蠣濃湯、火雞的牡蠣餡料，甚至還有這麼一道食譜：「準備三百顆乾淨的牡蠣，再把牡蠣丟進去裝滿上等牛油的鍋子……」然而，一旦提到切薩皮克灣的牡蠣吃法，她的批判卻是嚴厲得很。費雪寫道，實在不幸，竟有「這麼多廚師把牡蠣裹在濃稠又拙劣的麵糊裡，再丟進同樣令人作嘔的油脂中，形成一層油膩又嚼不動的外皮，牡蠣包在那層噁心的麵衣裡完全糟蹋掉了，不僅食之無味，而且難以消化。」

在哈里森的切薩皮克灣之屋（Harrison's Chesapeake House），裹上麵糊油炸是他們料理牡蠣的唯一方式，還有蛤蜊條和軟殼蟹也是一樣。哈里森一家人仍然擁有一間剝殼廠，位於提爾曼島上的奈普斯海峽那端，就在連接島嶼和本土的開合橋旁。在他們占地廣大的濱海餐廳裡，牆上貼滿了哈里森家族四代以來的新聞剪報，以及許許多多的名人推薦。當然，其中也絕對少不了愛吃成痴的柯林頓。在牆上的照片裡，可以見到這位前總統與巴迪．哈里森船長並肩合照。我的晚餐搭配了幾樣小菜，包括奶油洋芋泥，奶油青豆，還有燉煮甜蕃茄。

「南方人就愛吃這個，」女服務生慢條斯理地回答我對最後這道菜的疑問。蛤蜊條只沾了薄薄一層麵糊，看起來就像是散滿了一盤的薯條。

我雖然比較喜歡生吃牡蠣，但我什麼東西都願意嘗試一下。實際上，我愈瞭解牡蠣所帶有的疾病，就愈認同韋德．墨菲船長的論點，亦即把牡蠣煮熟才是最明智的做法。就統計上而言，在美國吃生貝類染上溫和的腸胃道病毒而罹病的機率為百分之一。（最可怕的病原體是創傷弧菌。美國因食用海鮮而致死的案例當中，有百分之九十五都是這種病菌造成的結果。曾有這麼一件典型的病例：某一年仲夏，一名中年會計師在午餐時於達拉斯一家海鮮餐廳點了一打半殼牡蠣。到了午夜，他不但嘔吐不停，也因發燒而冷汗直冒。第二天早上，他雙腿痠痛，而且腿上滿是大膿瘡。後來，病菌擴散到了他的肺、肝、腦，造成敗血性休克。儘管接受了大量的抗生素治療，他還是在五天後宣告不治。）在寒冷的北大西洋捕撈的牡蠣，自然比墨西哥灣的牡蠣安全得多。在全球暖化的效應下，這條安全界線卻是不斷北移。在我看來，提爾曼島位於北緯三十八度，五月的氣溫為攝氏二十四度，正好位於安全邊緣。看到服務生端上桌的主菜，我不禁鬆了一口氣，這不是一盤帶著半殼的生牡蠣，而是一團團炸得熟透的蛋白質，沾了麵粉，撒上香料——包括香芹鹽、芥末、丁香，還有其他歐貝調味料（Old Bay Seasoning）裡的成分。

這些切薩皮克灣的牡蠣一點都不細緻，蜜思卡得白酒絕對招架不住這種又鹹又油膩的口味，所以我點了一瓶百威啤酒。不過，這種裹了厚厚一層麵衣的牡蠣也別有一番風味，嚼勁十足，口感豐富。牡蠣底下墊著軟麵包，旁邊還有塔塔醬。

「愛吃牡蠣的人有三種，」費雪寫道：「第一種人只肯吃生的，第二種人只肯吃煮熟的。」我顯然是她筆下那種充滿冒險精神而且不太挑剔的雜食性動物：「第三種人則是隨遇而安，怎麼吃都不在意，生冷不忌、厚薄不拘、死活無論，只要是牡蠣就好。」

既然牡蠣可以為全世界的海洋帶來這麼多的好處，也許我們都該立志成為費雪筆下的第三種人。畢竟，只要多吃牡蠣，即有助於消除河口區的藻華現象與死亡海域，同時又可促進牡蠣養殖這種深具永續性的養殖業。況且，切薩皮克灣海濱的漁民社群亦可因此存續下去。

我決定在飲食上奉行新的座右銘。回頭一想，在仍然帶有封建制度的牡蠣世界裡，這句座右銘也絕對可以讓貝類大亨拿來當成盾徽上的標語。

「*Quidlibet, dummodo ostrea sit*」——「只要是牡蠣就好」。

赤裸生鮮的真相

美食界有一句古老的陳腔濫調。早在一五九九年，與莎士比亞同時代的巴特勒（William Butler）就曾這麼提醒他的讀者：「只要是名稱裡沒有『R』字母的月分，吃牡蠣不但不當令，也不衛生。」[4]日本人說得更直白，聲稱連狗都不吃夏季的蛤蜊。

不過，在這個名稱裡沒有「R」字母的七月天，而且正值一場席捲全歐的熱浪期間，我卻打算大啖牡蠣，從巴黎一路吃到不列塔尼海岸。

我最早學會吃牡蠣，是二十幾歲住在法國的時候。某年耶誕夜，我女友的爸爸在他的廚房裡把我拉到一邊，放了一條毛巾在我左掌上，以免我用手挖，然後才叫我為一百多顆牡蠣剝殼。那件往事發生在法國西部的不列塔尼半島，當地居民以來自愛爾蘭的蓋爾人為主，不是高盧人，所以當地的市鎮聖布里厄（St. Brieuc）的水手在英吉利海峽遇到威爾斯的漁民，都能互相以威爾斯語溝通。此外，不列塔尼人也因自豪於其牡蠣鑑賞品味而著名。大家都知道最好的牡蠣是貝隆牡蠣。在巴黎蒙帕納斯大道的海鮮餐廳外，皆可見到這種扁殼貝類堆置如山。當年我到不列塔尼作客，剝了許多牡蠣殼之後又吞下兩打生蠔，結果不但手沒破皮，也沒有反胃嘔吐，於是因此贏得了主人的敬重。貝隆牡蠣的滋味非常獨特，感覺上就像是吞下滿滿的一口海水（一點也不假，在各種食物當中，只有牡蠣會把原本的生長環境吸收到體內），接著則是一股又像金屬又像堅果的味道。我女友的爸爸堅稱那是榛果的味道，所以後來我只要吃貝隆牡蠣，就覺得嚐到了榛果味。敢吃貝隆生蠔顯然是種相當了不起的能力，每吞下一顆，我就覺得自己充滿勇氣和性欲。自此之後，貝隆牡蠣在我眼中就成了牡蠣之王。如同洛克斐勒說的，難以想像把貝隆生蠔拿去烹煮。

學名為「*Ostrea edulis*」的貝隆牡蠣，原本是歐洲唯一的牡蠣品種，從丹麥到葡萄牙沿岸都是這種牡蠣的分布範圍。（歐洲最有名的牡蠣，包括英國的惠斯特堡牡蠣、荷蘭的澤蘭牡蠣、比利時的奧斯坦德牡蠣，都是同一個品種在不同地區的變異而已。）羅馬人深愛這種牡蠣，食用量非常大，據說塞內加一周可吃下一百打，阿比修斯（Apicius）建議搭配魚內臟發酵製成的沾醬，尼祿則聲稱自己只要嚐一口即可辨識出產地。羅馬人建立了一套快遞轉運體系，可把英、法的牡蠣運過阿爾卑斯山，由一座座冷凍站接力遞送。這種自古以來的習慣一路存續到了中世紀之後，據說亨利四世可吞下三百顆牡蠣當作開胃菜，盧梭與狄德羅吃牡蠣激發靈感，拿破崙則會在上戰場前吞下十二打以堅定必勝的決心。

接下來的發展沒有任何意外——原本以為取之不盡的資源，終於還是不免耗竭。早在一七五五年，不列塔尼北岸的特雷吉耶（Treguier）就因外海的牡蠣灘遭到過度捕撈，以致國王下了一道長達六年的禁捕令。法國大革命前兩年，一道王室敕令規定不列塔尼的國有海岸在夏季期間禁止捕撈牡蠣，因為夏季正是牡蠣產卵的季節。（這項避免種牡蠣遭到捕撈的政策，可能才是「R」字母月分禁忌的真正由來，而不是因為疾病的考量。）工業時代來臨之後，牡蠣數量更是遽減，英國的牡蠣食用量原本為一年十五億顆，到了一八八六年時已下降至四千萬；海峽群島（Channel Islands）的船隊也從原本四百艘船隻的龐大規模沒落到只剩下幾名兼職的採貝人。科技加速了牡蠣的衰竭。法國的批評人士把新發明的拖撈網稱為「牡蠣斷頭臺」；普魯士的一名學者把牡蠣衰竭的現象歸咎於鐵路，因為鐵路出現之後，牡蠣即可大量運往歐洲各大首都的餐館。

貝隆牡蠣在歐洲的獨霸地位真正遭到終結，則是因為外來品種的入侵。一八六八年，一艘船隻因為遭遇暴風雨，把整船早已發臭的葡萄牙牡蠣傾倒在法國吉隆德河出海口。不過，其中有些牡蠣顯然還活著，隨即在法國海岸繁殖了起來。後來，土產的貝隆牡蠣遭到疾病感染，葡萄牙牡蠣更是大幅擴散。一九六〇年代末期，葡萄牙牡蠣也因波納米亞蟲與馬爾太蟲這兩種寄生蟲的侵襲而滅絕，結果和法國遭到瘤蚜危害的葡萄一樣，藉由移植新大陸的品種才重拾生機。由新大陸移植而來的品種為華盛頓州養殖的長牡蠣。現在，世界各地食用的牡蠣，百分之九十都屬於這個品種（在法國稱為彎月蠔）。過去非常普及的貝隆牡蠣，現在只可見於不列塔尼與英格蘭的少數幾座牡蠣養殖場裡。但儘管如此，貝隆牡蠣仍是最受珍視的品種，在巴黎頂級餐廳裡的售價可以高達一顆六歐元。

我既然要冒著生命危險吃夏季的牡蠣，絕對要先諮詢過專家的意見。我在晚餐時間來到了牡蠣販餐館（L'Ecailler du Bistrot）。在這家位於巴黎巴士底區的海鮮餐廳，我確定自己一定吃得到法國品質最佳的貝隆生蠔。

這家餐廳的合夥老闆名叫關娜耶勒·卡多芮，她的家族自從一八六四年就在不列塔尼養殖牡蠣。她簡單幫我複習了品嚐生蠔的要點。端上桌的盤子裡擺著一打半殼的貝隆生蠔，底下鋪著一層深綠色海草，另外還附上黑麥麵包和一盤薄鹽牛油。我已忘了貝隆生蠔外觀可以有多麼優美——側面看去呈平頂狀，由上方鳥瞰則近乎圓形；和粗短扭曲的彎月蠔比較起來，貝隆牡蠣的外殼極為流線，猶似蛤蜊。

「我們從不把生蠔放在碎冰上，」卡多芮說：「因為我們認為溫度如果太低，就品嚐不到完整的風味。」她以一把利刃切斷牡蠣的內收肌，隨即看到一股清淡的液體流了出來。卡多芮解釋說，這「第一道水」應該倒掉，有時候第二道水也是一樣。餐廳裡的顧客一旦點了生蠔，她希望他們能夠單純品嚐生蠔的美味，頂多擠點檸檬就好。（有些人甚至認為這麼做也是褻瀆了生蠔，聲稱牡蠣販只是為了向客人證明牡蠣還活著，才藉著擠壓檸檬汁讓牡蠣出現避縮的動作。）「如果有人堅持要沾青蔥油醋醬，我們可能也會提供，但我們非常不建議這麼做。」

我的法國同伴向來不把標章規範放在眼裡，聽完這段話後只聳了聳肩，仍然照常在牡蠣上撒了點黑胡椒。我們嚼了幾口之後才吞下去。法國人都知道，吞食牡蠣一定要先以牙齒給予致命的一擊，否則活生生的生蠔一旦到了胃裡，就會分泌出讓人消化不良的物質。我的朋友細細品嚐著充滿嚼勁的內收肌，也就是牡蠣用以闔上外殼的那條肌肉。她說：「我覺得只有這裡才有榛果的味道！」（順帶一提，我們吃的干貝，其實就是貝類高度發育的內收肌。）搭配著蜜思卡得白酒，我們桌上的一打牡蠣不一會兒就盤底朝空了。於是，我們又點了一打。

過了一陣子，卡多芮又到桌邊來關切我們的用餐狀況，我趁機問她是不是也供應惡名昭彰的「四季」生蠔。近年來，科學家培育出一種不會生育的牡蠣，叫做三倍體。由於這種牡蠣不必浪費精力生育，所以在夏季也不會因產生精子與卵子而轉為乳白色的癱軟模樣。卡多芮露出滿臉驚恐的表情，彷彿吸血鬼被人噴了一口蒜醬在身上。

「我絕對不會讓三倍體牡蠣進我餐廳的大門！」她失聲叫道。法國人對基因改造的反感顯然也及於牡蠣。我注意到她渾圓的肚子，於是問她夏天吃不吃生蠔。「先生，我懷孕七個月了，還是照吃不誤。」我要聽的就是這句話。既然連已經進入懷孕後期的孕婦都敢在七月吃生蠔，我還有什麼好怕的？第二天早上，我就開著租來的車上了高速公路，朝著不列塔尼奔馳而去，駛回我最初愛上生蠔的地方。

牡蠣黑手黨

切薩皮克灣裡少數幾名先驅終於開始在做的牡蠣養殖，在歐洲至少已有兩千年的歷史。古希臘人把酒罐碎片撒在愛琴海裡，以供牡蠣苗附著生長。西元前一世紀，一個名叫塞吉烏斯・歐拉塔（Sergius

Orata）的羅馬人就已在那不勒斯附近的鹽水湖泊發展出成熟的牡蠣養殖方法。歐拉塔利用一束束的樹枝吸引牡蠣苗，就像我在維吉尼亞州看到湯米．列格使用的網袋。那些樹枝可以拉出水面，把成熟可食的牡蠣採集下來。（歐拉塔顯然頗有行銷天分，甚至還養殖以牡蠣飼養的鯛魚，掀起了一陣搶購熱潮。）

野生牡蠣在十九世紀數量銳減之後，法國於是回頭採用歐拉塔的養殖技術。牡蠣有點像葡萄酒：品種相同的葡萄，只要種植地區不同，就會因地理環境和氣候條件的差異而產生不一樣的口味；同一個品種的牡蠣如果養殖在不同的海岸，也會因環境的差異而出現截然不同的風味。（葡萄講究「風土」，牡蠣講究的也許該叫做「風水」。）舉例而言，法國牡蠣生長在法國大西洋岸的阿卡雄灣（Bay of Arcachon），就是因為海灣裡有一種叫做藍舟形藻的海藻，才會染成那種著名的淡綠色澤。

其他地區的扁蠔雖然都因數十年來的疾病感染而銷聲匿跡，貝隆牡蠣卻在其誕生地存活了下來，也就是不列塔尼南岸的一條小河裡。位於阿凡河（Aven River）與貝隆河匯流處的貝隆港，本身就是一座微小的王國。那裡仍有四名牡蠣養殖業者，在河流與海洋交界處養殖歐洲牡蠣。在一周悠閒的時光裡，除了一面大啖生蠔，一面啜飲蜜思卡得白酒，我也結識了這四名養殖業者。這是個重養殖而輕漁獵的世界，在這裡，爭執都是因世世代代以來比鄰而居所產生的摩擦，不是漁夫之間因為計較漁獲量多寡而造成的衝突。

我走訪了卡多芮家族經營的工廠。我早已在巴黎享用過他們的牡蠣；在這裡，只見一條生產線上坐滿了白髮婦女，敏捷地挑選著貝隆牡蠣、裝入木箱，以便運到歐洲各地。工廠老闆夏克．卡多芮是關娜耶勒的哥哥，他說他的牡蠣其實養殖在不列塔尼的另外一個地區，成熟後再浸泡於貝隆河裡，以便吸收河水的獨特風味。他抱怨偷牡蠣的賊很多，在耶誕節期間尤其猖獗，常常趁著夜裡偷走整車整車的牡蠣；此外，附近一座露營場因為油槽裡的燃油溢出，也導致他的濱螺池遭到汙染。我接著走訪了另一座更大的牡蠣養殖場，叫做「泰隆」，供貨對象包括歐洲各地的超市；還有一座位於海濱的小養殖場，名叫「貝隆的安妮」養殖場，老闆是個年輕的金髮女子，一雙眼睛湛藍無比。她指著幾艘遊客的遊艇，停泊在她的牡蠣架旁。那些牡蠣都浸泡在阿凡河口的鹹水裡，從她的言語中，可以聽出她認為那些遊艇排出的廢水傷害了她的牡蠣。

牡蠣養殖業者之間更是相互攻訐。有人說其中一家公司做的根本是詐騙生意，從國外進口牡蠣，在貝隆河裡放不到一分鐘，就又轉賣出去。他們也低聲提及一個神祕的「牡蠣黑手黨」，還有各種死亡威脅及惡意破壞的舉動。這一切聽起來都顯得怪誕又古老，彷彿法國導演巴紐（Marcel Pagnol）的電影中，那些普羅旺斯農夫因忌妒和世仇彼此鬥爭的故事。

一天下午，一名婦女帶著兒女在馬奈赫港（Port-Manech）撬著海灘上的小海星玩，好心警告我別吃淡菜。這是因為法國海洋開發研究院指出，海洋水溫升高已導致鰭藻大量繁殖，於是貝類也就因為這種有毒生物而變得不可食用。當地的餐廳業者雖然對此避而不談，但由於鰭藻增生的現象，他們菜單上所謂的貝隆生蠔其實都是購自不列塔尼北部。法國海洋開發研究院的一名生物學家向我解釋道，海藻增生的現象只會出現在夏季，而且通常持續不超過幾周。全球暖化並沒有漏掉不列塔尼地區的海岸，她說，所以他們正密切監控目前的狀況，以便瞭解水溫升高是否對養殖收成造成危害。她比較擔心的是阿卡雄灣，位於盧瓦爾河以南的大西洋岸上。法國的牡蠣絕大多數都養殖在阿卡雄灣，但那裡的水汙染情形卻愈來愈嚴重。（實際上，在我離開之後，法國就發生了史上有紀錄的第一起食用牡蠣致死案件，而兩名女性死者所吃的正是遭到汙染的阿卡雄灣牡蠣。）

一天下午，我坐在貝隆城堡外的一張野餐桌旁，一面眺望著貝隆河裡的帆船，一面吞食著又一打生蠔。幫我剝殼的年輕人在盤子邊擺上一片檸檬，遞上一杯蜜思卡得白酒，坦承他們賣的不是當地產的牡蠣，而是來自老闆的莊園，位於不列塔尼西端，鄰近普盧加斯泰勒（Plougastel），距離這裡有九十五公里之遠。

我剛吞下最後一顆生蠔，老闆就過來了。他是個相貌英俊的中年人，有著一雙淡藍色的眼睛和一頭褐髮。我非常幸運，站在我面前的這位是馮索瓦・索明尼哈，他的先祖正是貝隆的牡蠣大亨。他說我所坐的地方，就在他們家族的莊園宅邸旁邊。這座宅邸以盧瓦爾河的白石砌成，廚房的歷史可追溯到十四世紀。索明尼哈說他可以為我這個雲遊四海的作家撥出半小時的時間。不過，他首先必須去看看他的牡蠣。

我跟著他走到水邊，看著他脫掉外衣，只剩一件短褲，套上蛙鞋和蛙鏡，游向因漲潮而淹沒在水面下的牡蠣架。「今天水溫攝氏十七度！」他在水裡嘟噥著說：「這裡的鹽度差不多每公升十五毫克，比海水的三十五毫克低得多。牡蠣的風味就是從水的鹽度來的！」他爬上岸，帶我到一間石砌的工具室，泰然自若地裸身回答我的問題（他說游水後自然風乾比較健康）。這是我經驗中比較奇特的一次訪談。

「當初在貝隆河畔列克（Riec-sur-Belon）開創牡蠣養殖業的是我曾祖父，奧古斯特・索明尼哈，」他說：「早在法國大革命之前，這裡就有一片天然的牡蠣灘。當時的傳統做法是把牡蠣裝在圓桶裡，周圍塞滿稻草，然後運到巴黎。我們祖先供應牡蠣的對象，甚至還包括塔列宏（Talleyrand）這樣的著名美食家。」

「我們家族原本來自波爾多，但在印度待過一段時間，後來在大革命期間自然也就喪失了頭銜。我的曾祖父可以算是個養殖鄉紳。就像當時的許多貴族家庭，他也想開創比較現代化的東西，所以就和法蘭西學院一個名叫維特．寇斯特（Victor Costes）的研究人員合作。」寇斯特被稱為法國的牡蠣養殖之父，於拿破崙三世統治期間在不列塔尼北部培育出了第一批養殖牡蠣。「寇斯特發現那不勒斯灣的居民都習慣用一束束的樹枝培育牡蠣。我的曾祖父和這位寇斯特先生合作，經過十年還是十五年的實驗之後，終於在一八六四年設立了第一座真正的牡蠣養殖場。也差不多在那個時候這裡出現了鐵路，所以養殖場才會那麼成功。」

最後，索明尼哈終於穿上一條寬鬆的亞麻褲，帶我參觀他們家族的莊園，自豪地指出他祖先從熱帶地區移植而來的無花果樹、宅邸走廊裡華麗的手繪壁飾，還有一座藏在莊園宅邸裡的天然湧泉。「這裡的水鐵質很豐富，一般人所謂榛果的味道就是這麼來的。」他說：「我們和其他養殖場不一樣」——他刻意望著某一家同業的方向——「我們都會讓牡蠣長期浸泡在河裡，至少歷經三次為期兩周的潮汐周期。」換句話說，他會讓牡蠣在河裡浸泡六周。「我和其他業者不同，只要發現像鰭藻這樣的問題，我就會馬上告訴客人，可是這種現象通常只會持續幾周而已。」

索明尼哈對他養殖場隔壁的一家濱海餐廳非常不以為然，聲稱他們供應的貝隆牡蠣根本不曾在當地的水裡浸泡過。「我們認為牡蠣一定要在貝隆河裡生長過，才能叫做貝隆牡蠣。」

「那家餐廳根本沒有資格開在這裡，」他忿忿不平，愈說愈起勁。「我開了這個鄉村式的牡蠣品嚐區之後，」——就是三張塑膠桌，擺在莊園旁的樹下——「一再收到死亡威脅。實在很可怕，他們就像義大利的黑手黨一樣。」他嘆了口氣：「可是法國就是這樣。」

我向這位牡蠣大亨道別之時，不得不努力忍住笑意。我不太把索明尼哈的埋怨當一回事，早自羅馬時代的歐拉塔開始，牡蠣養殖就一再引起紛爭和妒忌。歐拉塔的牡蠣床因為在那不勒斯附近的湖泊裡占用了太多空間，後來遭到富有的泳客提告。（他們認為，如果有機會的話，歐拉塔甚至會在自己的澡堂地磚上養殖牡蠣。）不列塔尼的各種攻訐，包括造假的指控、偷盜的埋怨、地盤的爭執，聽起來都像是流傳已久的陳腔濫調。這就是牡蠣養殖的特色。我嚐過的每一顆貝隆生蠔都相當美味，所以只要看到那些牡蠣健康地生長在水裡，像大西洋彼端的湯米．列格所說的，用盡全力過濾著河裡的水，這樣我就開心了。

因為我看過沒有牡蠣的水域會變成什麼模樣，而那幅景象實在叫人不敢恭維。切薩皮克灣是一片遭到長期掠奪的公共財，結果其中的生態體系因此嚴重衰敗。除非當地居民的態度能夠從免費分享轉為籌謀未來的經營管理，否則藻類仍會持續繁殖，死亡海域也會不斷擴張，那裡就像月球表面一樣一片死寂，螃蟹逃離死水的「狂歡節」現象也只會愈來愈擴大。

我腦子裡逐漸冒出了一個想法，就像牡蠣在貝隆河裡緩緩生長一樣。要解決海洋的危機，也許必須保護海洋，就像我們現在把陸地上的部分地區畫為國家公園一樣，也應該保護海洋不受漁獵採集活動的恣意掠奪。

4 譯註：名稱裡沒有「R」字母的月分包括五月（May）、六月（June）、七月（July）、八月（August），正是夏季期間。

CHAPTER 3

奇比餐館恐慌紀實

英國｜炸魚配薯條

「在屁股上拍幾下，親愛的，要用點力，」搖滾魚餐館（Rock & Sole Plaice）的櫃臺人員眨了眨眼，向一名顧客建議道。隊伍中長相清秀的亞洲女子輕笑一聲，又在瓶子底端用力拍了一下。一坨塔塔醬啪的一聲落在她的鱈魚和薯條上。

周五夜晚，我在這家空間狹小的炸魚薯條餐館，位在倫敦柯芬園（Covent Garden）不遠處的一條小巷裡。餐館門外，顧客坐在一棵大樹下的木板凳上，樹枝上掛滿了盆栽。他們用塑膠餐具切著油炸魚排，有的是黑線鱈，有的是小頭油鰈，有的是魟魚翅，有的是拍扁了的石鮭魚（鯊魚肉）。餐館裡，合夥老闆阿梅特身穿黃色馬球衫，在初夏的熱浪裡一面擦著平頭上的汗水，一面不停和客人閒談逗笑。

「不必不好意思，我不會洩漏我們的經營祕訣。」他對著我這個頻頻發問的加拿大遊客說：「我們的鱈魚都是從冰島採購的鮮魚。冰島人想出一個聰明的主意，刻意讓魚群休息一會兒。他們說魚群數量已經慢慢恢復了。」

「現在，我買這些鱈魚一磅要三英鎊，」阿梅特繼續說，一面把一籃薯條放進滾燙的花生油鍋裡。「比頂級魚排的批發價還高出了一倍。到餐廳吃一塊牛排就要花掉你十五英鎊，我們的炸魚配薯條只要八英鎊。有些人到現在還是認為鱈魚是窮人的食物呢！」

「我們買的魚都差不多五磅重，肉色不能混濁，用手指滑過魚排表面，魚肉也不能有裂開的情形。品質最好的鱈魚肉質有彈性，而且肉色不透明。如果當天的魚貨品質不夠好，我們就不會賣。」他們的魚看起來確實很不錯。把酥厚的金黃色外皮剝開，白得炫目的鱈魚肉就會一瓣瓣散開，猶如鮭魚裹上鹽皮蒸煮後的模樣。

阿梅特的父親哈山・齊亞丁是土耳其後裔的賽普勒斯人，從一九八〇年開始經營搖滾魚餐館。不過，餐館門外的一塊招牌卻聲稱這裡是倫敦最老字號的炸魚薯條餐館。的確，早自一八七一年起，就一直有許多顧客在這裡排隊購買「傳統的英國炸魚配薯條」。在有些人眼中，齊亞丁頂下這家餐館正是時代的徵象——在後殖民時期的英國，許許多多的英國企業都陸續由外來移民接手經營。炸魚配薯條可以說是最能代表英國人的傳統菜餚。邱吉爾稱之為英國人的「好朋友」，在第二次世界大戰期間把這道餐點豁免於配給措施之外。歐威爾認為，在戰後的艱困時期，普羅大眾之所以沒有起而質疑社會階級的畫分，就是因為生活中仍有少數幾項慰藉，其中尤以炸魚配薯條這道餐點居首。他在《通往威根碼頭之路》（*The Road to Wigan Pier*）當中寫道：「炸魚配薯條、人造絲襪、鮭魚罐頭、廉價巧克力……收音機、濃茶以及足球賭局，很可能是防止了革命的功臣。」不久之前，《泰晤士報》評論家吉爾（A. A. Gill）指出，炸魚配薯條是「英國傳統的圖騰，含義遠勝於單純的晚餐，營養價值卻比不上真正的餐點」。他說，外國人對這道餐點的嫌惡，正足以證明炸魚配薯條確實是英國特有的菜餚：「歐陸人士看到裹上麵糊的魚排，就避之唯恐不及。」

實際上，這道餐點卻是「歐陸人士」發明的。十七世紀，漂泊異鄉的猶太人把炸魚帶入荷蘭與英國；這道菜餚隨著葡萄牙傳教士東傳之後，就成了日本的天婦羅。蘇活區的猶太商人最早以薯條搭配炸魚；一八六〇年代，一個名叫約瑟夫．馬林（Joseph Malin）的生意人在倫敦的老福路開了一家餐館，則公認是炸魚薯條餐館的前身。托斯卡尼移民把這種餐館引進蘇格蘭，戰後的義大利移民潮又把「魚餐」帶到了愛爾蘭。炸魚配薯條由倫敦東區的猶太人首創，並由賽普勒斯人、南亞人及中國人發揚光大，就像咖哩肉湯、坦都里披薩和烤雞丁咖哩一樣，都是英國的典型菜餚。

英國近年來出現了烹飪上的文藝復興，即便是米其林評鑑最嚴苛的評論員，也都對倫敦不少大廚讚譽有加。在這種氛圍裡，自然很容易教人忘記大多數英國人日常所吃的魚，仍是來自在地口味的炸魚薯條餐館——當地把這種餐館俗稱為「奇比」（chippy）。英國全國共有一萬一千五百家這種餐館，每年賣出兩億五千萬份的炸魚配薯條。奇比餐館在英國到處可見，而且各個地區都有當地獨特的口味，希金斯教授[5]要是活在今天，必可從點餐的用語辨識出每一名食客來自何方。舉例而言，愛丁堡人吃炸魚喜歡搭配一種牛排醬，叫做「炸魚醬」（chip-shop sauce）；一百多公里外的格拉斯哥人喜歡搭配鹽和大麥醋（比較廉價的餐館則可能用醋酸摻水稀釋，再混入一點焦糖添加顏色）。約克郡的炸魚薯條餐館把裹上麵糊油炸的薯條叫做「干貝」（又叫「咂嘴條」〔smacks〕或「啪啦薯條」〔slaps〕），另外也賣「魚粿」，也就是兩片馬鈴薯夾著一塊黑線鱈魚排，再裹上麵糊油炸。麵糊碎屑的名稱無窮無盡，在北美英語人士耳中聽來更是滑稽得緊：依照地區不同，這種碎屑可以叫做「打炮」（scrumps）、「碎屎」（scrobblings）、「撇條」（crimps）、「破爛」（shoddy）。威爾斯人吃「娘娘腔」（faggots；一種由豬肉與豬肝做成的肉丸子），蘭開斯特人喜歡一種叫做「破布布丁」（rag pudding）的東西，就是油酥皮包絞肉餡，裹在布條裡烹煮。不過，魚排在奇比餐館裡總是占有最重要的地位。雖然愛爾蘭人常吃魟魚翅和石鮭魚（其實就是模樣像鯊魚而且遭到嚴重過度捕撈的角鯊，只是商人為了避諱而改用這個名稱），蘇格蘭北部居民偏好黑線鱈，但是對大多數的英國人來說，炸魚配薯條裡的「魚」非鱈魚不可。

學名為「*Gadus morhua*」的大西洋鱈魚，大概可算得上是最典型的海洋生物：兩側平滑又多鰭，有著標準的魚形，腹部多肉，下顎垂著一撮頗具特色的小鬚。這種魚以兩大特點著名，一是貪食——成熟的鱈魚什麼都吃，無論是保麗龍、捕魚的鉛錘，甚至自己的幼魚；二是多產——某條三十五公斤重的母魚曾經創下最高紀錄，產下九百萬顆卵。義大利探險家喀波特（John Cabot）在一四九七年橫越大西洋之後，向滿心想要找出通往中國捷徑的布里斯托商人指出，大西洋某個區域有為數龐大的鱈魚群，多到「有時候船都前進不了」，只要為籃子加上鉛錘，即可直接把魚撈起來。於是，他們立即組織遠征隊前往探究那片「新發現的天地」（New Found Land）[6]，英格蘭西岸的港口也紛紛建造遠洋船隊，以便前往大瀨捕撈鱈魚。從此以後，英國便愛上了鱈魚，並且靠著這門漁業為加勒比海的奴隸買賣提供資金，也藉此建立了波士頓、哈立法克斯以及聖約翰。

鱈魚是理想的食用魚：容易捕捉（即便是一百八十公分長的鱈魚，被魚鉤勾住也不會反抗）、魚肉只有百分之三的脂肪，所以可以大片割下，鹽醃風乾，保存數月之久。一片經過鹽醃的鱈魚，西班牙語稱為「巴卡勞」（bacalao），其中將近百分之八十都是蛋白質。即便到了今天，這種肉色雪白而且嚐起來極少會有腥味的魚，仍然是英國最熱門的魚種。英國賣出的海鮮，將近四分之一都是鱈魚，而且全球高達九十萬噸的鱈魚捕撈量，英國人就吃掉了三分之一。貝爾塞食品公司（Birds Eye）在一九五五年首度推出冷凍魚條，稱之為「享用美味魚肉的全新方式，料理省時省力，再也不怕腥味」；於是，現在大多數鱈魚的命運就是被做成魚條。零售店裡販賣的鱈魚，有百分之六十九都事先裹上了麵包粉。

儘管如此，和北美比較起來，英國在遵奉道德飲食的海鮮愛好者眼中仍可算是天堂。在馬莎、艾斯達與維特羅斯等著名連鎖超市裡，魚類商品的標籤都會註明產地，以及究竟是野生還是養殖產品。有機鮭魚通常比一般的養殖鮭魚貴上一倍，但在英國也很容易買得到。此外，幾乎所有的海鮮專櫃都看得到海洋管理委員會的藍白標誌。無論商家賣的是鮟鱇魚、鯖魚還是黑線鱈，只要有這個標誌，就表示這條魚捕自永續魚群。

聖斯伯里超市是英國最大的販魚廠商，共有三百個專櫃，近來已宣布不再販賣遭到過度捕撈的魟魚和角鯊，黑線鱈也只賣線釣的，拒絕拖網捕撈。另一方面，馬莎百貨也展開了「A計畫」，預計在二〇一二年前達成若干環保目標，包括碳平衡、不產生掩埋垃圾，並且採購的海鮮只來自海洋管理委員會認證的魚群。就連向來被評為最不重視環保的艾斯達超市，也在二〇〇六年宣布跟進母公司沃爾瑪的政策，只採購海洋管理委員會認證的海鮮商品（綠色和平組織的抗議運動無疑是一大助力，因為他們模仿艾斯達超市的看板製作了許多海報，呈現出混獲魚類枉死的慘狀）。在製作精緻的電視廣告裡，食品記者痛斥養殖海鮮的危險。「我們只採用野生的太平洋鮭魚，」貝爾塞冷凍食品公司在其中一則廣告裡宣稱道：「絕對沒有使用色素。」

然而，大西洋鱈魚卻似乎到處可見，無論是諾丁山最講究環保的雜貨商，還是紅磚巷（Brick Lane）裡最在地的奇比餐館，都少不了大西洋鱈魚，而且店家賣得理所當然。可見英國人一旦遇到自己最愛吃的魚，就不免裝聾作啞了。

大西洋鱈魚在一九九〇年代初期出現漁場崩潰的狀況，當時我在加拿大一直密切注意整起事件的發展：官方科學家因為抵擋不住社會與政治壓力，設定的捕撈限額過於寬鬆，以致世界最大的漁場也逃不過崩潰的命運。一夕之間，五個省分的四萬名漁民突然沒了生計，大批居民因此離鄉背井，儼然是馬鈴薯飢荒的小規模翻版，不但重創了紐芬蘭的經濟、造成許多家庭只能靠救濟金度日，第四代的漁民也因此紛紛轉赴亞伯達省（Alberta）的油田討生活。這場危機總計造成加拿大十七億五千萬美元的損失。

在我看來，同樣的現象顯然也已經開始出現在大西洋的這一端了。差別是，歐洲的科學家深知潛在的問題，多年來一再提出警告。不過，政治人物與大眾卻把這些警告當成耳邊風。

從鱈魚到浮游生物

紐芬蘭的鱈魚究竟怎麼了？為什麼魚群數量沒有慢慢繁殖回來？當成懸疑案件來看，這起事件確實相當引人入勝。有些人說是因為鱈魚賴以為生的浮游生物消失了；有些人認為是因為臭氧層破裂導致射入海洋表面的紫外線增加，造成脆弱的鱈魚幼苗因此死亡；許多漁民認為是海豹及其他海洋哺乳動物把鱈魚獵食一空。（如果不是海洋哺乳動物，就是該死的西班牙佬。）鱈魚驟然消失，而且一去不復返，似乎有許許多多的解釋，就像英國巨石陣的由來眾說紛紜一樣。

結果，真正的答案原來簡單得多。

自古以來，人類與海洋的關係就一直立基於一項錯誤觀念上，以為我們就算有意耗竭海洋資源，也絕不可能對魚群數量稍有影響。這種觀念認為，就算某一種魚類暫時遭到過度捕撈，也立即會有另一種魚類取而代之。畢竟，俗話不是說「自然厭惡真空」（Nature abhors a vacuum）嗎？一八八三年，在那個「鱈魚堆積成山」，而且河裡鮭魚繁殖不盡的時代，英國科學哲學家赫胥黎自然能夠以充滿自信的語氣宣稱：「我仍然相信鱈魚漁場……永遠取之不盡，而且各種大漁場大概也都是如此。意思就是說，我們的所作所為並不至於嚴重影響魚類的數量。」身為漁場狀態調查委員會的主席，他建議國會廢止一切限制漁民的法規，開放「不受限制的捕魚自由」。

過了一個多世紀之後，我們才瞭解赫胥黎錯得有多離譜。二十世紀末，歐洲整整有三分之二的主要魚群都已遭到過度捕撈，有些估計甚至認為魚群數量僅為過往的百分之五。在美國，重要的兩百八十七種經濟魚類有五十六種遭到過度捕撈。世界上最可靠的蛋白質來源，已有不少出現嚴重崩潰的現象，包括一九五〇年代的加州沙丁魚，一九七〇年代的祕魯鯷魚，一九九〇年代的紐芬蘭鱈魚。現代漁民為了捕魚所付出的努力雖然更勝以往，漁船也愈來愈深入遠洋，實際捕到的魚卻是愈來愈少。現在，我們知道全世界的捕魚量在一九八八年達到七千八百萬噸的高峰，自此之後即以每年五十萬噸的速度遞減。

世界上頂尖的漁業科學家通常都受雇於國家政府，他們利用一種叫做「最大永續產量」的數學工具掌控這種遞減現象。根據理論，魚群一旦減少到原始數量的一半，繁殖力會達到最高點。這項理論雖然違反我們的直覺認知，卻相當合乎事實——魚群如果遭到大量捕撈，接下來孵化的幼魚因為沒有太多兄弟姊妹互相競爭，成熟的速度通常會比較快。不過，最大永續產量模型並沒有把食物鏈與生態體系裡繁複的交互影響納入考量，一種魚類的數量衰減之後，這種魚類的掠食者也會因此遭受嚴重衝擊。

此外，這項模型也沒有考慮到另外一點，那就是自從第二次世界大戰結束之後，捕魚船隊的效率已經大幅提高。漁民並沒有把捕撈範圍局限在魚群的數量百分之五十以內。實際上，北大西洋的漁民每年捕撈的鱈魚，至少都比魚群的半數多出百分之十或甚至三十。一九九二年的鱈魚數量崩潰雖然出乎眾人意料，卻是無可避免的後果。這種現象就等於是漁民每年從存款帳戶裡領出百分之六十至八十的資金，卻又期待戶頭的餘額不會減少。

紐芬蘭的漁民世世代代都靠著捕鱈魚過活，不但祖厝是靠著捕鱈魚的所得興建而成，也期待自己的子孫會繼承漁船，延續捕魚的家族事業。既然如此，他們為什麼會把自己賴以為生的生物獵捕至近乎絕種？原因是所謂的變動基準線症候群——人類總是習於把自己初次接觸到的生態體系當成原始環境的基準狀態。舉例而言，一個漁夫如果在一九七〇年代開始捕魚，那麼他聽到祖父說以前的魚可以長到和人一樣大，一定會認為這只是老年人的誇大其詞，而不會注意到每年鱈魚捕撈量的些微遞減。不過，這個漁夫如果是在當初和喀波特一起來到紐芬蘭的海岸，發現只要拿水桶往水裡一撈即可撈到肥美的鱈魚，那麼他認知中的原始環境基準線必然會非常不同。就這樣，隨著一個個世代過去，基準線也會在所有人不知不覺間逐漸變動，於是原本豐足的自然資源也就遞減為零。在這種症候群的作用下，就算是滿心為後代子孫著想的漁夫，也可能在無意間把魚群捕撈一空。

一九六八年，兩千艘漁船在紐芬蘭外海捕撈了八十一萬噸鱈魚。這裡堪稱是漁場的奧運盛會：十幾個國家的漁船齊集於大瀨外海，以不斷精進的科技相互較勁，從以柴油馬達船隻拉著尾拖網，到用回音測深儀，再來是全球定位系統與衛星影像。加拿大漁業及海洋部在一九七四年首度規定限額，但本國漁民就占掉大半。至一九七七年，加拿大與美國把沿岸兩百海浬以內的範圍畫為專屬本國所有，禁止外國漁船進入作業，但西班牙與葡萄牙的船隻仍然在界線邊緣捕魚，每年捕走魚群的四分之一。（西班牙漁船因使用雙拖網而惡名昭彰，總是以兩艘船共同拖曳一面巨大的漁網，所經之處任何生物都不得倖免。）捕撈量在一九八〇年代末期開始衰退，科學家卻把這種現象歸咎於魚群數量的自然循環，而不是漁民的過度捕撈。畢竟，同樣的現象在一八六八年也發生過，後來魚群也恢復了原有的數量。然而，這一次卻不同以往。到了一九九二年，在加拿大漁業部長克羅斯比（John Crosbie）宣布為期兩年的暫停捕魚措施之際，鱈魚的數量只剩下兩萬兩千噸了。科學家現在認為，當初喀波特首次來到加拿大的時候，加拿大沿海原本有七百萬噸的鱈魚。

經過了十五年，魚群仍然沒有復甦的徵象。現在，雪蟹和蝦的新興漁業雖然利潤比鱈魚豐厚得多，紐芬蘭的傳統漁業卻沒有因此獲益。由於企業之間的合併，現在的捕撈配額都已掌握在少數幾家大公司手裡，獨立漁民根本分配不到。紐芬蘭島上許多偏遠的小漁港，先前還靠著捕撈底食生物苟延殘喘，現在都已近乎荒廢，只剩前往泛舟的自助遊客以及單日往返的觀光客還會在這些漁港出沒。

儘管實施了暫停捕魚的措施，卻因為紐芬蘭漁民要求出海作業的壓力太過強烈，以致政府不得不每隔一段時間就宣布開放少量配額。不過，漁獲通常極為貧乏，根本還達不到額度。二〇〇三年，加拿大政府正式宣告大西洋鱈魚為瀕絕動物。雖然花了五百年的時間，但人類畢竟耗竭了世界最大的漁場，而且其中的自然資源恐怕永遠不會再恢復。

丹尼爾・保利（Daniel Pauly）是英屬哥倫比亞大學的漁業科學家。在他眼中，鱈魚的崩潰絲毫沒有懸疑可言。這種現象的肇因不是海豹，不是全球暖化，也不是臭氧層破裂。儘管鱈魚漁場有科學家與政府官員負責監管，崩潰的結果卻是漁民造成的，而且主要是加拿大的漁民。

出發前往歐洲之前，我到了溫哥華的英屬哥倫比亞大學校園裡，在保利的辦公室和他見面。這所大學舉世聞名的漁業中心就是由他主持。保利生於法國，母親是法國白人，父親是非裔美國人，他身材高大魁梧，讓人一見難忘。他通曉德語、斯瓦希里語、印尼語還有西班牙語，以武斷而且連珠炮般的說話方式著稱，說起英語則是一口濃濃的歐洲腔。在東南亞服務的時候，他設計出簡易的方法，讓當地的科學家只用手持計算機即可追蹤熱帶魚類捕撈量的遞減情形。接著，他建置了「魚庫」（FishBase）這個龐大的網路資料庫，其中記錄了三萬種魚類；並且推動「大藍海洋計畫」，分別呈現每個海洋的漁場衰退狀況。此外，他也推廣了變動基準線的理論，並與同僚共同證明中國政府在一九九〇年代期間浮報漁獲量，以致科學家高估了魚群繁殖數。他的視野廣及全球，批判現代漁業的尖銳程度無人能及。

「官方低估了漁業造成的死亡率。」保利認為這就是造成鱈魚崩潰的原因。政府科學家沒有考慮到漁民掠奪式經營的做法——他們總是把不夠大的鱈魚丟回水裡，任其死亡，以便繼續捕撈最大的魚。[7]

保利認為這種做法徹底改變了魚群的發展。

「過度捕撈造成大魚所占的比例降低、魚隻的長度減短，還有存活魚隻的成熟體積縮小，以致鱈魚雌魚的產卵數也隨之減少，」他解釋道。如此一來，剩下的魚群不夠健全，所以也就難以存活。鱈魚和大多數的大型魚類一樣，繁殖力會隨著體積和年齡而提高。年齡較大的雌魚，產下的魚卵最多，但紐芬蘭漁民捕撈的對象正是這些大型的產卵魚。剩下的魚隻被迫提早成熟，於是體質愈來愈弱，也愈來愈抵抗不了疾病的侵襲。慢慢的，牠們在食物鏈裡的生態棲位逐漸被蝦子、龍蝦及其他生物所取代。毛鱗魚這種小魚在過去是鱈魚的掠食對象，現在卻反倒成了鱈魚魚苗和幼魚的掠食者。

要瞭解保利對海洋變化狀況的看法，以及為什麼需要選擇食用底食魚類，首先必須懂得營養階層的概念。地球上一切生物都有各自的營養數字，植物是最低的一，獅子與鯊魚等大型掠食動物則是最高的五。海洋食物鏈的最底層是浮游生物（泛指所有漂浮在水裡的微生物，無論植物或動物都包括在內）。浮游植物相當於青草及其他陸地植物，營養數字為一。浮游動物是漂浮在水裡的微小動物，包括磷蝦與橈足類，以浮游植物為食，所以營養數字為二（浮游動物在食物鏈裡的位階與牛相同，因為牛也是草食性動物）。我們吃的魚，營養階層多為三或四。海豹或人類會食用鱈魚這樣的肉食魚類，所以營養階層屬於最高的五。

大多數動物的營養階層雖然在一生中會有所變化，但仍然可以為每種動物指定一個平均數字。影響營養階層的因素通常是進食習慣，而不是體型大小。象鮫的體長雖可與公車媲美，卻因食用浮游生物，所以營養數字和沙丁魚同樣都是三點一。掠食大型肉食魚類及海洋哺乳動物的大白鯊，平均營養數字為四點五。美國龍蝦屬於食物鏈底層的食腐動物，平均營養數字為二點六。鱈魚是雜食性動物，無論浮游生物還是體型較小的肉食魚類都照吃不誤，平均數字為四。一般而言，我們吃的食物只要愈接近營養階層底部，對環境就愈有利。如果要讓海洋恢復健全，人類就應該把自己的營養階層限定在四以下——比較接近於鱈魚的進食模式，而不是鯊魚。

在保利眼中，食物鏈與其說是條鏈子，不如說是層層構成的食物金字塔，愈低層的生物數量愈多，頂端是鯊魚及其他大型掠食動物，底端則是海藻及其他浮游植物。保利和同僚利用龐大的漁業統計數據資料庫，發現世界各地的平均營養階層都出現了下降的趨勢。漁民原本以大型魚類為捕撈對象——如鱈魚、鮪魚、鮭魚——但隨著這些魚類的數量愈來愈少，他們只好改而捕撈營養階層較低的魚類。在世界各地的生態體系裡，隨著大型掠食魚類遭到捕撈一空，食物金字塔的頂層也就彷彿被剷平了一樣。一九五〇年，紐芬蘭外海的平均營養階層為三點八，差不多是掠食性魟魚的層級；到了一九九五年，這個數字已降到了二點九，等於是鯷魚的層級。魚庫的資料顯示，全球的營養階層在短短數十年間就從三點四滑落到了三點一。向來直言不諱的保利，把這種衰退現象歸咎於一個原因。

「過度捕撈，」他對我說：「實際上，甚至也不必談到過度捕撈，根本就是捕魚活動造成的。只要一點點的捕魚活動，就足以導致摧毀棲地的後果。」他雖然承認全球暖化、汙染以及外來物種入侵等因素都有影響，但仍然認為禍首是我們最能輕易控制的人類活動：捕魚。

有些人認為保利的說法未免誇大其詞。畢竟，海洋裡的整體生物數量並沒有真的改變，只要有陽光和礦物質，浮游生物就會繼續製造新生命。不過，隨著食物金字塔一再遭到削平，海洋裡的生物也變得愈來愈簡單，而且愈來愈不適合食用。在這個食物金字塔已經剷平的時代，只有海星、海鞘、樽海鞘與海膽等低營養階層的生物，前景一片光明。

「再過不久，」保利預測道：「我們的海洋裡就會滿是水母，快快樂樂地吃著浮游動物。」換句話說，底食動物的未來確實運勢亨通。

保利認為漁民已經呼風喚雨太久了。「你不能和自己必須規範的對象談判。我開車如果時速超過一百三十公里，警察絕對不會和我談判。所以，無論是在高速公路上超速，還是在海裡捕了太多魚，都不該有談判的空間，而是應該直接制止這種錯誤的行為。不過，大概是因為我們總以浪漫的眼光看待海洋，所以漁民才得以逃過懲罰。」

奇怪的是，史上最大的食用魚漁場在近來崩潰之後，歐洲的鱈魚漁民卻還是沒有受到有效的規範。現在，英國的奇比餐館裡鱈魚仍然普遍可見，我問保利對這點有什麼看法。「在歐洲，他們對鱈魚魚群的管理等於是走在極限邊緣，」保利指出：「他們早已徹底捕光了許多扁魚，只要在鱈魚的管理上再稍微出點差錯，他們就慘了。」

魚販市集

一個周間清晨，我到比靈斯門市場（Billingsgate Market）走了一趟。這座市場早自一六九九年以來就是倫敦最主要的魚市場，於一九八二年遷到目前的所在地：狗島（Isle of Dogs）上的一間倉庫裡。不過，在裝飾了許多海怪雕刻的紅磚屋頂下，這間倉庫看起來卻比實際上古老得多。如果和新富頓市場相比，比靈斯門市場的倉庫就像輕型小飛機，新富頓市場則是波音七四七：近來，比靈斯門市場的四十個攤商每年賣出的海鮮約為兩萬五千噸，還不到紐約市場的五分之一。這裡通行的方言是倫敦土話，環境氛圍則因倫敦市政府雇用的貨運工人而顯得忙碌嘈雜。他們負責運送魚貨出入市場，推著推車穿越走道，完全不顧慮攤商的腳踝。

「柏金斯還在等他的魚哪！」我聽到一個攤商朝著一名貨運工人喊道。那個攤商蓄著鬍鬚，頭上戴著一頂破舊的草帽。「他要四二的米爾福德斯普拉格！」（意思就是四箱二十八磅裝的幼鱈，來自威爾斯的米爾福德港。）

在昏暗的燈光下，攤販上陳列的許多商品都是一般人熟悉的大西洋魚類：一盒盒閃閃發光的鰈魚、一箱箱雪特藍群島的活蟹，還有保麗龍盒裝的蘇格蘭養殖鮭魚。不過，比較引人注目的則是各種外來魚類：體側扁平的鯧魚，來自果亞（Goa）；中產階級常吃的笛鯛，來自印度洋；還有嘴如鳥喙的鸚哥魚，來自印尼。一個體態優雅、身穿印度傳統女子套裝的南亞婦女，挑選著周末做咖哩要用的魚頭；一個迦納男子買了一盒三公斤重的牙買加養殖吳郭魚，回家冷凍之後足以吃上一個月。總的來說，比靈斯門市場陳列的海鮮約有一百四十種不同種類。到這裡採購的顧客幾乎全是非洲人和亞洲人，每人都面帶笑容，拎著濕淋淋裝滿魚的袋子走回車上。

約翰．班奈維斯任職於專賣冷凍鱈魚的史丹霍普公司（Stan-Hope Ltd.）。他說：「我在四十年前踏入這一行，那時候炸魚薯條餐館的老闆都是猶太人，然後希臘人、賽普勒斯人和義大利人陸續接手，現在則是印度人、巴基斯坦人和中國人。」

「你的手好一點了沒？」他朝著一個手臂纏著吊帶的亞洲人喊道，接著放低聲音對我說：「我忘了那傢伙的名字，不過他的炸魚薯條餐館很不錯。」他解釋說，現在大多數的炸魚薯條餐館老闆都和大型冷凍食品商簽有合約，每周由食品商直接供貨。只有碰到固定供應商賣完了某種魚，餐館老闆才會到市場來採購。

「炸魚薯條餐館裡的鱈魚品質比四十年前好多了，」班奈維斯說：「以前的鱈魚完全沒有冷凍，賣到餐館手上的時候，可能已經在漁船上擺了好幾天。」現在的魚則是在捕上船後三小時內就會瞬間冷凍。「我敢說倫敦人所吃的鱈魚，有百分之八十五都是在海上就冷凍了。」

我問他自己賣的魚是來自哪座海洋。「大部分都來自巴倫支海，」他答道，一面拿起一箱大西洋鱈魚給我看，上面印著「海上冷凍 *Gadus morhua*」也就是大西洋鱈魚。「這箱來自冰島附近的法羅群島（Faroe Islands）。」紙箱上還註明了這些帶皮魚排的捕捉日期，捕捉地點在聯合國糧農組織畫定的二十七號捕魚區（這個捕魚區範圍極廣，包含了整個北大西洋），漁船名稱為桑達柏格，是拖網加工船，屬於可鮮水產公司（Kosin Seafood）所有——這家公司是法羅群島上最大的食品加工廠。

班奈維斯坦承他有時候會擔心鱈魚魚群的狀況。

「我真的認為十二月到二月的產卵期間應該禁止捕魚。在那段期間，魚都差不多捕光了，而且品質也不夠好。問題是，魚卵的市場很大。不過，我覺得這個產業還是會自我管理。漁民一旦再也捕不到魚，就會停手了。」（然而，等到那個時候也就太遲了。漁業科學家對這種現象有一個名稱：商業性絕種，而這也正是加拿大的鱈魚所發生的狀況。）

班奈維斯承認自己近來在市場裡看到很多「黑」鱈魚——也就是非法捕捉的鱈魚。「去年，挪威人似乎在教俄國人怎麼賣黑鱈魚。」他看著一箱箱來自遙遠海域的魚貨。「幾年前，我還認得所有的海上冷凍船隻，」他嘆了一口氣：「現在船隻來自世界各地，已經變成全球性的市場了。」

班奈維斯的擔憂不是沒有道理。魚價一旦開始上漲，就絕對表示漁場出了問題——亦即有限的魚群數量已即將耗竭。在比靈斯門市場，大西洋鱈魚在過去原本是來自北海港口的窮人食物，現在卻是遠從北極圈運來，而且售價高達前所未有的每公斤十英鎊。（在我走訪比靈斯門市場過後一年，價格又上漲了百分之十五。）

然而，儘管售價高昂，而且海洋保育協會的好魚指南又把東北大西洋的所有鱈魚列入過度捕撈的「避免食用」名單裡，但我在英國卻到處都見得到鱈魚。在這兩周，我從倫敦到愛丁堡陸續吃了十二家奇比餐館，只有一家沒有供應鱈魚。而在我的詢問下，每家餐館的老闆和員工都聲稱他們的魚來自「永續經營」的魚群。

黑鱈魚

海洋探測國際委員會（簡稱ＩＣＥＳ）在一九〇二年成立於哥本哈根。每年，這個備受敬重的組織都會向二十個會員國提出歐洲海域魚群狀態的建議，以最具可信度的科學證據，估計重要商業魚類的生物質量。

自從一九八三年起，歐洲國家在共同漁業政策的規範下，理應利用這項資訊為海洋裡各個區域的各種魚類以及每艘漁船設定捕撈限額。二〇〇一年以來，ＩＣＥＳ已呼籲大幅削減鱈魚捕撈量，有些區域甚至建議暫時禁漁。二〇〇六年，ＩＣＥＳ指出：「北海、愛爾蘭海與蘇格蘭以西的鱈魚魚群仍遠低於最低建議數量，因此這些魚群應徹底避免捕撈。」這樣的措辭實在是再明確也不過了。然而，政治人物仍然無視於科學家的呼籲，每年只稍微縮減限額。後來因為情況嚴重惡化，以致二〇〇七年世界自然基金會宣稱，將控告歐盟理事會未能善盡保護鱈魚魚群的責任。

大多數的奇比餐館老闆都告訴我說他們的鱈魚來自法羅群島、冰島，或者巴倫支海。這些漁場過度捕撈的情形雖然不像英國附近的海域那麼嚴重，卻也絕對沒有達到永續的標準。

法羅群島是丹麥屬地，位於蘇格蘭西北方，當地的鱈魚多用線釣方式捕獲。這麼聽起來，彷彿當地的鱈魚捕撈業只是家庭工業，由漁夫駕著小船出海，用魚鉤勾著乳酪釣魚。實際上，這裡所謂的線是長達數公里的繩索，由商業漁船拖曳，可懸掛數萬個魚鉤。在這種延繩釣漁船的摧殘下，法羅群島目前的每年捕魚量已下降到三十年前的三分之一。法羅群島議會無視於外部科學家的建議，每年都允許當地漁民捕撈整體生物質量的三分之一，ＩＣＥＳ認為這樣的捕撈量不符永續要求。過度開發，捕撈數量又達到極限，法羅群島的鱈魚恐怕也持續不了太久。

冰島的鱈魚同樣問題重重。為了建立本身的專屬經濟海域，這個小國向英國發動了一連串的「鱈魚戰爭」，由海岸防衛隊的船隻衝撞英國漁船，並且切斷漁船的拖網纜索。一九五八年冰島片面決定把沿岸三海浬的領海擴大為十二海浬，在一九七二年又擴大到五十海浬，最後在一九七五年延展到兩百海浬。冰島創下兩百海浬專屬海域的首例，結果也過度捕撈了這片海域，以致全國的鱈魚捕撈量在一九九四年滑落到一半。到了這時候，冰島政府才開始訂定嚴格的限額，規定近海漁船每年只能捕撈產卵魚生物質量的四分之一。官方報告雖然掩蓋事實，但電子報《內幕魚報》（*Intrafish*）卻在二〇〇一年刻意透露消息，指出鱈魚生物質量已下降到史上新低。實際上，除了一兩次稍縱即逝的上升之外，冰島的鱈魚數量自從一九八〇年就不斷下降，ICES也認為該國的鱈魚魚群已遭到過度開發。反諷的是，冰島為了保護沿海水域不惜開戰，結果卻因其狂捕濫撈的超級拖網漁船而惡名遠播，而且捕撈範圍遠超過該國努力爭取而來的兩百海浬海域，連公海的海底山也免不了被這些拖網漁船劫掠一空。

過去十年間，奇比餐館裡的鱈魚大概有一半捕自巴倫支海。哈利．蘭斯登餐館（Harry Ramsden's）是奇比餐館之王，分店多達一百七十家以上，分布地點遠至佛羅里達州和沙烏地阿拉伯，宣稱其所供應的鱈魚大多捕自巴倫支海。冷凍魚大王貝爾塞食品公司也宣稱他們的魚條原料來自「東北大西洋的巴倫支海，只由歐盟登記的拖網漁船捕撈」。不只這兩家公司如此，現在全世界的鱈魚據信有一半都來自巴倫支海。

巴倫支海屬於北冰洋的一部分，位於俄羅斯與斯堪地納維亞北方，是一座冰冷的北方海洋，魚群由俄國與挪威共同管理。但供應這座海洋的鱈魚絕對不是什麼值得自吹自擂的成就，捕自巴倫支海的鱈魚，至少五分之一、甚至高達三分之一是「黑」的：也就是在官方限額以外非法捕撈的魚，而這些非法漁獲正不斷加速當地漁場的崩潰。

黑鱈魚要落到英國奇比餐館裡，必須經過一段迂迴曲折的途徑。每年，俄國與挪威共同組成漁場委員會，設定巴倫支海的捕撈限額。這項限額總是超出ICES的建議，而且超出的幅度通常高達兩倍半。理論上來說，在巴倫支海作業的俄國與挪威拖網漁船都受到嚴格管制。漁船必須透過捕撈日誌與每日的無線電回報，記錄每天捕到的鱈魚數量，一旦超過配額，就必須立即停止捕魚。但實際上，許多漁船都會暗藏另外一套紀錄簿，登記真正的捕魚數量。他們不會載著一堆非法漁獲回港，而是會在海上由裝設有冷凍設備的運輸船接應，把非法漁獲運到管制沒那麼嚴格的歐洲港口。

舉例而言，二〇〇六年八月，俄國冷凍船隻姆林斯基號就在巴倫支海向至少五艘拖網漁船接收了私下捕撈的漁獲，然後停靠於荷蘭的一個港口。綠色和平組織的成員雖然登上了這艘船，而且在船身側面噴上「停止海盜捕魚活動」的字樣，姆林斯基號還是卸下了數百噸的鱈魚。挪威人認為至少有一百艘俄國拖網漁船在巴倫支海上盜捕鱈魚。而且這並非少數幾個船長因為受不了金錢的誘惑才鋌而走險，調查人員指出這類漁船上的人員都是黑手黨般的暴力黑幫分子。曾有兩名挪威督察人員接獲漁船使用非法漁網的線報，登上一艘名叫伊列特隆號的俄國拖網漁船進行調查；結果，伊列特隆號的船長不但沒有主動交出非法捕撈的鱈魚，也不管兩名挪威督察還在船上，立即開船逃逸，在挪威海岸防衛船上精銳人員全力追逐下，駛往自家的俄國港口尋求庇護。

根據荷蘭綠色和平組織的成員以及《衛報》記者的調查，二〇〇六年世界最大的鱈魚貿易公司是海太集團（Ocean Trawlers），所有人為俄國人維塔利．歐羅夫與瑞典人馬格努斯．羅斯。這兩人向擁有巴倫支海鱈魚配額的俄國漁民出租了挪威製造的現代拖網漁船，他們在北極海域捕到的鱈魚，首先送到中國加工製成魚排，再由海太集團的銷售部門海洋水產服務公司（Ocean Seafood Services Ltd.）把冷凍的魚肉運往英國，賣到一千五百家與海太集團有往來的炸魚薯條餐館，或是位於赫爾（Hull）的貝爾塞魚條工廠。貝爾塞船長[8]竟然向英國兒童大賣黑鱈魚，實在令人難堪。貝爾塞公司不但是英國最大的水產食品供應商，其母公司聯合利華也一向是永續水產食品的熱情擁護者。

自此之後，英國各大水產食品公司就都盡力和黑鱈魚保持距離。消息曝光後，聯合利華於是把貝爾塞及其歐洲分公司伊格羅（Iglo）賣給一家投資公司。另一方面，海太集團則是宣稱自己無力控制盜捕船長的行為，然後把總部遷到了香港。二〇〇七年五月，歐洲八家最大的海鮮進貨商，包括麥當勞、貝爾塞、楊布海鮮（Young's Bluecrest）等公司，共同寄了一封信給挪威政府，聲稱他們將竭力避免購買捕自巴倫支海的黑鱈魚，並請求挪威政府提供從事非法捕魚活動的船隻名單。不過，這項舉動其實只是故作姿態而已。在海鮮業界裡，目無法紀的非法業者早已廣為人知。（綠色和平網站上就有一個龐大的資料庫，記錄世界各地的盜捕船隻，包括姆林斯基號在海上卸載非法鱈魚的清晰照片。）

比靈斯門市場的攤商告訴我說，業界人士其實非常清楚哪些鱈魚是黑鱈魚，也就是箱子上沒有標籤的那些魚貨。而且，黑鱈魚通常比來源清白的鱈魚便宜百分之二十。

這種海盜捕魚活動不只是漁業界少數幾粒老鼠屎的欺騙行為，而是存在已久的全面性問題。只要英國人對鱈魚的愛好不減，而且鱈魚數量又持續減少，那麼奇比餐館裡就絕對免不了會有黑鱈魚。

「萬底掠窮」與營養瀑布

平實可靠的英國奇比餐館絕不只是烹飪史上的一則趣聞軼事而已。實際上，要不是拖網和鱈魚和炸魚薯條餐館剛好湊在一起，世界上的海洋必然會比目前健康得多。

一三六六年，拖網（也就是拖行在水底的漁網）剛出現的時候，被人戲稱為「萬底掠窮」（wondyrechaun），當時使用漁籠與線釣的傳統漁民都對這種新發明抱持著高度懷疑。有人上書英王愛德華三世，請求他下令禁止這種「設計奸巧的新式器具」，以免這種漁網摧毀了「海洋裡的花朵」——也就是淡菜、牡蠣苗與黏菌等「大魚賴以為生所需的營養來源」。拖網捕到的魚遠超出人類吃得下的數量，所以多出的漁獲只好拿去餵豬。英王後來雖然允許使用這種新式器具，卻規定只能在深水處使用。拖網無論在哪裡出現，都不免引起爭議，不但在一四九九年於法蘭德斯遭禁，法國更在一個世紀後規定使用拖網可處以死刑。

不過，萬底掠窮實在太有效率，所以根本抑制不了。在分隔英國與北歐的北海裡，英國與法蘭德斯率先使用底拖網捕魚。一開始，這種做法是由馬匹在岸上奔馳，身後拖著一根木條，把水底的蝦子刮起來，讓牠們落入木條上的網子。後來，在蒸汽動力與拖網的結合之下，一項新產業也就從此誕生。第一艘蒸汽動力的拖網漁船名叫黃道帶號（Zodiac），在一八八一年建造於赫爾的一座造船廠，後來也在北海沿岸發揮了驚人的效率。十年後，史上第一面單船拖網在蘇格蘭進行測試——這種漁網呈圓錐狀，由鐵板撐開網口，拖行在海底，正是現代拖網的原型——後來成為北海的標準漁具。

炸魚薯條餐館雖然因為在都市裡製造有害健康的油煙而被正式宣告為「厭惡性行業」，卻無疑推動了漁業的工業化。蒸汽拖網漁船不像小型漁船能夠區別捕撈目標，總是不分青紅皂白地網起所有魚類。一旦回到港口卸下漁獲，除了鱈魚之外，還會有各種較為少見的魚種，例如狹鱈、斑點貓鯊、帆鱗鮃。新出現的炸魚餐館願意接收這些「廢魚」，以兩先令的價錢賣給都市裡的勞工（兒童也可以買一便士的量）。十九世紀中葉英國鐵路總長度已達一萬公里，再加上冰封裝的技術，格利斯比、赫爾與威克等港口的魚貨即可送到內陸的偏遠村莊而仍然保持新鮮。英國在一八四〇年代原有一百三十艘拖網漁船，但在需求不斷提高的情況下，短短二十年後就增加到了八百艘。

「要不是油炸產業的推波助瀾，」漁業記者約翰．史蒂芬（John Stephen）在一九三四年寫道：「當今的這種蒸汽拖網漁船一定不會出現。」奇比餐館在一八六〇年代開始出現的時候，鐵路運送的魚貨已達每年十萬噸。到了十九世紀末，蒸汽拖網漁船已過度捕撈了大多數的扁魚，而不得不往北方海域發展，最後更是必須到冰島附近的海域。第二次世界大戰前夕，英國的奇比餐館每年即可消費十五萬噸的魚，是比靈斯門市場當今銷售量的六倍。

到了一九二〇年代，動力拖網漁船已擴散到非洲、美洲與澳洲。本國海域的魚群一旦耗竭之後，遠洋船隊也隨之誕生。一九五四年，八十五公尺長、兩千六百噸重的蘇格蘭製尾式拖網船費爾特萊號出現在大瀨，引起紐芬蘭的漁民議論紛紛，埋怨英國人竟然用起輪船捕魚。過了十年後，三百艘仿造英國船隻的蘇聯加工船開始在新英格蘭沿岸捕魚。不久，挪威、日本與西班牙的船隻也紛紛加入。這些海上水產加工廠的出海時間可以長達好幾個月，直接在海上加工冷凍所有漁獲。隨著各國紛紛畫定沿海兩百海浬的專屬經濟海域，俄國與日本的拖網漁船於是轉往北太平洋，在其海底山發現大批魚群。自此之後，他們就不吭不響地把世界上這片僅存的淨土劫掠一空。

多虧了拖網，一項意料之外的實驗因此得以在過去一百年來持續進行，並且在最近宣告完成：如果為了滿足炸魚薯條餐館和魚條工廠的需求，而把海裡的大魚全部捕撈殆盡，會造成什麼樣的結果？隨著南極乃至阿拉斯加的平均營養階層不斷下滑，我們總算能夠為這個問題找出解答。

我找上了肯．富蘭克，他是加拿大政府的鱈魚專家，服務於新斯科細亞省達特茅斯的貝德福德研究所。我問他，在鱈魚這種頂級掠食者消失之後，當前的紐芬蘭外海是什麼景象。

「現在，食物鏈頂端都是小魚的天下，」富蘭克說：「像是鯡魚、玉筋魚、毛鱗魚、鯖魚等。這些小魚已經取代了鱈魚的地位。鱈魚雖有少數存活了下來，產下的後代卻必須面臨嚴酷的競爭，甚至遭到鱈魚原本的掠食對象所掠食。尤其是毛鱗魚，牠們不但吃光了鱈魚的食物，也會吃鱈魚的魚苗。我把這種現象叫做『營養階層崩落』。出現這種現象絕對不是好消息，因為這麼一來，頂級掠食者很難恢復元氣。」難怪羅恩・哈尼胥在聖瑪格麗特灣能夠捕到那麼多龍蝦，因為龍蝦已經取代了鱈魚的生態棲位。緬因灣與斯科細亞陸棚的鱈魚銷聲匿跡之後，海膽隨即大量繁殖，造就了向日本出口海膽籽的水產業。不過，在沒有鱈魚掠食的情況之下，海膽的繁殖完全不受節制，結果把當地的巨藻和墨角藻啃食一空，導致海膽本身因為缺乏食物而大量死亡。

過度捕撈造成的營養階層崩落現象，雖然使得大西洋鱈魚難以復育，富蘭克卻認為當初的捕魚壓力早就決定了鱈魚的命運。

「魚類有一套社會體系，」富蘭克說：「原本習慣大群聚集的魚類一旦被捕撈一空，各種問題就會隨之出現。很多人認為洄游路徑是學習而來的，年齡較大的大魚會帶領魚群的其他成員到近岸的產卵地。漁民通常都會把大魚捕光，可是這麼做卻等於是摧毀了魚群的知識基礎。」

富蘭克也特別為北大西洋漁民最喜歡指責的對象海豹脫罪。海洋哺乳動物確實吃了很多魚，「但牠們的進食習慣不會以鱈魚這類底棲魚類為主。牠們喜歡的是像鯖魚、鯡魚和玉筋魚這種脂肪豐富的魚類，所以海洋哺乳動物絕對不是鱈魚數量崩潰的原因。」

富蘭克說，歐洲正在重蹈加拿大的覆轍。如同比靈斯門市場的攤商所說的，巴倫支海的拖網漁船都在產卵季節作業，根本不給成熟魚隻繁殖後代的機會。產卵魚隻被迫提早成熟，不但疾病抵抗力降低，繁殖力也會減退。歐洲鱈魚漁場根本就是災難的活教材：漁場開放各國共同捕撈，捕撈限額設定過高，非法捕魚活動猖獗，拋棄的漁獲也太多，以致大型的成熟鱈魚愈來愈少。這一切聽起來就像是大瀨在一九九〇年代的狀況。

富蘭克相當確定紐芬蘭的鱈魚魚群已經沒有復育的機會，因為有太多其他生物取代了鱈魚在食物鏈當中的地位。他認為，唯一的希望只有期待外來魚群徙居於此。有一天，一群鱈魚也許會從冰島或西格陵蘭游入大瀨，重新在此產卵繁殖。

旁的不說，這樣的機會絕對是微乎其微。此外，按照目前的狀況來看，歐洲這一端的大西洋恐怕不久之後就再也見不到鱈魚的蹤跡，遑論要移棲至一千多公里以外的地區。

哥德式鱈魚

英國沒有一個地方距離海岸超過一百二十公里，按理說英國人對海鮮的喜愛應該不只有目前這樣的程度。英國的兩百八十座港口雖有六千六百艘漁船出海作業，每年捕得六十五萬四千噸的漁獲，但英國人每年平均卻只吃掉二十公斤的海鮮，還不到西班牙人的一半。生物多樣性豐富的北大西洋是世界上海洋蛋白質的一大來源，滿是帆鱗鮃、紅鮭魚、藍鱈、角魚、江鱈等適合食用的魚類，但當地市場卻很少看到這些魚的蹤影。在北大西洋捕捉的甲殼類動物幾乎全部都運到歐洲大陸（挪威海螯蝦在西班牙可賣到一公斤三十英鎊）。實際上，英國販售的所有海鮮當中，將近百分之六十都是一般人最熟悉的三種海魚：鱈魚、黑線鱈、鮭魚。法國人與葡萄牙人對食物鏈上各個階層的生物都可以吃得津津有味，相較之下英國人顯然膽小得多。

我的英格蘭炸魚配薯條之旅以北部為終點，而這裡也正是奇比餐館的精神故鄉。我在蘭開斯特走訪了霍吉森的奇比餐館（Hodgson's Chippy）。不久之前，這家餐館才被英國政府的海鮮推廣機構「海魚工業局」選為全國最佳的奇比餐館。老闆奈傑．霍吉森說他只賣英國北部與蘇格蘭的首選魚種：黑線鱈。直到兩個月之前，他賣的北海黑線鱈都還是向亞伯丁一名魚商採購的鮮魚。不過，近來他卻開始供應捕自冰島與法羅群島的冷凍黑線鱈，是向曼徹斯特一家批發商採購的。

「品質很棒，」霍吉森說：「他們說這些魚捕上船後，兩小時內就冷凍起來。我們在店裡解凍，所以客人吃到的魚肉等於只放了十二個小時。我完全被海上冷凍的魚貨給征服了，新鮮度真的好很多。」我問他有沒有賣過別種魚。「某年耶誕節，」他答道：「因為貨源很少，我們只得改賣鱈魚。客人一點都不喜歡。」在英國北部，鱈魚被稱為骯髒的動物，只有倫敦人才會吃。我同意他們的看法，畢竟鱈魚是懶惰的底棲魚類，有人看過牠們大啖充斥寄生蟲的海豹排泄物，所以鱈魚肝有時候蟲比肉還多。

無論霍吉森做的是什麼，至少他做得沒錯。他的餐館位於一條斜坡的住宅街上，兩旁滿是櫛比鱗次的房屋。我坐在餐館的門廊（餐館裡沒有板凳），打開一個保麗龍盒，隨即冒出一股香濃的氣味，混雜了猶似天婦羅的炸麵糊、用梅莉斯吹笛手（Maris Piper）品種的馬鈴薯炸成的薯條、青豆糊，還有大麥醋揮發出來的味道。用塑膠叉子輕輕一戳，魚排外的薄脆麵皮就應聲裂開，露出一瓣瓣雪白的魚肉。我手上的這片黑線鱈非常完美：鮮甜中帶有鹹味，清淡又有飽足感。由此可見，炸魚配薯條只要做得好，絕對可以是非常美味的餐點。（當然，也可以是最糟糕的餐點。炸魚配薯條不但一小份的熱量就高達八百七十卡，比吃兩個麥當勞漢堡的熱量還高，而且要是料理得不好，可能比油炸巧克力棒更難以消化。）北方人說的對，黑線鱈真是不錯。此外，英國販售的黑線鱈大多數都是以合乎永續發展的方式捕捉的：冰島近來剛出現大豐收，是二十五年來捕撈數量最多的一次。大部分的黑線鱈都是線釣而來，不是採用拖網。從此我就知道，以後要是再到英國的奇比餐館，黑線鱈一定會是我優先選擇的魚類。

我的最後一站是惠特比（Whitby），這是北約克郡的一座北海城鎮，以其山頂上的修道院廢墟而聞名，裝飾華麗的圓拱和僅存的斷垣殘壁瞪視著漁港的狹窄街道。修道院位於惠特比的陸岬，這片土地一再崩裂，許多墓園都已陷落於鉛灰色的北海裡。這個地方的景色為史杜克（Bram Stoker）的小說《德古拉》（*Dracula*）提供了靈感。書裡，吸血鬼德古拉伯爵那艘被老鼠肆虐的帆船在一場暴風雨中抵達惠特比，「船隻無人駕駛，只有一雙死人的手握著舵輪！」就此為英國帶來一場腥風血雨。不僅如此，這部小說也為惠特比帶來了一群後龐克的追隨者。每年十月，數百名膚色蒼白、哥德式扮相的人，就會齊集於惠特比的旅館，踏著細跟鞋爬上一百九十九層的階梯到墓園裡，塗了黑色唇膏的嘴巴忙著吞食鎮上美味的炸魚配薯條。

惠特比也是喜鵲咖啡館（Magpie Cafe）的所在地，而這家咖啡館可是美食愛好者的朝聖地。「那裡是我吃過最好吃的炸魚薯條餐館，」英國最著名的海鮮廚師瑞克・斯坦（Rick Stein）熱切說道：「伊恩・羅伯遜的這家店是餐廳裡的珍品，是英國傳統的聖殿。」喜鵲咖啡館建於一七五〇年，原是一個捕鯨家族的住宅，位於港口前的街道上，與惠特比的魚市場正面相對。在午餐時間前一個小時，咖啡館前面已經大排長龍。我偷望了一眼位於一樓的廚房，看到一塊和人頭一樣大的冷凍牛肉放在炸鍋裡解凍，上臂滿是刺青的副主廚則忙著準備一盤盤的鱈魚和鮭魚排。以英國的海鮮餐廳而言，喜鵲的菜色實在非常豐富。這裡不但供應鱈魚和黑線鱈，不偏廢北部人或南部人，也有鮟鱇魚和魟魚、大菱鮃幼魚和歐洲鰨，還有一種叫做惠特比汪汪（Whitby woof）的東西。

「實際上就是鯰魚，」伊恩・羅伯遜解釋道：「所以才叫『汪汪』。」[9]

伊恩．羅伯遜土生土長於惠特比，經營喜鵲已有三十年之久。他身材高大但不胖。餐廳裡的用餐區屋頂低垂，裝潢布置採取居家式的溫馨風格，他坐在其中一張桌子旁，告訴我說他不賣海上冷凍的鱈魚或黑線鱈，而是向當地一個名叫丹尼斯．克魯克斯的批發商進貨，都是來自蘇格蘭和法羅群島的新鮮漁獲。

「我們菜單上的魚大多都是當地捉的，」羅伯遜說：「可是這裡的漁業受到很多限制，捕魚船隊也沒落了不少，所以我們只好比以前多買其他地區的魚。我們和同一家供應商已經合作二十年了，所以我們都會相信他的話。不過，我認為海裡還是有很多鱈魚。」

羅伯遜錯了，尤其是被惠特比的拖網漁船捕撈過的海域。根據估計，北海在工業時代之前有七百七十萬噸的鱈魚，身長平均一公尺。現在，北海鱈魚的整體生物質量據信只有四萬五千一百噸，平均身長只有四十公分，剛好適合奇比餐館的保麗龍包裝盒，但對鱈魚魚群的未來卻是一大災難。

按理說，養分充足的北海應該是一片豐饒的水域。不過，成了工業捕魚的試驗場之後，北海原本長滿海綿叢、海鞭以及冷水珊瑚的海底，早就被犁成了貧瘠的泥灘。拖網首先消滅海裡的無脊椎動物，接著則是把主要魚群掃除一空。鯖魚漁場在一九七〇年代耗竭，後來隨著鯡魚魚群在歐洲各地宣告崩潰之後，政府不得不在一九七七年對北海漁場發布暫停捕魚的命令。黑鮪魚已經消失，過去數量豐富的魟魚也只剩下少數幾個岩石區還可見到蹤影。總的來說，北海的大魚只剩下原本的百分之二到三。現在，北海南部區域的每一寸海底，每年至少都會遭到拖網蹂躪一次。剩下的鱈魚根本逃不過遭到捕撈的命運。

生態學家認為，只要把鱈魚漁場關閉個短短幾年，就可讓產卵魚群成長至四十四萬噸，足以構成一座充滿活力的漁場。

然而，政治人物卻因為害怕漁民抗議，而一再保持漁場開放，只稍微調降捕撈限額和漁船出海作業的日數。自從一九八七年以來，漁民的捕撈量連降低後的限額都達不到，因為鱈魚已經所剩無幾。實際上，就算鱈魚捕撈額度降低到零，漁民照樣會繼續撈起數千噸的鱈魚。因為捕撈黑線鱈、鯡魚及其他魚種的拖網，經常也會連帶撈到鱈魚，而且這種混獲的鱈魚多達鱈魚總漁獲量的半數。

二〇〇六年，英國皇家學會副會長曾提出一項引人矚目的發言。他說：「歐洲的漁業部長應該瞭解，大西洋的鱈魚很可能在他們的管轄下徹底崩潰。」

在惠特比的魚市場外面，一個身材結實的中年男子又為鱈魚的狀況提出另外一項解釋。他頭戴棒球帽，表面光滑的運動褲塞進拉起拉鍊的皮靴。他名叫羅伯．科爾，是惠特比的捕魚貴族。我詢問他的父親是否也從事捕魚業。

「欸，是啊，」他答道：「我祖父也是，還有我曾曾祖父。」他估計自己家族的捕魚資歷可以追溯到一七六〇年。他的曾祖父湯瑪斯．科爾以捕捉鯡魚為生，駕著一艘九公尺長的平底漁舢舨，名叫善意號。

科爾拿了一張照片給我看，照片裡是他現在使用的船隻，一艘十八公尺長的鋼殼拖網船，也叫善意號。他的兒子是這艘船的船長，再過幾周，就會駕船北行，利用一整個冬季的時間捕撈挪威龍蝦。「這艘船很耐操，」科爾說，鍾愛地看著手上的照片。

他一面和我談話，不時分心咒罵駛經我們身邊的送貨車輛（「又是一個混蛋——他們車上載的都是廉價的冷凍魚排，而且都已經裹上了麵糊」）。不過，他還是從漁夫的觀點向我解說了北海的狀況。

「鱈魚好像就這麼消失了，」他說：「其實沒有濫捕的問題，絕對不可能，因為根本沒有那麼多漁船可以濫捕鱈魚嘛！這裡往北大概一百公里的地方，以前原本有個鱈魚苗的繁殖場，可以見到好幾千噸的鱈魚。可是現在都沒有人到那裡去了，所以不知道現在的狀況怎麼樣。上次我兒子出海捕到的漁獲，牙鱈的數量是鱈魚的八倍。」

「我們以前抓鯡魚的時候，都會撈到產卵的鱈魚。那些鱈魚可能會再回來吧，我不知道。現在又有全球暖化。是不是溫度提高他媽的一度，就把所有東西都給搞砸了？我們真的不知道。」科爾也不忘指責漁民心目中的大壞蛋：海豹。

「那些該死的傢伙！」他咆哮道：「髒兮兮、黏答答，臭得叫人流眼淚。那些討人厭的海豹把鱈魚吃得一乾二淨，現在蘇格蘭的鮭魚產業也被牠們害慘了。保羅．麥卡尼和綠色和平組織那些傢伙還覺得海豹不該殺？白痴！還有皇家鳥類保護學會的那些瘋子。幾年前，我們還會把海鷗的蛋拿來鑽孔，以免牠們繁殖得太多，結果因為那些愛鳥人士，現在就不能再這麼做了。你看！」他指向兩隻海鷗，爭搶著掉在地上的一根薯條。「牠們不但吃薯條，還會攻擊兒童哪！」

「不過，有一件事倒是讓我覺得很擔心。今年沒有黑線鱈。黑線鱈喜歡吃玉筋魚，現在又已經禁止丹麥人抓玉筋魚了，所以今年的黑線鱈應該生長得不錯才對。可是牠們到底都死到哪裡去啦？」（我後來發現，黑線鱈的消失其實一點都不令人費解。黑線鱈在冰島海域的數量雖然豐富，在英國卻是北海超高混獲率的受害者：過去四十年間，每年平均都有八萬七千噸黑線鱈遭到丟棄。）

我在英國國家廣播電臺的新聞報導中看過科爾的名字。四年前，惠特比的拖網漁船全部遭到控告，原因是他們逃漏申報了數百噸的鱈魚。我提起這件案子，科爾露出驚訝的神情，但也隨即答道：「當時逮捕我們的是海軍。他們說：『我們一直在監視你們的活動。』政府說他們檢查了我們的航海日誌，聲稱我們偷了歐洲共同市場價值一百二十萬鎊的魚。全部漁船都被告上了法庭。我們所有人都到倫敦的高等法院走了兩遭。那件案子讓律師撈了不少錢。」科爾本身必須繳付的罰金為一萬兩千鎊。

如同巴倫支海的俄國流氓漁船，惠特比的漁船船長也被指控暗藏另一份日誌，沒有把捕撈數量如實呈報給督察人員。（漁業官員指稱他們目睹一名船長把一本日誌拋進海裡。）漁民的律師聲稱他的當事人已被嚴格的管制措施壓得喘不過氣來了。「這種做法只是暫時的，」一名被告說明道：「我們其實也不想這樣，可是又不能不考慮船隻的成本。」

我問科爾那些指控是否真實。他支吾了一會兒，然後答道：「呃，是有一點像那樣，可是沒像那些白痴說的那麼嚴重。價值一百萬鎊的魚未免太多了吧，我們不可能偷捕那麼多的魚。」至於這件案子的後果，他坦承處罰很重。「我們不能把船賣掉，他媽的什麼事都不能做。我其實很想向前看，也許再買一條船。」

科爾的個人魅力以及不懼權威的個性雖然頗為迷人，但這種態度卻正是造成海洋問題的罪魁禍首。打著回收漁船成本的理由，世界各地的漁民不斷掠奪海洋資源，造成營養階層崩落的現象，以致海洋的未來一片黑暗。

我們沒有必要同情北海的漁民，他們其實都過得不錯。一如新斯科細亞省和紐芬蘭，大魚消失之後，營養階層較低的生物隨即取而代之：螃蟹、蝦子以及龍蝦更是特別豐富。惠特比剛興建了一座貝甲類收容所，用於處理漁民捕獲的貝甲類動物；漁港僅存的十二艘漁船也在近來統統加裝了二十公尺的拖網。「佳人二號」漁船將遠赴挪威捕蝦；持有捕蝦執照的漁民只要出海一趟，即可賺得兩萬五千鎊。

我問科爾有沒有考慮過退休，他滿臉驚愕地看著我。

「我一出學校就進了這行，現在我已經六十四歲了。我從不休息的！我有個隔壁鄰居很早就退休，結果整個人都退化了。我看他每天早上八點半起床，出去買報紙，玩報紙上的填字遊戲就是他一整天最重要的活動。真是夠他媽的可憐了。我絕不改變我的生活方式。」

當前這個時代如果還有堆積如山的鱈魚和捕之不盡的鮭魚，這種老而彌堅的精神也許足以令人仰慕。科爾正是大西洋漁民的縮影：不屈不撓，但是目光短淺又不負責任。問題是，這種獨立自主、氣勢懾人的勞動階級英雄，在我們的文化裡卻已染上了過度浪漫的色彩。即使海裡只剩下一隻水母，他也會出海去把它抓回來。

實際上，政治人物如果再不鼓起勇氣下達歐洲科學家呼籲已久的禁捕令，我們的下一代在奇比餐館裡大概也就只看得到這道餐點：

炸水母配薯條。

5 希金斯教授是電影《窈窕淑女》（*My Fair Lady*）的男主角，為語言學教授，可從他人説話的口音辨識其出身。

6 即紐芬蘭（Newfoundland）的名稱由來。

7 丟棄死魚是漁業最可恥的一種行為。世界各地的漁船常在水面上留下綿延數公里的死魚，全都是被拋下船的「混獲」魚類，可能長得還不夠大，或者不是漁民所要的魚種。有些科學家認為全球的漁獲有三分之一都這麼遭到拋棄。

8 貝爾塞食品公司的品牌象徵人物。

9 鯰魚的英文名稱為「catfish」，字面意義為「貓魚」。

CHAPTER 4

小小池塘

馬賽｜馬賽魚湯

地中海從來不曾受到海洋學家的重視，在他們眼中，地中海不但海洋生物少，又沒有潮汐，慵懶無力的海浪拍打著一片貧瘠的大陸棚，因為太過狹窄，根本不足以產生可觀的海鮮生物質量。就海洋來說，地中海猶如一座廚房水槽，兩旁有著兩個小小的排水孔——西端是寬不滿十三公里的直布羅陀海峽，東端則是人工開鑿的蘇伊士運河，寬度僅有六十公尺。在尤里西斯的時代，船隻可能遇上海怪或漩渦而沉沒，在當時的希臘人眼中，地中海也許就是全世界了。現在，人類文明既已知道了狂暴的北大西洋與浩瀚無垠的太平洋，日光浴人潮鼎盛的地中海幾乎算不上是一座海洋。

七月的一天早晨，在拉喬塔（La Ciotat）這座小鎮的港口裡，跨越阿爾卑斯山與中央高原而來的密司脫拉風（mistral）已經吹了好幾個小時。這道寒風一吹起來總是持續許久，據說足以讓人發瘋。這股風會把法國沿岸異常溫暖的海面水吹向外海，於是海底峽谷裡的冷水也就能夠浮上海面。上湧的冷水加速了一道南下洋流，以致拉喬塔的海港內激起許多小漩渦和碎浪。

在水面底下十八公尺處，這段海岸可是一點都不貧瘠：這裡的生物和地形種類之多，足以媲美太平洋環礁。在輪廓狀似老鷹尖喙的鷹嘴峰（Le Becdel'Aigle）底部，水底滿是又黃又紅的柳珊瑚，這是由微小的珊瑚蟲構成有許多分枝的珊瑚群，呈扁平的扇狀構造，珊瑚間又不時有顏色鮮豔的紅鼓魚和嘴唇肥厚的石斑穿梭來去。若是繼續往外海移動，來到海面下四十公尺處，則可見到一架在一九四四年遭德軍戰機擊毀的雙尾舵P-38閃電式戰鬥機殘骸。倒置於海底的機身裡棲息了許多鱒魚以及一隻蝦蛄——蝦蛄的法文名稱為「cigale de mer」，字面意思為「海裡的蟋蟀」，一身圓鈍的甲殼，看起來像是在火中鍛造而成的龍蝦。海馬、海膽與海綿向來棲息於海中陳年的雜物碎屑裡，像是古希臘時代戰船上落入水裡的酒罐，當時拉喬塔還是希臘殖民地，名稱叫做西薩里斯塔；或者牠們也棲息於現代人丟進海裡幾乎不會腐爛的塑膠瓶。每隔一段時間，水底的沙地就會冒出兩顆圓球，這是瞻星魚的眼睛，法國人稱之為「uranoscope」（源自希臘文的「urano」〔天空〕與「scopus」〔看〕）。這種長著青蛙嘴的魚總是把身體埋藏在沙裡，兩顆仰望的眼睛其實是忙著搜尋鯔魚，而不是在觀星。

前一天，一條母赤鮋花了一整天從事她最喜歡的活動——靜靜躲在石頭底下。到了晚上，她因飢餓難耐而到一叢海草裡獵食。她瞥見一道餐點，也許是一隻小魷魚，盡全力撲了上去，但卻撞進一面肉眼看不見的牆裡。她扭動著身軀想要逃開，魚鰓上的尼龍線卻愈纏愈緊。她一整夜就這麼纏在一面垂掛在浮標底下的網子裡，周圍的海水在密司脫拉風的吹拂下不斷翻騰，身上的鰭被先前自己想吃的那隻魷魚反過來啃咬。

現在，天才剛亮，她就連著網子被粗魯地拉出水面，越過滑輪，被拋落在薩維亞·雷吉娜號的甲板上。

這艘漁船長八公尺，船主名叫克里斯多福·霍茨。

霍茨關掉船上的電動絞盤，拿起一根木柄鉤，把赤鮋的脊刺從狀似長方形羽球網的刺網上解開。霍茨身材纖瘦，骨架明顯，年約四十五歲，臉上的鷹鉤鼻曬得通紅，前臂則因二十年來拖拉漁網和浮標而顯露出緊繃糾結的肌肉。他把赤鮋側腹一串像鼻涕的魚卵撥下，然後把她丟向一個裝滿各種魚的塑膠箱裡，但是差了幾公分，沒丟進去。

我看著這條淡紅灰色的魚：她的鰭像蝙蝠的翅膀，兩顆大眼充滿好奇，層層斑紋點點的身體萎靡不振，在這個陌生的光明世界裡喘著臨終前的最後幾口氣。我一時同情心起，把她撿起來拋入裝滿海水的箱子，可是卻犯了從上方抓她的錯誤。她背鰭上的一根脊刺戳進我的拇指。

皮膚上滲出了一滴血。接著，我馬上覺得像是被注射了電瓶水一樣，於是不禁想起赤鮋的英文名稱：「紅蠍魚」（red scorpion fish）。赤鮋學名為「*Scorpaena scrofa*」，和劇毒的腫瘤毒鮋屬於同一科——腫瘤毒鮋是種底棲魚類，採珠人常因被這種魚螫到而陷入癱瘓。赤鮋自我防衛的方式和腫瘤毒鮋相似，透過脊刺分泌有毒蛋白質。

「Ah, ca fait mal, hein?」（痛吧，對不對？）霍茨彷彿欣賞著我的遭遇，隨即又回頭拉他的漁網。多年來布網捕捉岩魚——一種充滿尖刺而且色彩斑駁的底棲魚類，可料理成當地最著名的馬賽魚湯——霍茨早已習於牠們的囓咬螫刺。以蛇龍縢為例：這種長相像龍的魚，身上的毒液可以讓成人的血壓驟降為零，所以霍茨只要抓到這種魚，就會把藏有毒腺的脊刺剪掉，以免向他買魚的客戶一不小心還得被送到急診室。幾分鐘前，他剛拉起一條一點五公尺長的康吉鰻，不但奮力甩動著身軀，小巧有力的嘴還緊緊咬住了他的腰。

「Qu'est-ce qu'il fait chier, celui-là!」（這傢伙惹我生氣了！）他喃喃說著，隨即一手把這條鰻魚從身上的黃色工作服上扯了下來，用一把彎刀把牠砍成了一片片。康吉鰻也是馬賽魚湯的必備材料。

霍茨漫不在乎的神態讓我覺得安心不少，我於是學起約翰．韋恩被響尾蛇咬到的做法：吸出一口血，吐在地上。一會兒之後，拇指上的疼痛就減弱了，感覺差不多像是被蜜蜂螫到而已，所以我也就能夠繼續記錄這天早晨的漁獲。霍茨捕到了一條凸眼銀身的竹莢魚（拋回海裡）；一條九帶鮨，體型細長，帶有橘色條紋（留了下來）；還有鰭刺甚長的日本的鯛（也留了下來），這種魚的法文名稱為「聖彼得」（Saint-Pierre），傳說魚身兩側的大黑點是聖彼得的拇指與食指留下的印痕。除此之外，還有許多混獲：一隻寄居蟹，藏身在占據的骨螺殼裡，螯腳伸出殼外；一隻小魷魚，霍茨把牠從網裡抓出來，牠就噴出一道墨汁；還有幾條扁平的小鯛魚。「害死這些小魚實在不值得，」霍茨嘆了一口氣，把鯛魚拋回海裡。在他背後，跟著漁船的海鷗搶食著霍茨放生的魚兒。

這天早晨，霍茨布下了一公里的漁網捕捉紅鯔。如果天氣維持不變，他就會第二天再回來收網。此外，他也收回了兩公里的漁網，捕得不少像赤鮋這樣的岩魚。這天出海，總計只有兩公斤的漁獲。

「捕魚就是這樣，一翻兩瞪眼。」霍茨說：「不過，幸好不是每天都這樣，不然我連柴油的錢都付不起了。我一天至少要捕到十公斤的赤鮋，還有其他各式各樣的魚，才算得上是豐收。」在漁獲量豐碩的十月，他一天通常可以捕到兩百五十公斤的赤鮋。

返回港口的途中，他一一列舉了自己的經常性開支：柴油，每公升五十四生丁[10]；可測出海底地形的回波聲納，當初花了他一千五百歐元；此外，光是他這天早晨布在海裡的漁網，成本就要六千歐元，而且修補起來也非常昂貴。他每三個月要向法國政府繳交一千六百歐元的執照費，而且還有保險和維修保養的費用。然而，霍茨在這天花了四個小時的收穫，價值卻只有六歐元。

「十年前，拉喬塔有八艘像我這樣的漁船，」他說：「現在只剩四艘了。成本愈來愈高，馬賽那些供應馬賽魚湯的餐廳也不再向當地漁民買魚了——只有遊客還搞不清楚狀況。那些餐廳都向批發商取貨，批發商則是向大型的工業漁船採購。而且，現在的人都不在家裡煮魚了。」

「還有一點：現在的魚也沒以前那麼多了。紅鯔會躲開汙染的水域，而這裡的水絕對有受到汙染。捕魚的方式也變了，現在網子比較長，聲納也比以前好。」他把裝著岩魚的箱子搬上雷諾旅行車的後車廂。

「不過，赤鮋可沒有瀕臨絕種，這種魚永遠不會消失。」他會把一些魚賣給馬賽市郊一家賣雜魚湯的餐廳，剩下的賣給一個打算在周末煮馬賽魚湯給家人吃的老太太。

我希望霍茨對赤鮋的看法沒錯。汙染、過度捕撈以及氣候變遷等因素已經改變了地中海——正如世界各地的海洋一樣。不過，地中海還面臨了另一項威脅，是小型海洋特別容易遭遇的問題。回頭望著碼頭上那堆纏成一團的漁網，我看到網眼裡滿是一絲絲的綠色海草：這種富有營養的海草叫做帕絲朵妮，赤鮋最喜歡在這種海草叢中獵食。不過，網眼裡還有另一種有害環境的深褐色植物，叫做總狀蕨藻。這種由人類散播的外來侵略生物，已經改變了地中海的面貌；再過幾十年，恐怕連克里斯多福·霍茨這樣的漁夫都認不得地中海的模樣。

眾神的魚湯

每個歐洲文化似乎都有一道湯、燉鍋，或是某種湯湯水水的菜餚，藉此忠實呈現海洋的精髓。

在歐洲北部，這種菜餚都拌有濃濃的奶油。不列塔尼的海鮮濃湯摻雜了馬鈴薯、洋蔥、鰻魚、無鬚鱈，還有鯖魚或鯷魚這類脂肪豐富的「藍魚」。比利時的蔬菜燉魚由蛋黃與奶油攪和在一起，加入切絲的韭蔥與胡蘿蔔，以及鰻魚、狗魚、鱸魚、鯉魚；這道菜的法蘭德斯文名稱為「waterzooi」，意思就是「雜燴湯」。諾曼人有馬拉特醬燉魚，先把大菱鮃、菱鮃和牡蠣加入蘋果白蘭地用大火燒，然後摻進蘋果汁燉煮。在地中海周圍，橄欖油是脂肪來源首選。巴斯克的燴海鮮，必須先把白酒基底的辣味魚高湯煮滾，淋在一塊塊的鮟鱇魚、鰻魚和角魚上，然後加上炸麵包丁和淡菜裝飾。加泰隆尼亞本土的薩蘇埃拉（zarzuela）海鮮雜燴恰如其名，是一道以魷魚、扁魚、石斑和蝦子構成的「音樂劇」。[11] 義大利有各式各樣的魚湯：利佛諾（Livorno）的什錦鮮魚蕃茄湯以芹菜洋蔥醬為基底，材料包括赤鮋、墨魚、章魚和蝦子；薩丁尼亞的漁村式海鮮湯由角鯊和魟魚料理而成，其義大利文名稱「burrida」雖與普羅旺斯的蒜泥蛋黃醬燉魚湯（bourride）名稱相似，實際上卻是完全無關。蒜泥蛋黃醬燉魚湯的做法複雜得多，材料包括鮟鱇魚、蛋黃以及蒜泥沙拉醬。（牙買加版本的馬賽魚湯，料理方式更是令人費解。當地的海域經過數十年來的過度捕撈，只剩下小得做不成魚排的硬骨魚類，於是當地人就把這種魚整條拿來燉上幾個小時，然後再把魚鱗和魚鰭濾掉。這樣煮成的湯叫做「魚茶」。）

此外，希臘人也有他們專屬的希臘魚湯，帶有檸檬香味，由赤鮋這類岩魚燉煮之後搭配吐司享用。他們說，普羅旺斯的馬賽魚湯雖是魚湯之王，卻是源自希臘魚湯。不過，馬賽魚湯的起源還有許多各式各樣的傳說。有些馬賽人熱衷神話版本，聲稱維納斯為了與戰神瑪爾斯幽會，於是在這種湯裡加入具有催眠效果的番紅花，迷昏了丈夫火神伏爾肯。有些人從詞源著眼，認為一名女修道院院長（法文為「une abbesse」）發明了這道魚湯當作周五的餐點，所以馬賽魚湯才會叫做「bouillabaisse」，由「bouill-」（「烹煮」的法文字根）和「abbesse」結合而成。另外，還有溫馨的民俗傳說，指稱一艘船駛入小海灣裡躲避暴風雨，於是船上的廚師利用赤鮋、墨魚、藤壺，以及船員在岸上採集而來的各種材料湊合著煮成一道湯。他找了個年輕助手幫他顧湯，等到「la bouillon baisso souto la marquo d'oou bastoun」再叫他，意思就是等到湯汁熬煮到低於木條上的標記。這些傳說大可留給民俗學者去慢慢考證，畢竟，有些學者不也認為「tip」（小費）是從「to insure promptness」（確保迅速）縮寫演變而來的嗎？根據《羅伯特》法語辭典的解釋，「bouillabaisse」可能是「bouillir」（烹煮）和普羅旺斯語的

「peis」（魚）結合而成，原本是「bouillepeis」，但在南法人口中，經過幾個世代的演變之後，就成了「bouillabaisse」：單純的燉魚湯。

實際上，馬賽魚湯也正是這麼一道菜餚，由於熬煮得夠久，以致明膠與橄欖油還有水和紅酒全部融合在一起。數百年來，漁民捕到的岩魚因為外型不討喜，肉又不多，所以總是賣不出去。不過，與其把這些魚拋回海裡，不如全部丟進滾水裡燉煮——通常以柴火加熱，再加點大蒜、橄欖油，以及從馬賽周圍的白色石灰岩山丘上採集而來的香草，即可讓漁民在海灣沿岸的小木屋裡飽餐一頓。在民俗傳統中，馬賽魚湯便宜又美味，而且做法千變萬化——可以加進長相像龍的蛇龍螣、肉韌多骨的康吉鰻，或是幾隻小青蟹——反正漁網撈到什麼，都可以成為馬賽魚湯的材料。赤鮋雖然是首選，但魚湯的內容通常取決於當天的漁獲。

馬賽、馬迪格斯與尼斯等地的廚師開始料理馬賽魚湯之後，便以番紅花這種世界上最貴的香料增添這道菜餚的風味，端上桌的時候還搭配一碗大蒜辣椒醬——這種佐醬由大蒜與辣椒調製而成，並且撒上麵包屑。一八三〇年，英國作家薩克雷（William Makepeace Thackeray）在〈馬賽魚湯之歌〉（*Ballad of Bouillabaisse*）裡，描寫自己在巴黎的戴荷酒館吃到「一道由各種魚煮成的大雜燴」。他吃到的是法國北方的版本，裡面加了紅椒、淡菜、擬鯉、雅羅魚。這道魚湯是他在法國唯一喜歡的東西。

後來，法國人對於訂立規範的狂熱，以及在料理方面的高傲自大，也不免對馬賽魚湯造成影響。本身也是美食家的麗池飯店主廚愛斯可菲（Auguste Escoffier）在他蒐集了五千道食譜的《烹飪指南》（*Le guide culinaire*）裡，把馬賽魚湯納入了高級美食的行列。中產階級的烹飪愛好者則是以芮布爾（J. B. Reboul）的《普羅旺斯名菜》（*La cuisiniere provencale*）這本普羅旺斯烹飪聖經為準，認為一定要加入乾橙皮與番紅花才夠味。當地的廚師開始把馬賽魚湯分成兩部分上桌，首先是魚湯搭配烤麵包和大蒜辣椒醬，接著則是魚肉，並且加上一隻龍蝦，搖身一變成為皇家馬賽魚湯。當然，價錢也變貴了，而且貴很多。馬賽魚湯原本是一道再平民也不過的菜餚，用的魚比蔬菜還便宜，加上一點海水，再搭配幾片放硬了的老麵包，就是足以果腹的一餐。然而，現在馬賽卻完全找不到一碗售價低於五十歐元的馬賽魚湯。

後來，馬賽舊港口出現許多專做遊客生意的餐館，賣著所謂的「正宗馬賽魚湯」（echte Marseiller Fischsuppe），使用的材料都是北方魚類，諸如大菱鮃、鱈魚，甚至鮭魚。一九八〇年，十九位餐廳老闆對於這種現象實在忍無可忍，於是擬訂了「馬賽魚湯規章」。規章裡首先指出：「烹飪不可能標準化」，接著卻一一列出馬賽魚湯的料理標準：這道湯雖是「簡單的家常菜」，卻應該搭配大蒜辣椒醬與蒜泥沙拉醬，應該摻進番紅花和茴香，而且應該撒上塗有大蒜的麵包丁。餐廳廚師必須在顧客面前把魚切塊，而且湯和魚肉必須分別上桌。然後，規章又列出幾種魚類和貝類，指稱馬賽魚湯至少必須含有其中四種：赤鮋、脊刺有毒的蛇龍縢、康吉鰻（就是咬住霍茨的工作服不放的那種魚）、喜歡躲在沙子裡的瞻星魚、「夏龐」（chapon；就是體型比較大的赤鮋），以及美麗的角魚——身體紅如龍蝦，兩片大胸鰭則是鮮豔的藍綠色（英文把這種魚叫做「桶魚」〔tubfish〕，實在一點都不符合其鮮豔亮麗的外形）。此外，以下這幾種海鮮則是可用可不用：日本的鯛、蝦蛄、鮟鱇魚、龍蝦。

這種對烹飪一絲不苟的態度，總是惹得北美洲人惱怒不已。法國人喜歡擺出一副高傲的姿態對外國人說：「在你們國家做不出馬賽魚湯，是因為你們沒有適當的魚。」自認什麼都懂的美國人卻是一點都不喜歡被人頤指氣使。美食作家韋佛利．魯特（Waverley Root）宣稱他吃過最美味的馬賽魚湯是在紐約的南方餐廳（Restaurant du Midi），而且是「在這家餐廳聲名大噪之前」。在一九六二年十月二十七日出刊的《紐約客》雜誌裡，李伯齡（A. J. Liebling）透過自己和一名魚類學者的通信，用了十一頁的篇幅證明美國沿海的赤鮋和地中海的品質一樣好。在一九七九年出版的《美食不可說》（*Unmentionable Cuisine*）這本不可不看的著作裡，施瓦伯（Calvin W. Schwabe）推論指出，赤鮋體內的毒液是為馬賽魚湯風味定調的重要元素，就像麝香與龍涎香左右香水的氣味一樣。所以，馬賽魚湯如果沒有地中海赤鮋——索然無味的新英格蘭赤鮋不足以取而代之——確實就像李伯齡在文章裡提到一名法國人所說的，猶如「手錶缺了發條」。一板一眼的馬賽魚湯規章雖然惹人厭，我還是不得不同意那些馬賽廚師的說法，唯有在缺乏潮汐的地中海鹹水裡所捕到那種又醜又有毒的小魚，才能做出貨真價實的馬賽魚湯。

我猜，原因應該跟水有關。

今非昔比

在馬賽魚湯規章列出的十種有鰭魚類和貝類當中，有三種已經面臨了嚴重的危機。如同我在紐約所體認到的，底拖網漁船捕撈的鮟鱇魚絕對是應該避免食用的對象。隨著地中海的水溫逐漸上升，具有高度毒性的蛇龍騰已遭到窮凶極惡的狗母魚鳩占鵲巢。狗母魚來自南方水域，也是有著一雙凸眼的底棲魚類。如果有人請你吃蝦蛄，也就是那種外殼彷彿鑄鐵鍛造的甲殼類動物，那麼你一定要拒絕——蝦蛄在法國自從一九九二年起就被列為保育類動物，卻在海洋保護區裡一再遭到潛水夫盜捕。換句話說，馬賽魚湯規章等於是鼓勵餐廳老闆違法。（順帶一提，北美洲太平洋沿岸已知的九十六種岩魚種類，狀況又比地中海赤鮋糟糕得多。這個地區在一九六〇年代開始遭到拖網漁船的恣意捕撈，現在主要的商業魚種只剩下原本數量的百分之一。）

當然，馬賽人至少在三百年前就已經開始感嘆世事今非昔比，而且他們對自己的城市也抱持著同樣的看法，當地人總是以歡欣陶醉的心情緬懷著以往的純淨歲月。高速列車出現之後，首都到馬賽的路程只剩下三個小時，於是來自巴黎的遊客大批湧入馬賽中央車站，也就此成為當地人眼中造成物價飛漲的元凶。馬賽的舊港口是一座長方形的內港，碼頭到處可見，可以說是馬賽的靈魂所在。不過，回顧當初費雪在《了不起的城鎮》（*A Considerable Town*）裡所描寫的舊港口，當地為人津津樂道的簡樸風情在今日已不復得見。（值得一提的是，費雪吃了「又一碗馬賽魚湯」之後，坦承自己「不是特別熱衷這種當地美食」。她也在書中描寫了那種滿是尖刺而且醜得可愛的小魚。在她筆下，赤鮋「奇醜無比，滿口尖牙，一身淡紅灰色」，「看了教人全身不舒服」。）在一九三〇至七〇年代期間，費雪每次來到馬賽，都一定住在「可靠的老波佛」這家水濱旅館，但現在這家旅館已經被美居連鎖飯店買了下來。南堤的老奇也從魚市場變成了現在的前衛劇場，過去停泊在水上的拖網漁船也已經被暴發戶的遊艇取代。

舊港口有一個地方的樸素風貌倒是還沒有完全消失，就是每天早上有個小型零售魚市場的貝爾朱碼頭（Quai des Belges）。在十幾張搭設於鋸木架上的塑膠餐桌前，人行道上嵌著一面銅牌，上面寫著：「西元前六百年左右／希臘福西亞的水手在此上岸／他們創立了馬賽／文明就此擴散而出／遍及／西方世界。」這種狂妄自大的態度，正是遊客預期會在馬賽人身上見到的特質。現在大概也只有在貝爾朱碼頭，才聽得到攤販操著馬瑟．巴紐（Marcel Pagnol）小說中那種賣魚婦的口音高聲叫賣。

在這個仲夏日的上午，他們在陽傘下汗流浹背地賣力招攬著生意：

「Ve!」（欸！）其中一人以帶有義大利風味的南法方言吆喝著。這種方言總是喜歡在詞末多加一個音節。「Com-me elle est bel-luh ma ras-cass-uh!」（看我的赤鮋多麼漂亮唷！）

一個顯得特別黝黑乾瘦的婦人高喊著：「Les vi-van-tuhes aux prix des mor-tuhs!」（活魚和死魚一樣價錢哪！）她把一條不停扭動的紅鯔敲昏，然後用塑膠袋包了起來；手中一面忙碌，一面告訴我說她從十七歲就開始賣魚。她名叫娜娜，看起來至少已有七十歲，說起話來卻是風騷不減。

「親愛的，現在已經不比從前了，人也變了，魚也不像以前那麼多了。」她說：「現在抓得到魚的，都是那些到遠洋去的大船。我們只拿得到小漁船的魚，可是他們只在岸邊抓，除了垃圾外什麼也撈不到。我的生意差不多已經停擺了，明年我就不幹了。」（鄰攤的老闆聽得咯咯而笑，所以我猜這大概不是她第一次宣稱要退休。）

以前，大型拖網漁船還會到舊港口來，可是現在貝爾朱碼頭的攤販只准賣長度十二公尺以下的漁船所捕撈的魚。此外，就像克里斯多福．霍茨告訴我的，現在的人也不像以前那麼喜歡買鮮魚了。「現在，皮卡冷凍食品店連冷凍的馬賽魚湯都買得到，」其中一名魚販感嘆著說。他說的皮卡冷凍食品店是一家連鎖店，專賣可用微波爐加熱的冷凍餐點。我注意到有些魚攤上標示的商品價錢，寫的還是上個世紀的貨幣單位。雖然現在早已改用歐元，可是在攤子上的那些夏龐、沙丁魚和鯛魚旁邊，塑膠的價格標籤卻還是寫著法郎的價格。

證據顯示，地中海昔日的狀況很可能真的比現在好。地中海地區最早有人類活動的證據，是在科斯奎洞穴（Cosquer cave），這個石洞唯有經由一條水底通道才能進入。洞穴裡那些一萬九千年前的壁畫，除了一般常見的手掌輪廓之外，還描繪了一片豐足的海洋：海豹、可能代表章魚的圓形圖樣、許多肥美的魚兒，還有一種叫做大海雀的海鳥，現在已經絕種。從古羅馬時代乃至十九世紀，馬賽附近的漁民都是以定置網捕捉黑鮪魚。也許是因為洋流方向改變，後來鮪魚就不再游到岸邊，到了一七二八年，貝桑斯主教（Monsignor de Belsunce）已開始舉辦公禱，祈求上帝讓地中海回復原本的富足。一八四〇年，普羅旺斯的民族主義作家已開始譴責一種叫做「岡吉」（gangui）的漁網，因為這種漁網不但會刮削海底，而且無論大魚小魚都不放過。十九世紀末，馬賽學院的學者感嘆許多魚類都已消失不見。不過，他們提到的那些魚，在今天看來卻像是虛妄的幻想：像穀倉門一樣大的魟魚、重達三十公斤的石斑、比成人身高還長的鮟鱇魚。到了二十世紀，地中海則是出現了許多徒手潛水人，以魚槍毫不留情地獵捕魚類。美國作家吉爾派翠克（Guy Gilpatric）因為能夠像擊劍一樣用魚槍戳刺石斑魚而名聲響亮。現代學者對於當時的許多記載都不禁瞠目結舌，包括七公斤重的無鬚鱈（現在最大的還不到兩公斤），還有成群的鯡魚（另一種在普羅旺斯沿岸已經不復得見的魚類）。

經過幾個世紀以來的密集捕魚，地中海的自然資源確實已經大幅減少，只剩下幼小的魚隻。現在，在出生於馬爾他的漁業署執行委員喬．柏格（Joe Borg）主導下，歐盟首度對若干捕魚方式採取了強硬態度，過去經常害死數以千計海豚的流刺網已經禁用，深度超過一公里的底拖網捕魚也在二〇〇五年遭到禁止。法規的執行向來是歐盟的弱點，但柏格的鐵腕手段卻讓法國吃了一驚。長年以來，法國總是任由漁民捕撈未成熟的無鬚鱈，結果柏格轄下的漁業署竟對法國處以七千七百萬歐元的罰款——相當於該國每年漁業管理預算的四倍。

儘管在這樣的壓力下，地中海仍然足以維持漁民的生計。從直布羅陀到約旦，從敘利亞到西班牙，共有四萬艘漁船在地中海上作業，其中百分之八十都是長度不滿十二公尺的小船。地中海每年的漁獲量約一百五十萬噸，就數量而言雖然只占了歐洲漁獲總量的五分之一，就價值而言卻高達三分之一。換句話說，藉由販賣鮮魚給廚師和當地市場——甚至像霍茨那樣賣給老婦人——地中海周圍二十一個國家的十萬名漁民仍然能夠在不耗竭魚類資源的情況下維繫生計。當然，除了劍旗魚和鮪魚漁民之外，地中海的漁民沒人賺得了大錢；但他們畢竟也沒有像紐芬蘭的鱈魚漁民那樣，在短短一個世代的時間裡就徹底毀掉了自己的事業。地中海雖然也有本身的問題，卻似乎得以免疫於全球漁場崩潰的趨勢。在這裡，手工漁業的漁民學會了和養育他們的海洋平衡相處，也因此保住了世界上最美妙多樣的海鮮文化，讓希臘魚湯和馬賽魚湯得以繼續傳承於後代。

難怪貝爾朱碼頭上仍有那些賣魚婦，以她們恆久如一的叫賣聲調吆喝著：

「欸！看我的赤鯮多麼漂亮唷！」

沉浸其中

摧殘地中海的元凶不是過度捕撈，而是在這片溫度超高的海水裡漂浮生長的各種生物。

我搭乘車廂老舊而且滿是塗鴉的藍火車，只聽得兩聲震耳欲聾的汽笛鳴聲，列車便駛入了穿越石灰岩峭壁的隧道裡。這座峭壁的所在地是藍色海岸（Cote Bleue），位於馬賽以西。我拎著廉價的蛙鞋，走過在蟬聲唧唧的懸鈴木下拋擲著法式滾球的老年人，然後快步穿越卡希勒胡艾（Carry-le-Rouet）被太陽曬得火熱的沙灘上。沙灘上人滿為患，到處都是做著日光浴的上空女子，由穿著黑色速必達泳褲的男子幫她們在背上塗抹防曬乳。這些女子雖然身形苗條，卻都有著渾圓的肚皮，顯然是平日喝茴香酒、吃炸方餅養成的結果。在主灘的狹長沙地上，我從日光浴的人群中穿梭而過，轉了個彎，來到一片岩岸，在這裡找到一塊隱密的沙地，而得以躲在眾人的目光外，笨手笨腳地把浮潛裝備穿戴在身上。

這天非常熱，即便以七月的標準而言也是超乎尋常。前幾天，馬賽周邊的幾座海灘都升起了禁止下水游泳的紅旗。一名記者帶著溫度計到了海灘上，水溫高達前所未見的三十二度。泳客上岸之後，都覺得眼睛刺痛，事後全身皮膚更長出一顆顆硬繃繃的黃瘡。原來是加泰隆海灘的一條管道堵塞住了，以致馬賽全城的汙水都直接排入海裡。官員提出警告，指稱下水游泳可能會導致腹瀉與腦膜炎，同時也宣布海灘關閉二十四小時，並且揚言將對擅自下水者處以罰款。（即使在堵塞的排水管疏通之後，溫度超乎尋常的海水聞起來還是惡臭不已。市長辦公室卻以傲慢的態度發言指出：「可想而知，既然有上萬人在紅點海灘區游泳，海水當然不可能乾淨。」）另一方面，在往東數百公里處，成千上萬的紫水母——一種有毒的水母，晚上會發出黃色光芒——則是在義大利最時髦的海灘度假勝地大肆螫刺遊客，造成疼痛甚至致命的後果。現在，亞得里亞海的海灘不時都會因為「黏液火山」的現象而封閉。所謂的黏液火山，就是一群群凝膠狀的微生物從海底冒上水面。在這個全球暖化以及食物金字塔遭到剷平的時代，海岸也隨之變成了這副景象。我們彷彿回到了微生物主宰地球的前寒武紀，也只能盡量適應這種情況。

卡希勒胡艾是藍色海岸海洋公園的所在地，是法國外海少數的海洋保護區之一。這種保護區有時候又稱為禁捕區，最早成立於一七九三年，就在馬賽附近。後來，這塊保護區在一八三〇年重新開放捕撈之後，漁民相當驚訝竟然能夠捕到多達數噸的巨型無鬚鱈。在全球各地，這樣的保護區都已經證明確實可以成為大魚的避難所。拜太空計畫之賜，卡那維爾角（Cape Canaveral）的沿海水域長久以來都是禁區，所以美國東岸目前也就只剩這裡還有豐富的大型旗魚、鮪魚、劍旗魚。而大堡礁與加拉巴哥群島，還有夏威夷群島西北方的水域，也都已畫為海洋保護區。紐西蘭在一段不起眼的海岸設立保護區之後，科學家發現當地的海洋環境因此恢復了生機，保護區內的龍蝦增加了五十倍，瀕臨絕種的紅笛鯛也繁殖得相當旺盛。漁民原本反對設立保護區，後來卻發現保護區成了鄰近水域的商業魚類繁殖場。現在，紐西蘭已有三十一個永久海洋保護區，涵蓋沿岸水域百分之八的面積；該國的漁民深信保護區可提升海洋的生產力，更極力要求政府把保護區比例增加到百分之三十。（在現代人的記憶中，大西洋唯一曾經展現如此活躍的生命力，是在第二次世界大戰之後，因為當時歐洲半數的漁船都遭到擊沉，魚群因此獲得休養生息的機會。鯨魚數量恢復了原本的水準，大西洋也在戰後短暫充滿了繁殖力強的大型魚類。）地中海雖然有四十七座這樣的保護區，但面積都非常小，加總起來還不到整個海域的百分之一。

我在藍色海岸海洋公園的水域裡浮潛，這裡就是一座地中海典型的海洋保護區，面積只有八十五公頃，區內禁止捕魚、水肺潛水以及泛舟。不過，面積雖然不大，這座保護區的成效卻相當不錯。在我前方，可以看到十幾根呼吸管突出於水面上。救生員給了我一本印刷精美的保護區生物介紹手冊，一面告訴我說這裡已經成了海中生物的避難所。我倒退著走過濕滑的岩石，沒入溫度和體溫相近的海水裡，然後踢腿前進了幾公尺。

不久，我就發現自己漂浮在一片海草上方，數以千計的綠色草葉在輕柔的海流中緩緩漂動。這就是我在霍茨的漁網上看過的那種植物：帕絲朵妮。這其實是種開花植物，根本不算是海草，而且在全世界只生長於兩個地方：地中海和澳洲南岸外海。一群群帶有銀色條紋的石鱸在草葉間一閃而過，這種草食魚類以帕絲朵妮為食，就像牛隻啃食野草一樣。這是個極其豐足的棲息地，墨魚到這裡產卵，岩魚會從岩石裡的藏身處到這裡獵食；石斑這種會變性的掠食性魚類，也把這裡當成繁殖場；而且這裡每平方碼可培育出四千隻無脊椎動物。而帕絲朵妮不但可滋養海洋——一英畝的濃密草叢，每天可以產生三萬兩千公升的氧氣——也是重要的碳匯，可以封存造成地球暖化的大氣二氧化碳。在整座地中海當中，從海岸線到三十公尺深處，從直布羅陀到蘇伊士運河，帕絲朵妮草叢都為海中最重要的海鮮生物提供了豐饒的棲息地。帕絲朵妮死亡之後，腐爛的葉片可餵養蛤蜊、牡蠣及淡菜。地中海只占了全世界水域面積的百分之一，卻因為這種肥沃豐足的海草棲地，因而含有全球百分之七的海洋動物。如果沒有帕絲朵妮，地中海必然會貧瘠得多。

一條鯛魚游到我的蛙鏡前，但我一伸出手，牠就隨即躲開。我瞥見海底一抹紅色，於是改變了方向，希望那會是一條埋伏在海底等待獵物的赤鮋。我透過呼吸管深吸一口氣，然後憋住呼吸，潛入水裡。不過，就在我距離海底還有幾公尺的時候，帕絲朵妮輕拂著我的臉頰，我才發現那抹紅色原來是一只可口可樂的罐子。我回到水面，突然感到一團黏答答的漂浮物貼上了我的臉，不禁驚慌了一陣。結果，原來不是有毒的水母，而是一個塑膠袋，上面還印著當地超市的名字。

這正是眾所皆知的現象，歐洲各地的垃圾與汙染量，顯然和當地距離地中海的遠近成反比，彷彿人類只要活在天堂裡，就一定忍不住要糟蹋周遭美好的環境。在科孚島、那不勒斯，以及杜布羅夫尼克，我都目睹過不少人漫不在乎地把垃圾隨意丟在地上。科蒂烏（Cortiou）是馬賽最壯觀的峽灣之一，從舊港口搭公車只要十五分鐘，即可見到這座峽灣陡峭的石灰岩壁。不過，這裡的公共排水管卻不斷把廢水排入海裡。在一九八七年之前，這裡排出的廢水都完全沒有經過處理。即便到了今天，常見的暴風雨一旦導致汙水處理中心無法運作，馬賽的街道也化為洪流，排水管就會把鄰近幾個城市合計上百萬居民所製造的汙水直接排入地中海。馬賽附近的海床早已因富含多氯聯苯和重金屬而著名，現在地中海又和世界各地的海洋一樣充斥著「塑膠微粒」。水母和樽海鞘會吞食這些微粒，再循著食物鏈進入大型魚類的胃裡。（歐洲婦女最愛的磨砂膏裡就含有這種具有去角質功能的微粒，清洗之後透過浴室排水孔流入海裡，然後戴奧辛及其他有機汙染物即會附著其上。）全世界每年生產一億一千兩百五十萬公噸的塑膠微粒，沒有人知道這些微粒對海洋生物有什麼影響，也不知道這種東西要多久才會分解——甚至也許根本不會分解。一艘研究船隻到馬賽沿海蒐集資料，結果發現每公頃就有兩百件大型垃圾，大多數都是塑膠袋和瓶子。這些廢棄物會纏住海洋哺乳動物及海龜，導致牠們溺水而死，也會噎死海鳥、破壞漁具。據研究人員估計，馬賽的里昂灣（Golfe de Lion）現在應有一億七千五百萬件塑膠垃圾。

馬賽的廢水雖然經過化學處理，但由於馬賽外海有一道叫做「利古里亞—普羅旺斯—加泰隆尼亞洋流」（Liguro-Provenco-Catalan current）的西向環流，因此義大利製造的汙染同樣會對法國造成影響。總的來說，地中海沿岸百分之四十八的都市中心仍然直接把未經處理的汙水排入海裡，但地中海的海水卻只能靠著與大西洋及印度洋的交換來更新，而且完成這樣的循環需要一百五十年的時間。更重要的是，還有八十條主要河流注入地中海，水裡帶著兩百座石化與能源工廠的汙染物。此外，馬賽正位於隆河河口中央，而隆河更是把許多重度工業汙染物沖刷入海裡，其中的重金屬對魚類具有抑制免疫力的影響，導致魚類比較容易感染疾病。

不過，許多魚類養殖場卻正位於這裡，希臘和義大利同樣充滿毒素的河口三角洲也是如此。地中海水產養殖業最熱門的一項產品是海鱸，這種魚到了北美皆以「布蘭吉諾」（branzino）之名販售（以避免消費者誤以為是備受環保人士關注的智利海鱸），因肉質多汁又結實而深受廚師喜愛。這種理當叫做地中海鱸魚的魚類，幾乎全數都是養殖的，而且是出自歐洲最惡名昭彰的化學汙染地。

另一方面，石油也是無窮無盡的問題來源。地中海隨時都有兩千艘一百噸以上的船隻在水面上航行。在例行性的洗艙及壓艙水排放作業中，這些船隻都會漏油。再加上煉油廠排放的汙水，每年流入地中海的石油根據估計就有六十萬噸，相當於愛克森瓦拉茲號（Exxon-Valdez）油輪汙染災難乘以十六倍。二〇〇二年，運送俄國原油的威望號油輪（Prestige）在西班牙沿岸的大西洋上發生漏油意外，假如這種規模的油輪災難發生在里昂灣，那麼蔚藍海岸的旅遊經濟將停擺十年。

我把浮潛器具收了起來，搭上回程火車，眺望著海面，看著航行在海洋保護區邊緣的白色小汽艇以及它們後方的大海。在那裡、在海面底下二十公尺處——遠超過浮潛呼吸管的長度——生長著一片海草。和這片海草比較起來，那些石油和廢水所造成的汙染可說根本微不足道。

這種海草叫做蕨藻，在法國海域最早發現於二十年前。這種海草如果不早日受到控制，馬賽魚湯遲早會變成一道索然無味的菜餚。

殺手海藻

一九八八年，一名學生到位於峭壁頂端的摩納哥海洋博物館底下的海水游泳，結果在泥濘的海底發現一種螢光綠的藻類。這種藻類經確認為紫杉葉蕨藻（*Caulerpa taxifolia*；其中「*caulerpa*」在希臘文裡意為「匍匐莖」），原生於澳洲。

那片藻類面積很小，那名學生在周圍游一圈還不需一分鐘。他如果用手拔除，不到一小時即可把這些藻類拔光。

這種外來入侵者的來源不難追查。紫杉葉蕨藻生命力強又耐寒，經常見於水族館的培植使用，而摩納哥海洋博物館也正是為了館內的魚缸，從斯圖加特一家水族館進口了這種藻類。結果，生長情形非常良好，甚至因繁衍過剩而必須拔除。早在一九八四年，就有人看過博物館員工把整桶剛拔下的蕨藻從窗戶倒進海裡。

一九八九年，尼斯大學藻類專家梅尼茲（Alexandre Meinesz）駕著水下推進器前往探究摩納哥博物館底下的這片藻類，結果發現其生長面積竟然廣達一公頃。那幅景象非常壯觀，梅尼茲稱之為一片「壯麗的草原」。不過，這卻也是一片貧瘠的草原。在蕨藻生長的地方，完全看不到其他植物的蹤跡。帕絲朵妮聚生地的生物多樣性比熱帶森林還豐富，但蕨藻草原上卻毫無動物的影蹤。分析了若干樣本之後，梅尼茲發現蕨藻有毒，人類舌頭碰到會因此麻木，魚也不吃這種植物。更重要的是，這些藻類全為雄性，都是由斯圖加特的原株複製繁殖而來（有些科學家認為蕨藻是世界上最大的無性繁殖生物）。梅尼茲於是向記者與政治人物提出警告，指稱地中海出現了新的外來入侵生物，而且罪魁禍首幾可確定就是摩納哥海洋博物館。

摩納哥海洋博物館創立於一九一〇年，創辦人是阿爾貝一世親王，他本身不但善於駕駛帆船，也是充滿熱情的海洋學家。不過，得知梅尼茲的說法之後，這個地位崇高的機構所做出的反應卻是令人搖頭。當初博物館把蕨藻倒入海裡、時任館長的是推廣海洋學不遺餘力的柯斯托（Jacques Cousteau），而他的繼任者卻發布不實消息，聲稱這種藻類很可能原本就生長在地中海裡，不然就是從紅海經由蘇伊士運河傳入。這位館長並且堅稱，無論這些藻類來自何處，海底長出這種植物，總比先前因汙染而一片荒蕪來得強。

此外，這些藻類大概也活不過冬天。他譴責媒體不惜以聳動的文字吸引讀者（當時報紙把蕨藻稱為「殺人海藻」，甚至是「海洋的愛滋病」）也指控梅尼茲為了替自己的實驗室爭取經費而刻意誇大自然界裡無關緊要的異常現象。他甚至聲稱自己和摩納哥親王都喜歡把這種殺人海藻裹上麵糊油炸來吃，就像甜甜圈一樣。

蕨藻會黏附在漁網和遊艇的錨上，於是以不可抵擋的態勢散播到了地中海各地。到了一九九〇年，蕨藻已可見於距離摩納哥一百四十公里的法國土倫（Toulon），一九九二年又擴散到西班牙沿岸，而義大利因佩里亞（Imperia）的港灣底部也在同年發現這種藻類覆蓋了約兩百一十平方公尺的面積，當地媒體稱之為「海藻刺客」。蕨藻所到之處，都會造成同樣的結果——其他藻類被排擠一空，無脊椎動物和魚類也都消失無蹤。冬天，暴風雨捲起海底的泥沙，漁網的網眼就完全被蕨藻的碎屑塞住，以致必須攤開在陽光下曝曬一個月，等待這些碎屑腐爛掉落。科西嘉島的漁民對摩納哥海洋博物館提出投訴，結果不了了之。科學研究證實蕨藻造成魚類生物質量與平均魚隻大小的淨衰退，也導致漁獲量減少。這些藻類不但沒有因為冬天來臨而死亡，原本的那片草原甚至還長得更為茂密也更加健康。到了一九九七年，當蕨藻散播到克羅埃西亞之際，摩納哥的海岸已完全遭到單一物種所霸占了。

過了五年之後，法國政府中負責海洋和漁業研究事務的海洋開發研究院，才認知到蕨藻可能是個問題。不過，那時蕨藻早已遍及全地中海，不再能夠消滅，只能設法控制而已。一旦像法國海洋國家公園這樣的重要區域遭到威脅，也只能派潛水員徒手拔除。來自摩納哥海洋博物館的紫杉葉蕨藻，由單一種株無限複製繁殖，現在已可見於六個國家；原本生長面積不到一平方公尺，目前在地中海上卻已覆蓋了一萬三千公頃的海床。

二〇〇〇年，聖地牙哥的橘郡也發現了蕨藻。不久之後，原本生長在海底的大葉藻就被排擠一空，於是庸鰈和斑帶副鱸也就失去了重要的繁殖場地。科學家說蕨藻就像人工草皮一樣，所到之處盡把整個環境化為一片單調的螢光綠。發現蕨藻的蹤跡之後，一群海洋生物學家和資源管理人隨即與梅尼茲洽商，結果決定採取一種根絕技術：在蕨藻生長處蓋上防水布，然後灌入液態氯。這項計畫雖然奏效，但主要是因為那些蕨藻生長在淺水的潟湖裡。如果是在開放海域，就絕對不可能採取這種化學處理方式。

隨著「殺人海藻」黏附在船錨和漁網而從摩納哥不斷往西擴散，馬賽也只能預備著面對藻類入侵。結果這種狀況並沒有發生。不過，舊港口外海卻在一九九七年發現了紫杉葉蕨藻的一種近親品種：總狀蕨藻。這種蕨藻比紫杉葉蕨藻小，但同樣對魚類有毒，而且會把海床化為一片只剩螃蟹草的貧瘠土地。不同於紫杉葉蕨藻，總狀蕨藻屬於有性生殖的植物，所以擴散速度比無性生殖還快。此外，這種蕨藻在溫暖的海水中生長得比較好，因此全球暖化造成的水溫升高也就有助於總狀蕨藻繁殖。

「外來入侵的藻類比漏油汙染更糟糕，」梅尼茲寫道：「至少社會對後者還會立即採取一切手段補救。自然界雖然因漏油汙染而造成損害，畢竟仍會慢慢恢復；但海洋遭到外來藻類入侵，大家卻都不聞不問。地中海的大陸棚全都可能遭到這兩種藻類感染。」

他接著預測指出：「整座地中海遲早會遭到這兩種藻類完全霸占。」

不到幾年的時間，總狀蕨藻已可見於法國多達八十公里的沿岸地區，甚至也侵入了我去浮潛的海洋公園。此外，在遭殃的水域當中，超過百分之四十都是捕魚區。拉喬塔附近也發現了這種藻類的蹤跡，難怪我會在霍茨的漁網上看到那些褐色的草葉。現在，從西班牙到土耳其等十一個地中海國家都已遭到總狀蕨藻入侵。在馬賽的海洋科學中心，科學家因為驚訝總狀蕨藻竟能以這麼快的速度擴散到東北大西洋的加那利群島，於是在二〇〇五年發表了一篇論文，題為〈海洋入侵的閃電戰〉。

海洋科學中心的海洋研究站座落於馬賽南部市郊的沿海地區，顯得相當壯觀。我在那裡與哈姆林（Jean-Georges Harmelin）見面，他是一位海洋生物學家，寫過幾本探討地中海的著作。生於馬賽的他，一生都在當地的海水裡游泳。實際上，他當天早上才剛去游了一遭，還看到罕見的蝦蛄，也就是盜捕者喜歡抓去做馬賽魚湯的甲殼類動物。哈姆林目睹了馬賽周遭海域數十年來的變化。他不忘指出，這些變化並非一直都是走下坡。「別忘了，」他說：「早在汙水處理站成立之前，我就已經很熟悉科蒂烏的汙水管了。」二十世紀，馬賽向來被視為法國最航髒的港口，甚至是西地中海最髒的港口，夏季經常爆發傷寒疫情，大多數的家戶也都必須把水煮沸才能喝。「奇怪的是，那時候的魚反而比較多，牠們都吃汙水中的有機物質。有些線釣漁民在排水口甚至還有自己專屬的捕魚區。現在，漁民抱怨汙水處理場反倒毒死了魚。不過，實際上是因為現在排放的廢水裡面沒有那麼多有機物質，所以魚兒都離開了。」

他說，帕絲朵妮這種有益的海草，早自好幾個世代之前就一再遭到摧殘。剛開始是十九世紀的雙拖網，這種由兩艘帆船共同拖行的漁網總是會刮下這些海草。第二次世界大戰之後，當地居民不再用無害環境的傳統馬賽皂，而紛紛改以清潔劑清洗物品，於是帕絲朵妮的草原面積又進一步縮減。短短六年，總狀蕨藻在馬賽灣已增加了三倍半，每年生長不到三公分的帕絲朵妮根本不是對手。

哈姆林最擔心的是水溫的急遽升高，還有這種現象帶來的新生物。他說，近來他下水游泳，總覺得自己好像游在一座不同的海洋裡，至少不像是他所熟悉的海域。

「這裡有點像是三十年前的科西嘉島。馬賽的港口附近已經出現了梭魚的幼魚。在克羅港島（Port Cros）有六百隻的魚群，而且愈長愈大。以前常看到鯊魚和大魟魚，還有龍蝦和海蜘蛛，可是現在都很少見了。另一方面，牙鯛、紅甘鰺和石鱸則愈來愈多。」（石鱸有點像鯉魚，吃起來口感不太好。）「昨天，實驗室底下的水溫是攝氏二十九點二度，是前所未有的紀錄。柳珊瑚、海扇和海綿等無脊椎動物的狀況都很不好，而且以後還會更糟。只要測量深水的平均溫度，就可以清楚看出長期的變化：三十年來，水溫已經提高了攝氏零點八度。我希望狀況不會繼續惡化。馬賽附近的淺水裡還有紅珊瑚和柳珊瑚。你如果到科西嘉島、希臘，或者土耳其，絕對看不到這麼壯觀的海底景觀。我們能夠有這樣的景觀，完全是因為這裡的特殊氣候，可是現在氣候已經開始改變了。」

我問他所謂的殺人海藻的威脅究竟嚴不嚴重。

「總狀蕨藻出現在馬賽灣是突然而然的事情，」哈姆林說：「這種蕨藻的孢子會隨著洋流漂行，所以根本沒辦法阻止它們擴散。紫杉葉蕨藻和總狀蕨藻的問題，就是會完全霸占海床，覆蓋一切的東西、造成水中環境變暗、消滅原生藻類，而且會把岩魚和甲殼類動物藏身的縫隙全部填滿。魚類喜歡棲息在帕絲朵妮裡面，但不喜歡棲息在蕨藻當中。」他拿了他自己拍的一張照片給我看，照片裡可看到長滿紫杉葉蕨藻的海床，像是一大塊骯髒的綠絨布；一叢稀疏的帕絲朵妮被包圍在中間。由此可以看出顏色介於褐色至橘紅色之間的赤鮋所面臨的問題：在帕絲朵妮叢裡，赤鮋可以輕易掩藏自己的蹤跡。但在一整片的紫杉葉蕨藻當中，赤鮋就像可口可樂的罐子一樣醒目。

我向哈姆林說，他說話的口氣聽起來就像是典型的馬賽人，充滿宿命論，只能無奈接受地中海出現的變化。

他哈哈一笑。「我昨天在郵局排在兩個老太太後面，她們一直說：『現在已經不比以前囉！』唉，馬賽已經有兩千六百年的歷史了，我覺得世事總是不斷改變。」

「夏龐這種大型赤鮋是現存最好的魚，數量也還很豐富。」他說：「這種魚的味道很棒，貧窮的漁民用他們賣不出去的魚所做成的魚湯，才是真正道地的馬賽魚湯。至於特許餐廳那種『精緻化』的馬賽魚湯，我是不吃的。太貴了。」

哈姆林選擇往好處看，不無嘲諷地說：「如果有一天，夏龐和龍蝦真的都消失了，說不定也不算是壞事。也許到時候馬賽魚湯又會是大家都吃得起的平價菜餚了。」

生物多樣性的流失

過度捕撈和汙染一向被指為危害海洋的罪魁禍首。不過，過去一、二十年來卻出現了另一種威脅：外來入侵物種。現在，外來入侵物種已成為僅次於棲地破壞的第二大物種滅絕肇因。生物入侵這門新興學科的專家，擔心世界已經進入了「同質化」的新時代。在這個時代裡，像野草一樣的生物隨著人類活動散播到全球各地，從而把原本具有豐富多樣性的地球變成一個同質性的世界。生態學家警告指出，過去幾年來的趨勢如果維持不變，恐將出現一種全球一致的麥當勞式生態體系，自然環境原本的多樣性遭到抹除，只剩下少數幾種四海為家的物種，包括斑馬貽貝、褐蛇、大型亞洲鯉魚、葛根、灰松鼠，以及紫杉葉蕨藻。結果，地中海正是其中若干最可怕的物種的集結地。

這種現象其實沒什麼新奇之處。人類只要從一地移動到另外一地，就不免帶著些偷渡客同行。最早無意間引進水生生物的記載是在一二四五年，當時北歐的航海人駕著長船前往北海，結果把黏附在船側的軟殼蛤蜊一同帶了過去。至於刻意引進外地物種的行為，則有如生態輪盤賭局，經常帶來意料之外的後果。一九五〇年代，在一場原本以善意為出發點的實驗當中，尼羅鱸被人引進了維多利亞湖。結果，這種貪食無饜而且體型能夠長到相當巨大的淡水魚類，就靠著獵食湖裡原生的慈鯛而大量繁殖，導致數百種東非生物因此落入瀕臨絕種的下場。如同獲得奧斯卡提名的紀錄片《達爾文的夢魘》（*Darwin's Nightmare*）所指出的，尼羅鱸魚排由飛機運到歐洲市場之後，同樣的飛機又載運武器回來，進一步助長非洲當地因傳統漁業經濟崩解而產生的社會衝突——但當地傳統漁業經濟的崩解，正是引進尼羅鱸所造成的。

地球上廣袤的自然環境，早在許久之前就已經不再是封閉的伊甸園了。現在，舊金山灣的外來物種已多於原生物種，從堵塞進水管的中華絨螯蟹乃至在海灣底部留下一層黃色黏液的海鞘，舊金山灣已經發現了兩百種以上的外來生物。就連聖勞倫斯河也不得倖免——這條河距離我在蒙特婁的住處步行約一個小時，以前曾經是海象與大海雀的棲息地，但現在已有百分之六十的生物皆是外來物種，由定期往返於五大湖與海上航道的船隻挾帶而來。就原始的生態體系而言，我們可說是活在一個墮落的世界裡，其基準線早在許久之前就已經開始變動了。

不過，最戲劇性的變化則是在物種引進的速度上。十九世紀末，原本以沙、石或鋼鐵壓艙的船隻，開始採用一種更便利的壓艙物：水。新式的鋼殼船隻能夠在港口裡吸入上百萬公升的海水，再把這些水排放在半個地球以外的港灣。四百公尺長的諾克・耐維斯號（Knock Knevis）是世界上最大的船隻，像這樣的超級油輪，壓載艙裡即可能有多達五十種的生物，包括藤壺、細菌、海草、矽藻、蛤蜊、等足類動物、蝦子、淡菜，甚至中等體型的魚隻（這種船隻上的船員常到壓載艙裡釣魚來吃）。船舶交通在過去半個世紀以來增加了十倍，現在全球貿易有百分之八十都是透過海運進行。

這種變化的後果不僅限於生物多樣性的消失。也許不是巧合，現在紅潮的發生率也比半個世紀前增加了十倍。在佛羅里達州外海，有毒的腰鞭毛藻原本每十年會發生一次大量增生的現象，現在卻是幾乎每年發生，而且每次皆持續數月之久。有一次，由於當地海灘上發現許多海洋生物的屍體，包括大海鰱、石斑，還有像海牛這樣的海洋哺乳動物，政府於是發布了腰鞭毛藻盛放的警告。後來，毒素聚集在浪尖和海面的泡沫裡，隨風吹上陸地，造成沿岸居民眼睛刺痛、氣喘發作、罹患慢性鼻竇炎及肺炎，甚至逼得沿岸居民不得不離鄉背井。（衝浪人士說，不小心吃到一口腰鞭毛藻，感覺就像是被鐵鎚打到一樣。）生態學家認為這種紅潮就是隨著壓艙水散播到世界各地的海洋。

外來入侵物種造成的經濟衝擊非常龐大。每天，在世界上所有船隻的一百一十億噸壓艙水內，都可能藏著多達七千種的外來入侵生物，而且其中許多都會因此而在新環境中存活下來。波羅的海的斑馬貽貝是種開心果大小的雙殼貝類，最早在一七六九年發現於俄羅斯，後來在一九八〇年代出現於五大湖區，大概就是由船隻挾帶而來。斑馬貽貝迅速適應了新環境，一輛汽車沉在伊利湖底八個月之後才拖出來，結果只見車上覆蓋了一層將近十公分厚的貝類。斑馬貽貝會把水裡的葉綠素和營養素過濾一空，導致其他生物無法生存。此外，這種貝類也常堵塞發電廠的進水管，必須以高壓水柱沖掉；現在更是往南擴散到了密西西比三角洲。

整體來說，外來入侵物種單是對美國經濟造成的衝擊，每年就高達一千三百七十億美元。

地中海的航運交通占了全世界的百分之三十，因此已然成為入侵物種的重要聚集地。現在，地中海裡四百種的外來生物，已占了當地所有動植物的百分之五。根據過去幾年來的紀錄，平均每四周就會出現一種新物種。這是一大悲劇，因為地中海也是世界上特有種生物比例最高的地區。換句話說，地中海的生物多樣性遠比世界其他海洋都還要豐富。這些特有種生物包括赤鮋、帕絲朵妮、蝦蛄，以及瀕臨絕種的僧海豹。在外來物種大舉入侵的情況下，為了保護特有物種而設立的海洋保護區恐怕也發揮不了效果。

生物入侵造成的問題可以有多糟？經由博斯普魯斯海峽與地中海相連的黑海，正是個典型的例子。數百年來，這座內陸海洋以鯷魚數量豐富而著名。這些鯷魚不但是鯖魚和鮪魚賴以維生的食物，也因此維繫了漁民的生計。黑海的大型生物獵食海龍魚、等足類動物以及蝦蟹類等，而這些小型生物又必須仰賴海草和巨藻為食；但這些海草和巨藻卻因為蘇聯與土耳其工廠所製造的汙染而漸漸消失。一九八二年，北美的淡海櫛水母隨著船隻的壓艙水來到黑海，於是這種半透明的蛇蠍生物也就靠著吞食浮游動物和鯷魚苗而存活了下來。到了一九九四年，這種貪食無饜的外來生物導致鯷魚數量崩潰之後，海豚、鱘魚以及僧海豹也從而在當地絕跡。當時的一項估計指出，黑海的總生物質量有百分之九十都屬於單一生物，也就是櫛水母。

二〇〇六年，波羅的海與北海也都發現了大批的淡海櫛水母，很可能是從地中海偷渡而來。地中海是眾多海運交通的必經航線，原本是外來生物入侵的受害者，現在卻反倒向其他地區輸出外來生物，成了有害物種的派遣基地。微小原甲藻這種有毒藻類最初發現於馬賽附近，現在已在亞洲、澳洲與美國造成紅潮。加州之所以在二〇〇〇年出現紫杉葉蕨藻，很可能是某位進口魚類的愛好者因為清洗魚缸而把這種海藻倒入杭廷頓港與惡水潟湖。不過，最早針對這種藻類提出警告的梅尼茲，卻在他的著作《殺人海藻》（*Killer Algae*）裡提出一項耐人尋味的巧合。當初摩納哥海洋博物館原本想證明紫杉葉蕨藻可為生物提供棲息處所，於是利用沙烏地親王哈立德（Khaled）的遊艇勘查博物館外圍的海床，結果自然以失敗收場。二〇〇〇年，該位沙烏地親王的「黃金奧德賽號」與「黃金幻影號」這兩艘遊艇一同到聖地牙哥重新粉刷。不久之後，那種能夠黏附在船錨上傳播到遠處的殺人海藻，就首度現身於美國。

「這已不是這兩艘船第一次到聖地牙哥重新粉刷了，」梅尼茲寫道：「這樣的巧合不禁引人猜想——」他的話只說了一半，留下一個充滿暗示性的結尾，最後才坦承沒有確切證據能夠證明蕨藻出現在美國與哈立德親王的遊艇有關。

其實有一種方法能夠遏止外來入侵物種的擴散：透過嚴格的立法。船隻可以採取高溫殺菌法，把壓艙水變成一大鍋混雜了各種海洋生物的馬賽魚湯（但這種方式無法徹底解決問題，因為許多生物還是存活得下來）。最簡單的方法，就是把更換壓艙水的作業改在公海上進行，以免破壞脆弱的港灣及河口環境。（自從發生斑馬貽貝入侵事件之後，駛入五大湖區的船隻都必須強制採取這種做法，加州也預計在二〇〇九年立法施行同樣的規定。）不過，在海上更換壓艙水相當耗時，而對航運業來說，偏偏時間就是金錢。在世界上的大部分地區，航運商都透過遊說阻止了相關立法活動，以致他們散播入侵物種的行為仍然不受限制。

在航運業的貢獻下，世界還是不斷朝著同質化邁進，海洋生態體系也終將由水母和有毒的無性生殖植物所主宰。

最後一碗馬賽魚湯

在《了不起的城鎮》裡，費雪預測：「地中海已經餵養了我們這麼長的時間，即便是人類目前種種汙染和破壞的愚蠢行為，想必也不足以遏止地中海的慷慨付出。我們只要能夠從漫不經心的態度逐漸轉為尊重自然，地中海裡的魚類仍舊會健康地存活下去，貝類也將再次聚生於海岸線旁，鹹甜鮮美的海草也將再次茂盛生長，供人摘採。」她在一九七七年寫下這段話的時候，絕對料想不到在不久之後的未來，地中海竟會出現充滿化學汙染的布蘭吉諾養殖場、因全球暖化而大舉入侵的水母、由壓艙水散播至全球各地的紅潮，以及無性生殖的毒藻將「鹹甜鮮美的海草」排擠一空。

儘管如此，我還是決意要學會料理馬賽魚湯之後才甘心離開。畢竟，等我下次再到地中海來，馬賽魚湯的必備材料恐怕都已經徹底消失了。

密哈馬餐廳是馬賽魚湯規章的起草成員之一，主廚克里斯提安・布法（Christian Buffa）同意透露若干祕訣。我們要準備一桌六人份的午餐。在廚房裡，他交給了我一頂紙製的廚師帽、一件紫紅色的圍裙、一把刀、一堆白洋蔥，還有幾瓣紫色外皮的大蒜，然後指示我把這些材料全部切丁。

布法現年三十歲出頭，是一個義大利家族的第五代成員，他們家族在第一次世界大戰期間遷居法國。（我在用餐室裡遇見他迷人的八十歲祖母，她說他們家族曾在達斯大道開過一家魚店。）布法曾在保羅・伯居斯（Paul Bocuse）與羅傑・維傑（Roger Verger）這兩位廚師手下學藝，做起事來非常嚴格，只為了蒜泥沙拉醬調得太鹹就可以對副主廚怒吼咆哮。不過，對於我這個前來採訪他的外國人，他卻是親切又充滿耐心。「馬賽魚湯不是功夫菜，」他說：「做起來很簡單，但是很美味。」他把半杯橄欖油倒進瓦斯爐上的一個雙耳大鍋，並加入剖半再用刀連皮壓碎的大蒜，之後放進洋蔥，炒到呈透明狀（但還未轉成褐色），隨即丟進切成四等分的番茄、茴香子和番紅花粉。

「一開始加一點點就好，」他建議道：「番紅花最好是等到後面再多加一點。」

接著是岩魚。他所有的魚類都是當天早上由批發商送來的。（這點倒是頗為可惜，因為貝爾朱碼頭的早晨魚市距離他的餐廳還不到一百公尺遠。）他用了蛇龍騰、角魚、日本的鯛魚頭，還有兩條赤鮋，總共約是兩公斤的魚肉。加水到蓋過魚之後，他把爐火開到最大，以便橄欖油和水還有他的祕方配料能夠充分融合──而他的祕方配料就是一杯茴香酒。他以大火燒煮，不蓋上鍋蓋。烹煮的過程看起來實在讓人有點難過，魚肉原本鮮豔的粉紅、紅色、灰色、藍色等色彩，在滾水中逐漸褪去。令人安慰的是，魚肉的美味和精華都融入了高湯裡。大火快煮有助於乳化作用，每一滴油都包覆上一層魚肉的明膠，所以馬賽魚湯喝起來才會滑膩順口。

高湯很快就煮好了。令我驚訝的是，他把所有的魚，包括骨頭和鱗片在內，全數倒進手搖碎菜機，碾成漿狀，再倒進金屬濾鍋過濾。布法提醒我說：「吃馬賽魚湯要先喝這個湯，搭配麵包丁和大蒜辣椒醬，第二次再吃全魚，但要淋上更多湯。」

他把過濾之後的高湯倒回爐子上的鍋裡，再丟進第二批魚：先是康吉鰻和一條鮟鱇魚，然後又是角魚和日本的鯛，還有幾條赤鮋。沸騰幾分鐘之後，他又加了些螃蟹和淡菜。最後，他又加進更多番紅花，於是完成的馬賽魚湯也就呈現出一種迷人的焦茶色。

那天的午餐非常美味。我在橄欖油炸的麵包丁上倒了大蒜辣椒醬，再任其吸飽紅褐色的馬賽魚湯高湯。高湯嚐起來鮮美無比，而且黏膩得恰到好處。布法把全魚堆在鐵盤上端了出來，蟹鉗垂掛在盤子的邊緣。他把兩根燒焦的茴香插在蟹鉗裡，上桌的時候還冒著煙。我立即吃起肉質密實的康吉鰻和口感細緻的日本的鯛，但是刻意避開鮟鱇魚。

餐後，我向布法說我對他偏離馬賽魚湯規章的若干做法頗感意外。他加了馬鈴薯，但是另行烹煮，以免融化在高湯裡——這是屬於馬迪格斯而不是馬賽的傳統。此外，他還加了紅鯔和淡菜，可是這都是規章裡沒有提到的材料。實際上，使用淡菜通常被視為是北方人不入流的做法。

「淡菜主要是為了美觀，」布法說，對我的吹毛求疵不以為意。「馬賽魚湯有各式各樣的不同做法，真正重要的是赤鮋，因為這種魚棲息在岩石裡，而且非常美味。」

馬賽魚湯的料理方式顯然就和地中海的岩石底下躲藏的魚兒一樣多采多姿，可是任何廚師都不該有權斷定馬賽魚湯的正統性。已故偵探小說大師伊佐（Jean-Claude Izzo）創造了法比奧・蒙塔萊（Fabio Montale）這個喜愛釣魚的偵探角色，生動呈現了馬賽的地下社會，就像另一名偵探菲利普・馬羅（Philp Marlowe）揭露洛杉磯的內幕一樣。而伊佐針對馬賽魚湯爭議所說的話，在我心目中也是解決這項爭議最好的方法。

「為了避免惹惱別人，」伊佐曾對一名記者這麼說：「我只能說你自己做的馬賽魚湯，就是最好的馬賽魚湯。」（對蒙塔萊而言，這麼一碗馬賽魚湯大概得在岩石峽灣上的小屋裡享用，手邊還要擺著一瓶拉加維林威士忌。）

屋外，太陽高高掛在地中海上空，皮膚黝黑的兒童從白色的岩石上跳進藍色的海浪裡，一艘渡船經過伊夫堡（Chateau d'If）駛向突尼西亞。也許是赤鮋的毒液發生了作用吧，我只覺得那碗馬賽魚湯嚐起來就像是地中海的精華，充滿了海水的鹹味與萬種風情，但完全沒有其中的原油和重金屬。那條赤鮋的味道不太辣，番紅花與尼斯葡萄酒的搭配則讓我飄飄欲仙，同時也像火神伏爾肯一樣有點昏昏欲睡。

當有一天，我向我孫子描述的地中海，就會是這麼樣的一座海洋——孕育了蒜泥蛋黃醬燉魚湯和漁村式海鮮湯、希臘魚湯和什錦鮮魚番茄湯，以及薩蘇埃拉海鮮雜燴和義大利魚湯。首先，我會教他們怎麼做出一碗正統的馬賽魚湯。我會說，你得先準備一條赤鮋……。

10 法國貨幣單位，一百生丁等於一法郎。

11 薩蘇埃拉為西班牙的傳統輕歌劇。

CHAPTER 5

小小魚兒

葡萄牙與法國｜沙丁魚

我得承認，有時候我都覺得自己是不是該完全不再吃魚。新英格蘭沿岸的底拖網漁船，切薩皮克灣的魚群大量死亡，北大西洋鱈魚漁場的消失，地中海的毒藻。我對這些死亡海域、入侵物種、布滿水母的海灘以及無所不撈的超級拖網瞭解愈多，愈是不禁感到洩氣。如果要顧及環境道德的需求，像我這樣的海鮮愛好者在飲食上實在沒有多少選擇。

奇怪的是，我這趟旅程還進行不到一半，卻對海鮮飲食愈來愈堅定。我已學到了在海鮮菜單上挑選菜餚的必要原則，也知道捕捉魚隻的方式至關緊要：鮟鱇魚、大西洋庸鰈和鰨魚、橘棘鯛以及其他通常由底拖網捕撈的魚類，絕對不會是好的選擇。我知道大型掠食性魚類，例如黑鮪魚和劍旗魚，不但遭到過度捕撈，其魚肉也通常帶有大量的毒素。我也得知海盜漁業大肆捕撈智利海鱸與巴倫支海鱈魚的行為。更重要的是，在餐廳裡或市場上，我已開始會提出一項關鍵問題：你今天的這批魚貨是從哪裡來的？

不過，我接下來即將要學到的更是最重要的一課。漁場科學家已向我指出，由於人類的飲食習慣近似於鯊魚而不是牡蠣，習於食用食物鏈裡的高級成員，所以世界各地的漁場都因此紛紛崩潰。大口咬下鮪魚堡或鮭魚排雖然相當令人滿足，但我已開始學著迴避這種充滿毒素的餐點，頂多是偶爾放縱一下才吃。

此外，海洋裡有許多食物鏈裡的低等魚類也相當美味。從葡萄牙經由法國西岸前往不列塔尼，我將會獲得一項重要發現：海洋裡向來遭受廚師忽略的小魚，不但吃起來最有益健康，也最為美味。選擇底食的生活型態，顯然也自有一番好處。

歐洲的碼頭

在里斯本的巴夏區，阿森瑙街（RuadoArsenal）是一條濱海的街道，正位於太加斯河流入大西洋的河口處。在這條街上，葡萄牙料理的兩大柱石爭相以其氣味吸引遊客的注意：首先是葡文叫「bacalhau」的醃鱈魚，吊掛在陰暗的商店門口，散發出充滿蛋白質的霉味——這種整片掰開、鹽醃曬乾的鱈魚，看起來白皙皺癟，食用前必須先泡水泡上好幾個小時；接著則是刺鼻的沙丁魚，在里斯本的高級餐廳裡皆可見到沙丁魚在燻黑了的烤架上燒烤。曾對沙丁魚講道的聖安東尼奧死於六月十三日，所以每年六月十三日起，油滋滋的魚肉在炭火上燒烤的香味就會飄滿葡萄牙全國。烤沙丁魚的香氣會殘留在你的衣服上，比廉價雪茄的氣味還要繚繞不去。

葡萄牙人愛吃大魚，但也同樣喜歡吃小魚。說得精確一點，他們熱愛吃魚就對了。這個人口千萬的國家，每年每人平均吃掉五十七公斤的海鮮，榮登歐盟的吃魚王國。（在整個歐洲，只有經濟仰賴漁業的冰島在吃魚的數量上勝過葡萄牙，高達每人九十公斤。）葡萄牙人對魚的狂熱，是歷史與地理雙重因素作用下的結果。葡萄牙位於伊比利半島的下巴部位，在非洲上方，海岸線長達八百公里，又幾無內陸腹地。無論位在這個國家的哪個地方，都離大西洋不遠。此外這個國家有過航海盛世，不僅印度、安哥拉與中國都有駐地，沒有他們還沒有巴西。所以也見得到非洲辣椒醬、咖哩粉，以及肉桂與番紅花的身影，用以幫他們一向以單調著稱的菜餚加料，這也說明了為什麼當地菜單上有非常多海鮮。露臺的餐桌上處處可見以鐵扣鎖住鍋蓋的大圓鍋，一旦扳開鐵扣，掀開這個像輪圈蓋一樣大的「牡蠣」，一道熱騰騰的海鮮總匯就隨即呈現眼前，材料通常有蛤蜊、無鬚鱈或蝦子；還有分量可供壯漢大口吃的豐盛燴海鮮麵包糊，也就是用一片放久了的老麵包，炸過之後淋上醬汁，再加上魷魚、淡菜、蝦子，然後撒上許多大蒜與新鮮芫荽。

然而，這個漁民掛帥的國家，雖然曾是歐洲的碼頭，現在海鮮的進口量卻是出口量的三倍，其中包括來自冰島的魚乾、挪威的鱈魚，甚至是俄羅斯的沙丁魚。單在二〇〇五年，葡萄牙的海鮮貿易赤字就高達七億六百萬歐元。葡萄牙的狀況正是歐洲的縮影，歐盟雖是全球僅次於中國的第二大漁業強權，每年魚類產品的進口量卻高達一千萬噸，出口量則只有六百萬噸，造成每年一百億歐元的貿易赤字。換句話說，對於海鮮這種世界上最佳的蛋白質來源，歐洲人食用的數量遠超過他們應得的分量。

這樣的發展實在可惜，因為歐洲料理傳統其實帶有解決海洋危機的妙方。葡萄牙、法國以及其他已開發國家實在不該從遙遠的海洋輸入黑鮪魚、鮭魚、鱈魚等大型魚類，而應該多花點時間學著享受自己擁有的小魚，別再把這些小魚磨碎製成魚飼料、人造奶油、肥料、動物飼料，甚至燃料油。

什麼樣的小魚呢？例如小而美的沙丁魚。

小魚簡史

歐洲的歷史有多久，沙丁魚作為主食的時間就有多久。希臘文的「sardonios」意為「來自薩丁尼亞島」，這座地中海島嶼至今仍有豐富的沙丁魚群。這個字眼不但是英文「sardine」（沙丁魚）一詞的來源，也衍生了「sardonic」（嘲諷），原意指的是薩丁尼亞島上的一種植物，會讓人顏面抽搐，露出

「看起來像是恐怖的笑容，接著致人於死」。這樣的詞源演變其實相當適切，因為西方社會向來都以略帶嘲諷的態度面對沙丁魚，認為這種魚小得不足以嚴肅看待。在西班牙，甚至是遠在大西洋另一端的古巴，每年經過四旬齋的海鮮素齋戒之後，眾人都會在聖灰節舉行「埋葬沙丁魚」的儀式。在這場儀式上，男人打扮成女人，女人則打扮成男人，把巨大的沙丁魚紙偶扛在棺架上巡行市街，一面呼喊著「為什麼會這樣？」一面擠眉弄眼地假哭。

目前所知最古老的食譜，是五世紀的《探討烹飪》（*De re coquinaria*），其中有一道在沙丁魚裡塞入蜂蜜與杏仁內餡的菜餚。羅馬人發明了以油或鹽保存沙丁魚的方法，這樣夏季捕到的沙丁魚就可存放到冬天繼續食用。哥倫布首度出航時，也在船上帶了四百桶的沙丁魚。不過，保存沙丁魚的技術直到一八二四年才出現真正的突破，當時法國南特的喬瑟夫・科林（Joseph Colin）發展出了油浸沙丁魚罐頭的保存法。他以阿佩爾（Nicolas Appert）的加熱滅菌法為基礎，並採取英國人杜蘭德（Peter Durand）以錫罐取代廣口香檳瓶的做法，把沙丁魚浸泡在鹽水中，切除內臟和魚頭，以大火快煎，然後放進裝滿了油的罐子裡，再置入蒸氣烤箱殺菌。直到今日，這套程序製作出來的沙丁魚罐頭品質仍然最好。在不列塔尼的沿海城鎮，工廠裡的女工以靈巧的手指製作出一個接一個的罐頭，外表標示著「Connetable millesime 2007」，意指「當季第一批沙丁魚」。（一般而言，最好不要吃浸泡在醬汁裡的魚，因為就像辣鮪魚捲所添加的辛辣香料，奸商也經常用蕃茄為不夠新鮮的魚肉掩蓋腥味。）

一般經常認為沙丁魚不是單指一種魚，而是泛指海洋表面的各種小魚，只要製成罐頭，就叫「沙丁魚」。罐頭魚類在分類上確實向來充斥著這種混淆不清的問題。沙丁魚屬於鯡科，其中包括三百種群居魚，共同構成海洋中最主要的蛋白質來源之一。根據聯合國訂立並且獲得國際承認的國際食品標準，共有二十一種魚類可以標示為沙丁魚，包括小鯡魚、皮爾徹德魚、黍鯡、鯡魚、油鯡。舉例而言，布朗斯克的沙丁魚罐頭其實是大西洋鯡魚，小鯡魚（學名「*Sprattus sprattus balticus*」）則與黍鯡是同一種魚（黍鯡是挪威人稱呼這種魚的名稱，他們經常把這種魚當成早餐）。在英國人眼中顯得有些可疑的皮爾徹德魚，其實就是比較成熟的沙丁魚；換個角度講，沙丁魚也不過就是比較幼小的皮爾徹德魚。（英國康瓦耳有一道當地特有的餐點，叫做「仰望星空」派，以淺盤烘烤皮爾徹德魚，讓魚頭突出於派皮上，看起來像是一隻隻長了鱗片的八哥。）在美洲的太平洋沿岸，南美擬沙丁魚是最主要的物種，以體側的一排黑點為特色，和歐洲的沙丁魚各自歸於不同屬別，其間的區別就像人類和大猿一樣天差地遠。

早在法國的發明家開始把小魚裝在油漬罐頭裡之前，人類就已經懂得保存小魚，並且賦予各種不同名稱。在杜瓦訥內（Douarnenez）這座位於不列塔尼的城鎮裡，除了當前規模不小的沙丁魚捕撈業之外，考古學家也發現了十六個西元三世紀的石頭容器，用於製作一種以鯷魚和鯖魚發酵而成的魚露，是羅馬帝國常見的調味料。日本人也有自己的發酵魚漿，由魷魚或魚肉以及魚內臟和鹽混合而成，叫做「鹽魚汁」。

此外，無論是越南的魚露、泰國的「南普拉」，還是烏斯特郡醬油或巴敦醬，都必須加入熟成的鯷魚和蝦子，才會有那股不可或缺的鮮味。

我家廚房的櫃子裡有一個魚罐頭，製造商叫做「百萬富翁俱樂部」（Club des Millionaires），一九〇八年創立於蒙特婁。（由於通貨膨脹，他們現在又推出了一套系列產品，叫做億萬富翁俱樂部。）這家公司的名稱摻雜了英文與法文，正足以象徵小魚各種模糊不清的特性。剛剛提到的那種罐頭裡共有十六至二十二條魚，全都捕自蘇格蘭外海，罐頭上的標籤稱之為「小鯡魚之黍鯡沙丁魚」，一舉涵蓋了各式各樣的不同魚類。一旦談到罐頭裡那種種令人眼花撩亂的海洋表層魚類，只要用百萬富翁俱樂部的產品口號「小小魚兒」稱之，對絕大多數的消費者來說大概就夠了。

不過實際上，西歐人知道只有一種小魚才是真正的沙丁魚，就是在西歐沿海那種側腹肥厚而且肉質油潤的魚類，群集洄游可達數十億隻。根據國際食品標準，只有這種學名為「*Sardina pilchardus*」的魚類，才不必在販售的時候加上祕魯或加州的地域名稱。我吃這種魚吃得愈多，愈是認同這項標準。

無論是在葡萄牙海濱的烤肉餐廳吃這種新鮮燒烤的魚，還是買浸滿了橄欖油的魚罐頭，只有這種魚才能單純稱為「沙丁魚」。

甕中捉鱉

在領袖號的甲板上，船長勒陶可沒空講究這種鑽牛角尖的分類問題。他知道自己捕撈的對象就是葡萄牙文稱為「la sardinha」的沙丁魚。

勒陶體型矮胖，膚色黝黑，一頭黑髮隨意後梳。在這個自從一九八〇年代以來就陷入困境的產業當中，他還是存活了下來。我們站在他的鋼殼巾著網漁船上，身在里斯本以北的佩尼席（Peniche）漁港外海幾公里處。在我身後，一尊上了漆的聖母法蒂瑪石膏像掛在牆上，我們的前方與四周則是一片湛藍。船隻就像一個深藍色的小點，滴落在碧藍如黛的大西洋海面上。夏季的水與天都是一色的藍，唯一的例外只有白色的浪花，以及從我們出港以來就跟在船隻後面的數千隻白色海鷗與海鳩。

二十公尺長的領袖號雖是近海漁船，但是按照葡萄牙人的標準，這艘船其實算是相當大了，葡萄牙全國的漁船有百分之九十的長度還不滿十二公尺。自從當初勒陶的祖父駕著脆弱的木製拖網漁船在這片海域捕魚以來，情況已經改變了許多。在一九五〇年代之前，沙丁魚的數量一直非常豐盛，捕撈沙丁魚就像收穫稻穀一樣簡單。由於沙丁魚在夜裡會游到水面，因此當時捕撈沙丁魚都在夜間進行，而且通常是在金星落下地平線之後，據說這種傳統可追溯到舊石器時代。不過，第二次世界大戰結束後，葡萄牙人卻開始在他們的木造漁船上裝設回音測深儀和無線電話。到了一九六四年，大概有四百艘巾著網漁船共同競逐看似捕捉不盡的魚群，而且光在那一年就捕撈了十六萬四千噸的沙丁魚。不久後，漁獲量開始下滑，到了一九八〇年代只剩下半數的漁船還在作業。到了二十世紀末，這個向來不受管制的開放漁場首度面臨了捕撈限額。勒陶告訴我說，現在周末禁止捕魚，一年的捕魚日數不得超過一百八十天，一天也不得捕魚超過十噸。訂立這項限額的不是歐盟，而是葡萄牙生產者同業公會，屬於歐洲眾多漁民自發性組織的其中之一。二〇〇五年，葡萄牙漁民只捕到六萬七千噸沙丁魚，遠遠不及史上最高紀錄的一半。對勒陶來說，他每天的漁獲量從來都不夠，因為他這艘買來才一年的精美漁船還有一百萬歐元的貸款還沒付清，而且船上的十八名船員也都仰賴他支付薪水。

不過，和北大西洋的魚群比較起來，沙丁魚還不算遭到過度捕撈。根據哥本哈根海洋探測國際委員會的估計，葡萄牙沿海產卵沙丁魚的生物質量——亦即所有達到生殖年齡的魚隻總重量——共有三十八萬六千噸，而且未來預計還會增加。但勒陶卻沒那麼樂觀。

「每天都充滿了驚奇，」他說，眼睛盯著聲納。「每天都不一樣。有時候漁獲量不錯，有時候連一條沙丁魚都看不到。」他說最大的問題是柴油，而這樣的抱怨我也在其他海域聽過不只一次了。「今天一公升的價錢已經超過一點五歐元了，貴得可怕。這就是現在漁業最大的問題，無論在葡萄牙還是全世界都一樣，油價太高了。」

我們航經當初葡萄牙獨裁者薩拉查（Salazar）囚禁政治犯的老舊堡壘，接著經過防波堤，看到戴著寬大黑色貝雷帽的老人站在岩石上釣魚。航行了一個小時之後，勒陶才在聲納螢幕上看到一個可能是魚群的紅點，距離港口約二十公尺。巾著網作業隨即展開：勒陶鳴了汽笛，撳動一個開關，於是船尾的一個小艇落入了水裡。兩名打赤膊的船員跳上小艇，啟動馬達，拖著巾著網的一端駛離漁船。領袖號緩緩前進，速度不到一節，勒陶的副手負責掌舵。最後，兩艘船碰頭了，在藍色的海面上留下一道由黃點構成的圓圈。黃點是懸掛巾著網的軟木浮標，漁網底端則有鉛錘，可下沉到一百二十公尺深。（就比例來說，用這麼大的巾著網圍捕沙丁魚，就像是在威尼斯的聖馬可廣場上，用一面比聖馬可鐘樓還高的圍欄捕捉廣場上的鴿子。）船首的液壓絞盤拉起網底，猶如拉繩袋一樣，同時軟木浮標也逐漸拉上甲板，以縮小漁網的圓周。等到漁網的底部完全收攏，軟木浮標包圍的面積也只剩下一個和漁船差不多大的橢圓形，勒陶便示意船員關掉電源。隨著漁網邊緣逐漸拉出水面，漂浮在水面的上百隻海鷗似乎突然間都把頭轉往這個方向。

在漁船上總是會有這麼一個時刻，就連最飽經世故的船長都不免興奮得像是剛拿到耶誕禮物的小男孩，這個時刻就是拉起漁網、龍蝦籠露出水面的時候，或是延繩的第一個釣鉤拉上船的時候。在這個時刻，船長和船員終於可以確認籠子裡的收穫豐不豐富，上鉤的魚多不多，或者是不是有數十萬條的魚在最後一分鐘從漁網邊緣溜走了。我看著勒陶那張沒有笑紋的嚴肅臉龐，在短暫瞬間發現他的嘴角閃過了一絲笑意。這次的成果很不錯：魚網裡滿是活蹦亂跳的銀色小魚。甲板上的船員隨即以手抄網撈起巾著網裡的魚，把漁獲卸到船上，他們臉上的笑容雖然稍縱即逝，卻明顯可見。（工業漁船以大型吸魚管把漁獲吸到貨艙裡，但這種做法容易對魚造成傷害。）船員每次高呼一聲「萬歲！」而把袋狀的抄網朝甲板上一甩，即可看到閃閃發光的魚鱗從空中落下，就像雪花水晶球裡緩緩飄下的亮片。

船上的狗兒興奮地吠叫著，船員則把沙丁魚層層排列在塑膠箱裡，每層之間鋪上一片碎冰。漁網裡竟然沒幾條其他種類的魚，這點令我頗為驚訝。其中只有一個不速之客，一條一點五公尺長的睡鯊，鰓邊流著血，在甲板上掙扎著呼吸最後幾口氣。由於沙丁魚及其他小魚具有成群洄游的習性，因此巾著網漁船可以利用聲納精確追蹤及圍捕獵物，不需要利用誘餌，所以也就可減少意外捕撈到其他魚類的機會。相較於底拖網，甚至是地中海上用於捕捉赤鮋及其他岩魚的刺網，圍捕小魚的巾著網絕對精準得多。此外，就燃料使用而言，巾著網也非常經濟。經濟學家曾經計算過，捕撈沙丁魚及其他沿海魚類，產生的溫室氣體遠少於菠菜的種植和運送。

我問勒陶這次捕到了多少魚。他伸出兩個指頭作為回答——兩噸，算是相當豐富的收穫了。在他祖父的時代，漁民都是夜間出海，至少會布兩次網；現在布一次網是標準做法，而且勒陶也想趕上港口在下午舉行的拍賣會。

領袖號停泊在拍賣會場前方的碼頭上。在像倉庫的長條形建築物裡，身穿便褲與馬球衫的男男女女早已坐在一排排的座位上，這些人都是向餐廳與市場供應魚貨的中盤商。他們盯著拍賣會的數字看板，一箱箱的沙丁魚在他們底下的輸送帶上滑行而過。拍賣早已展開，採取荷蘭式拍賣方法，也就是先訂出最高價，再慢慢往下調降。

拍賣主持人是個年輕人，站在擺了筆電的攤位前，不斷降低價格；競標客手上都拿著一具儀器，看起來像是一九五〇年代的無線電，連塑膠按鍵和天線都一應俱全。
如果沒有人競標，勒陶的漁獲還是可以用最低保證價格賣給工廠製造魚飼料或燃料油。不過，這樣的狀況不太可能發生，因為今天的漁獲品質極佳，正適合拿來燒烤，而且趁著新鮮愈早料理愈好。會場內有人按了手持儀器上的按鍵，於是拍賣價格停在四十九歐元。這是一箱沙丁魚的單價，重量為二十二點五公斤，所以勒陶這批漁獲的售出價等於每公斤二點一七歐元，兩噸共是四千三百五十五歐元。以捕魚半天而言，這樣的收入算是很不錯了。這麼一來，他即可支付船員的薪資、為漁船加滿柴油，並且繳交這個月的船隻貸款。
勒陶和我握了手。他告訴我今天收穫不差。不過，顯然也還沒好到足以讓他臉上的笑容維持不退。剛剛還在海上的時候，我問他對自己這項家族行業的前景有什麼看法。
「二十年前，」他答道：「佩尼席捕沙丁魚的漁船有四十艘，現在只剩下二十艘了。大家都移民國外，到英國、法國、加拿大。海裡還是有沙丁魚，可是這樣的生活實在不輕鬆。」我問他有沒有小孩。「我有兩個孩子，女兒十三歲，兒子十五歲。」
他的兒子會想當漁夫嗎？勒陶睜大了眼睛，似乎連想都不想讓這項家族行業再繼續下去。
「絕對不可能！」他說，同時向聖母像瞥了一眼，眼光中帶有驚恐和祈求的神情。「他書念得很好。」

餵養全世界

世界上的每一座海洋都有一種小魚，不但能夠滋養整個海洋生態體系，也維繫著像勒陶這種近海漁夫的生計。南美西岸，在洪保德海流經過的太平洋海域裡，有一種叫做祕魯鯷魚的小魚，魚身纖細呈銀色，性喜群聚洄游，捕撈量經常多達數十億隻，是全球半數魚飼料的製造原料。北大西洋有藍鱈，這種魚在一個世代之前原本不受重視，現在則受到挪威漁船的捕撈，每年漁獲量達二百六十萬噸。北海則有玉筋魚，這種精瘦的魚類有半生都埋藏在海底的泥巴裡，是海鳥、海豹、鱈魚以及黑線鱈的重要食物來源。

在美國的大西洋岸與墨西哥灣岸，規模最大的漁業乃是捕撈一種很少人聽過的魚類：油鯡，這種魚體型渾圓，以浮游生物為食，沒有牙齒，氣味腥臭難聞。這種魚在英文裡又稱為「mossbunker」、「pogy」、「shadine」，是自然生態與美國歷史上的無名英雄，滋養了黑鮪魚和移民美洲的清教徒。（美洲原住民教導清教徒以油鯡為玉米施肥。）以油鯡製作的油脂可以潤滑工廠機械、充當油燈燃料，也可用於生產肥皂，而在一八七〇年代的美國，這種鯡魚油的產製也取代了鯨油的地位。油鯡因為胃部構造複雜，所以像未成熟的沙丁魚一樣，可以把矽藻和其他浮游植物——包括造成紅潮與死亡海域的藻類——吸收轉化為可食的魚肉。這種魚每分鐘可過濾十五公升的海水，群聚洄游的規模可達五個城市街區那麼大，清理海洋的效率絲毫不遜於切薩皮克灣的牡蠣。

布魯斯．富蘭克林（H. Bruce Franklin）在《海中最重要的魚》（*The Most Important Fish in the Sea*）這本著作裡指出，當今的油鯡漁業已完全遭到一家公司獨占，也就是總部設在休士頓的奧米加蛋白質公司

（Omega Protein，這家公司的前身是成立於一九五三年的薩帕達企業，美國前總統老布希也是創辦人之一）。這種漁業的漁獲量極大，若以噸數計算，維吉尼亞州小鎮里德維爾（Reedville）即可躍居美國第二大漁港。目前油鯡成魚的數量僅是一九六〇年代中期的百分之三十，而且自從一九九三年以來，鱈魚角以北就不曾見過生長成熟的油鯡。即便到了今天，油鯡的捕撈量還是不受限制。富蘭克林認為，奧米加蛋白質公司以偵察機獵捕油鯡，終將徹底摧毀美國歷史最悠久的一種漁業，也是大西洋沿岸生態體系持續崩潰的一大禍首。

小型及中型的海洋表層魚類在漁業文獻中稱為「餌料魚」，因為牠們就像牲畜所吃的乾草和青草一樣，是我們喜歡吃的高級食物鏈動物所賴以維生的食物。在全世界的總漁獲量當中，這種小魚所占的比例高達百分之三十七。有些人認為這種小魚的豐富多產是天意，因為這種群體龐大的魚類似乎就是為了滋養其他生物而存在。不過，牠們的數量雖然非常豐富，卻絕非捕撈不盡。聯合國糧食及農業組織認為世界上各種餌料魚類，無論是祕魯鯷魚還是東非小沙丁魚，幾乎都已開採淨盡，也就是說這些魚類因為遭到大量捕撈，已經不再有能力擴增數量。

歷史上曾有餌料魚類數量衰退而導致生態體系甚至人類經濟隨之崩潰的案例。十五世紀初期，原本繁盛的鯡魚漁業陷入無以為繼的困境，所以歐洲人才會跨越大西洋尋求鱈魚。直到上個世紀中葉，加州的沙丁魚漁業一向是西半球規模最龐大的漁業。一九四五年，也就是史坦貝克出版《罐頭廠街》（*Cannery Row*）這部小說的那一年，共有五千人受雇於蒙特瑞灣，加工處理二十五萬噸的沙丁魚。

「巾著網漁船鳴著汽笛，吃力地航入海灣，」史坦貝克鋪陳著當地的景象。「整條街上擾攘喧鬧，各種低沉尖銳刮磨振動的聲響不絕於耳，漁船上成堆的漁獲傾倒而出，猶如一條條銀色的河流，水裡的船隻也隨之緩緩上浮。」這本小說出版後才不過六年，蒙特瑞灣海濱就陷入了一片沉寂，因為加州全州的沙丁魚捕獲量驟跌至四十五噸，於是罐頭廠街和當地奠基於沙丁魚產業的生活方式也隨之衰頹。

自從加州沙丁魚崩潰的慘禍發生之後，世界各地的海洋生物學家已經解析出了若干影響魚群數量的發展進程及周期循環。每年會有多少小魚以及哪種小魚種類被人類製成罐頭或飼料，就是這些因素影響的結果。由於沙丁魚仰賴浮游生物為食，浮游生物又會隨著氣候狀況增減，所以沙丁魚的數量可能出現劇烈變動，有時候甚至會遷離熟悉的沿岸覓食地達數十年之久。關鍵通常在於沿岸湧升流（coastal upwelling）：離岸風把表層海水吹離陸地，海底充滿營養素的冷水於是湧升到海面，取代原本的溫水。寒冷的水流會帶來氮、磷酸鹽，以及矽藻這種微生藻類，它們會滋養海水表層比較大的浮游植物，這些浮游植物再成為鯷魚、沙丁魚等各種小魚的食物。沿岸湧升流的發生地區包括加州、祕魯以及西非沿海，這些區域雖然只占全球海洋表面積的百分之一，卻是至關緊要的生命綠洲，在全世界的總漁獲量裡占了五分之一。不過，像聖嬰現象這樣的自然變化——亦即祕魯沿海富含營養素的洪保德海流，遭到營養素含量低的溫水取代——卻可能阻斷沿岸湧升流的海水升降循環，導致祕魯鯷魚及其他餌料魚類的魚群崩潰。由此造成的連帶作用可能影響深遠：企鵝與海獅因此無魚可吃、沿岸經濟因此停滯、商品價格也因此飆升。

提姆・懷厄特（Tim Wyatt）是專精浮游生物和小魚的海洋生態學家，任職於西班牙維戈（Vigo）的海洋研究院。他說世界上生產力最豐富的沿岸湧升流地區，現在都備受人為問題所苦。

「有些湧升流區域成為死亡海域，已是眾所周知的現象。而且由於人為優養化的影響，類似的海域也已經開始出現在沿岸海域，例如密西西比三角洲與亞得里亞海的波河。」換句話說，由於氮隨著汙水和農業逕流排入海洋，於是藻類生長愈來愈茂盛，導致面積龐大的死亡海域。「藻類稍微增加當然是好的，因為這樣有助於魚群的成長。」懷厄特解釋道：「不過，沙丁魚和其他魚類吞食浮游植物的自然控制機制最後不免失效，於是沒被吃掉的藻類就會自然死亡，進而腐敗，造成海水缺氧，導致死亡海域擴大。」

這樣的一個死亡海域正出現在納米比亞的大西洋沿海。那裡已成為一片腐臭缺氧的水域，大概只有水母存活得下來，而且面積年年擴大。以前，沙丁魚會過濾水裡過剩的藻類，但過去十年來，歐洲與亞洲漁船每年都在這裡捕撈上千萬噸的小魚。少了原本的天敵，過剩的藻類就逐漸沉到海底，慢慢腐爛，釋放出致命的硫化氫，導致二十億條無鬚鱈因此死亡，而無鬚鱈正是納米比亞人主要的食用魚類。這正是過度捕撈造成意外後果的鮮明案例。

聖嬰現象及其他自然氣候循環可能導致小型的群居魚類數量遽減，持續的過度捕撈則可能讓掙扎著恢復生機的魚群陷入萬劫不復的境地。舉例而言，在一九五〇年代期間，如果不是漁民以超過永續限度三倍的數量大肆捕撈沙丁魚，蒙特瑞灣的罐頭廠街應可撐得過沙丁魚數量自然下降的變化。北海的鯡魚魚群之所以在一九七〇年代崩潰，也是因為捕捉這些魚群的巾著網漁船效率過高，大舉捕撈數十億隻所導致的後果。

葡萄牙漁民長久以來一向和沙丁魚和諧相處，但現在魚群數量增減的循環周期又多了一項影響變數：全球暖化。自從一九七〇年代以來，由於溫度上升，葡萄牙沿岸因此一再有吹拂不停的北風，而加速了沿岸湧升流的現象。然而，水流的快速湧升並沒有為魚兒帶來更多的食物，反倒擾亂了水柱，產生比原本還小的浮游植物細胞。這種細胞因為太小，無法直接供沙丁魚魚苗食用，所以這些幼魚只好改吃數量不算豐富的浮游動物。換句話說，在全球暖化的作用下，原本可為生態體系帶來更多浮游生物的水流湧升現象，卻反倒導致了餌料魚類的衰減。

懷厄特還指出另外一項影響因素，就是夏季的強風推動了海流，導致沙丁魚魚苗被沖得四處分散，於是脫離了魚群的魚隻也就沒有機會長大成熟。自然循環雖然也是影響因素之一，但伊比利半島沿海的沙丁魚捕獲量之所以跌到歷史新低，主要還是全球暖化和捕魚活動共同造成的結果，而這也正是葡萄牙必須從俄羅斯進口沙丁魚以彌補自身漁獲量不足的原因。

所幸，在我逐漸學會享用食物鏈底層生物的時候，歐洲的沙丁魚距離瀕臨絕種的地步還很遠。不過，證據顯示牠們已開始往北遷徙。隨著海洋水溫升高，近來甚至遠至蘇格蘭都可見到鯷魚和沙丁魚的蹤跡。這對勒陶船長來說絕對是壞消息，因為他的巾著網漁船並不適合遠洋航行。不過，對英國來說應該是好消息，根據估計，光是康瓦耳沿海就有六十萬噸的沙丁魚成魚，而且當地漁船幾乎都還沒有捕撈過。

可惜英國人對味道平淡又容易長蟲的鱈魚如此著迷。他們要是能夠愛上皮爾徹德魚，那麼北大西洋的魚群說不定還有希望恢復生機。

小魚的迷人風味

一輪橙色的圓月低掛在天空上，五、六艘木製拖網漁船排列在老港口的淺水裡，距離我的餐桌大概是漁網抛擲可到的距離。我正打算好好慶祝這一天的捕魚成果，坐下來享用一盤烤沙丁魚。

看海餐廳（Restaurante Mira Mar）的菜單是葡萄牙海濱餐廳非常傳統的菜單，看得到許多食物鏈底層的魚類，包括藍鱈、烤魷魚以及竹莢魚。（老天，菜單上也有劍旗魚和鮭魚，他們用的絕對是養殖鮭魚。）葡萄牙料理講究新鮮簡單，附餐沙拉通常就是生的洋蔥、番茄和萵苣，醬料則是桌上塑膠瓶裝的橄欖油和醋。馬鈴薯只有去皮煮熟這種烹調方法。主餐通常會附上軟餐包、黑橄欖、沙丁魚醬、一塊淡味乳酪，以及奶油，但是只要沒吃就不必算錢。

我的沙丁魚一點都不小。葡萄牙的沙丁魚向以肥美多肉聞名，我盤子裡最小的一條也有二十公分長。現在，我對切小魚已經很熟練了。我先用刀子把第一條魚的頭尾切掉，剖開肚子，攤開魚肉，把這條沙丁魚變成一個對稱圖案，然後把脊骨挑了起來。我把叉子戳進厚實的魚肉裡，帶著油脂的汁液隨即從表皮滲了出來。表皮上沒有烤焦的部位，仍可見到斑斕的色彩；白色的魚肉質地密實，帶著鹹味，咀嚼起來是滿口豐富的蛋白質，而且是最符合健康需求的蛋白質。沙丁魚不但飽和脂肪、水銀、戴奧辛含量皆低，而且還充滿了必需脂肪酸。

沙丁魚為什麼這麼好吃？原來海魚的魚肉特別富含胺基酸。胺基酸是構成蛋白質的基本單位，約半數皆屬於人體必需，因為人體無法自行合成這些胺基酸。在魚類細胞裡，胺基酸也負責抵消海水的滲透壓。海水的重量當中雖然只有百分之三是鹽，動物細胞卻只有百分之一是溶解的礦物質。為了彌補這樣的差異，海洋生物必須特別富含胺基酸。（水愈鹹，魚就愈需要這種美味的物質，這就是為什麼鱒魚及其他淡水魚的魚肉比較平淡無味，而來自地中海這種鹹水海洋的魚則口味鮮明。）

甘胺酸是一種特別美味的胺基酸，龍蝦及其他甲殼類動物肉裡的甜味就是由甘胺酸來的。接著還有麩胺酸，這是一種快速的興奮性神經傳導物質，有助於思考與記憶，也為人類的舌頭帶來了味覺。麩胺酸也是構成鮮味的關鍵要素，鮮味與甜、鹹、苦、酸同屬我們的五種基本味覺。大多數人都嚐過麩胺酸鈉的純粹鮮味，這是一名日本科學家最早在一九〇七年從巨藻高湯裡提煉出來的物質——麩胺酸鈉即是味精，食用後可能引起身體不適的副作用，英文稱之為「中國餐館症候群」。（味噌湯、伊比利火腿、帕馬森乾酪及鹽醃鯷魚都含有麩胺酸。）麩胺酸鈉因為容易引起頭痛而聲名狼藉，因此現在都改以「水解植物蛋白」之名偷偷摻在加工食品裡。不過，富含麩胺酸的海魚確實比禽畜肉美味得多，一片沙丁魚排所含有的胺基酸，可達一塊牛排的十倍。

當然，魚也可能充滿腥味，尤其是不新鮮的魚。造成這種氣味的元素是三甲胺。酶一旦與腐敗魚肉裡的脂肪發生作用，就會產生三甲胺，從而散發出這種有如口臭或若干婦科感染疾病的味道。

簡而言之，我盤子裡的沙丁魚之所以如此美味，原因是牠們棲息在相對潔淨而且鹹度極高的大西洋裡，意思就是說牠們的細胞為了和周遭的高鹹度環境取得平衡，必然充滿了麩胺酸及其他胺基酸。（此外，魚兒體內還有另一種叫做肌苷酸的美味物質，含量會在魚隻死後達到最高峰。由於我吃的沙丁魚是現捕的，所以其體內的肌苷酸更促使魚肉的鮮味特別強烈。）

坦白說，在我吃到第六條魚的時候，我早就把這些化學知識拋到九霄雲外了。我滿心只是盤算著是否該再點一盤，乾脆吃上整整一打沙丁魚。而且，順便再來半瓶青葡萄酒。這種滿是氣泡的白酒一旦入喉，即可將葡萄牙的那種沉鬱氛圍一掃而空，極易令人上癮。

我也逐漸發現，享用食物鏈底層的生物其實別有一番好處。所以，把沙丁魚這類美味的小魚製作成肥料、睫毛膏、雞飼料，可以說是我們這個時代各種違反自然的罪行中，比較不易為人察覺、卻又後果極為嚴重的一項。

現實世界的黃扁豆

一九七三年，好萊塢推出了一部頗為蹩腳的科幻電影，片名叫《超世紀諜殺案》（*Soylent Green*）。在這部反烏托邦的電影裡，地球暖化已造成全年不斷的熱浪，大多數動物都已滅絕，紐約的四千萬人口只能靠著配給的「黃扁豆」為食。黃扁豆是一種合成食品，官方宣稱是採集海洋裡的蛋白質所製成的產品。片尾，演技僵硬的卻爾登．希斯頓在持槍警衛的追逐下奔跑穿越一座龐大的工廠，發現了令他極度驚恐的真相。原來政府把過剩的市民施以安樂死，再把屍體碾碎製成價格低廉的蛋白質提供民眾食用。在一座人滿為患的教堂裡，垂死的主角一面流著血，一面嚎叫出一句老掉牙的科幻片台詞：「黃扁豆……就是……人！」

曾經有人嘗試製作合法的黃扁豆。在充滿樂觀心態的一九六〇年代，聯合國的技術官僚大談「開墾全球的海洋」，美國國會則授權國家海洋漁業局製造一種神奇食品，該局稱之為「魚蛋白濃縮物」。他們希望能以這種用小型海魚絞碎製成的補充食品，為十億以上的人口補充營養上的不足，而且一磅的成本不到一美分。華盛頓州亞伯丁為此成立了一所工廠，在一九六六年開始生產，並以智利為第一個目標市場。結果，由於食品藥物管理署設下許多條件（其中一項規定要求廠方使用無鬚鱈這種高級食物鏈魚類，且不得使用價格低廉的油鯡和鯡魚）整個計畫因此喪失了經濟效益，工廠也在六年後即告關閉。

魚蛋白濃縮物沒有真正廣為生產，也許是件好事。這種食品的發明人士原本打算利用世界上一大蛋白質來源：南美西岸沿海的祕魯鯷魚。一九七〇年，祕魯鯷魚的捕撈量已達一千七百萬噸（就重量而言，占了全球漁獲量的四分之一），三年後，也就是魚蛋白濃縮物工廠宣告關閉以及《超世紀諜殺案》上映的那一年，祕魯鯷魚的漁場卻因聖嬰現象與過度捕撈的雙重因素而突然崩潰。如此一來，美洲農民頓失一種富含蛋白質的牲畜飼料，於是穀價隨之上漲，導致一九七〇年代中期的惡性通貨膨脹。

祕魯鯷魚後來恢復了健全的魚群，祕魯為數龐大的漁船每年只花三個月捕撈這種酷似沙丁魚的魚類——如遇豐年，漁獲量可達六百萬噸。在全盛時期，祕魯的工廠一小時可加工七千五百噸的祕魯鯷魚，因此這種魚類的漁獲幾乎全都成了工業製品，而到不了當地人的餐桌上。

吃過祕魯鯷魚的人，都說這種魚相當好吃。二〇〇六年，在祕魯一位海洋哺乳動物專家的遊說下，該國三十名大廚利用祕魯鯷魚料理了一場餐宴的所有菜餚。漁業科學家保利回憶了他參加這場宴會的情況。

「那頓美味的大餐，」這位英屬哥倫比亞大學漁業中心主任表示：「有祕魯鯷魚天婦羅、醃祕魯鯷魚排、一道『無名湯』，還有其他各式各樣鮮美的菜餚。吃過了那餐之後，我可以保證，祕魯鯷魚真的很好吃，而且還含有豐富的奧米加三脂肪酸呢！」

可惜的是，這種小型至中型的海洋表層魚類，只有極少數上得了我們的餐桌。成魚長度可達四十公分的藍鱈，傳統上皆由俄羅斯、波羅的海以及冰島等地的廚師以清蒸或水煮的方式烹調；不過，在北歐漁船捕撈的藍鱈中，也仍有數百萬噸是用於製作魚飼料。濾食性的油鯡傳統上頗受新英格蘭人的喜愛，魚肉烤過之後和馬鈴薯混合，即可製成美味的可樂餅；然而，奧米加蛋白質公司卻把美國東岸捕得的油鯡全部變成了肥料、雞飼料，以及奧米加三脂肪酸補充食品。至於鯡魚，常見的料理方式有醃漬、燻製、和馬鈴薯一起烹調、用鍋子燉煮、製成醋漬鯡魚捲、烘烤，甚至製成醃魚；但北海魚群在一九七〇年代被捕撈到崩潰的地步，主要卻是為了滿足豬飼料的生產需求。現在雖然有許多國家禁止把沙丁魚這一類的魚拿來從事工業用途，南美的祕魯鯷魚漁船卻仍然藉混獲之名捕撈竹莢魚（日本人的最愛）和幼小的皮爾徹德魚，再賣給製作魚飼料和魚油的廠商。

換句話說，這些美味的小魚大多數都不會出現在我們的餐桌上。祕魯鯷魚的總漁獲量當中，只有千分之三是供人類直接食用，其他全都用於飼養動物——無論是豬還是鮭魚——以及製作肥料、化妝品、人造奶油、油漆，或者油地氈。另一方面，隨著這種基本物種遭到超乎永續標準的速度捕撈，南美洲沿海的生態體系也因此出現了崩潰的現象。此外，根據聯合國的報告，祕魯國內有四分之一的兒童營養不良，因此把可供人類食用的魚類製作成飼料，不但是侵害自然界，也是危害人類。

至於沙丁魚，自從《罐頭廠街》的那個時代以來，北美西岸的魚群已經恢復了原本的豐足（但太平洋另一端的亞洲沿海卻出現了魚群崩潰的現象）。不過，太平洋的沙丁魚也很少成為我們桌上的餐點，絕大多數都是冷凍成塊，送到日本，當成延繩釣漁船的餌。

「所謂鯖魚、沙丁魚及鯷魚不適合人類食用，其實是養殖漁業製造的假象，」保利對我說：「有人會說：『哎呀，美國人就是不喜歡吃鯷魚或沙丁魚嘛。』可是你相信我，世界上絕對有其他人願意吃這些魚！把好好的魚拿去餵食養殖的鮭魚和鮪魚，這種浪費的做法實在一點道理都沒有。這些魚可以為人類提供大量的蛋白質，我們卻白白浪費，把牠們當成魚粉的製作原料。」

不只是魚粉，在最極端的案例裡，甚至還是燃料油的製作原料。二〇〇五年，經過多年的過度捕撈，丹麥的工業漁船終於把原本數量多達三千億的玉筋魚群逼到崩潰邊緣。這種長相猶如鰻魚、大半生都埋藏在海底的玉筋魚，漁獲全都賣到一家提煉廠，而這家提煉廠則把多餘的魚油轉賣給發電廠。

換句話說，他們竟把可以吃的魚拿去燃燒發電——在這個飢荒頻傳的世界裡，這麼做大概就像是用牛肉做的煤磚烤漢堡一樣。

用料縮水的魚羹

歐洲人食用小型魚類的文化傳統雖然令人贊同，但歐盟長久以來的漁業政策，尤其是在非洲海域的漁業政策，卻讓人深感鄙夷。

一個鮮明的案例，就是「切補珍」（thieboudienne）這道菜餚的下場。切補珍是塞內加爾的國民菜餚，由鮮魚和魚乾還有樹薯與南瓜等蔬菜燉煮而成，通常配飯吃。傳統上，這道菜的主要材料是石斑，這種大型礁魚過去在西非沿海數量非常豐富。

不過，歐洲數十年來卻都向非洲國家租賃其沿海的捕魚權，簽訂所謂的「第三方漁業協定」。大陸棚上的水流湧升區是海洋生物最豐富的區域，而窮凶極惡的工業拖網漁船也就把這裡的魚類捕撈一空。愛爾蘭的「大西洋曙光號」是全世界最大的漁船（長一百四十五公尺，船員多達一百名，規模和驅逐艦不相上下），在塞內加爾與茅利塔尼亞沿海作業，曾經一天就撈起四百噸的竹莢魚和沙丁魚等小魚，是我在領袖號上看到的漁獲量乘以兩百倍。

在第三方漁業協定的准許下，這樣的大屠殺雖可讓少數短視近利的政客分得油水，對當地的漁民卻毫無益處。傳統上，西非人飲食中的蛋白質有百分之五十都來自魚類，但在過去三十年來，歐洲漁船的過度捕撈已導致蝦子、魷魚以及無鬚鱈的數量銳減一半，鋸鮫更是已在當地絕跡。石斑數量也已遽減，以致塞內加爾人只好用沙丁魚煮切補珍。不過，西非的政客為了保護大西洋曙光號這類大型漁船的利益（這艘漁船的建造成本不但耗費了九千五百萬美元的現金，還加上歐盟的補助），近來還禁止當地的沙丁魚漁民出海作業，託稱是因為沿海魚群數量衰減。因此現在的塞內加爾廚師如果要料理切補珍這道國民菜餚，主要材料竟必須從歐洲進口，不但價格是過去市場魚販的數倍之高，而且還是罐頭魚肉。

不過，這還是假設他們買得到沙丁魚罐頭。西非沿海的沙丁魚漁獲，現在都是賣到澳洲的黑鮪魚飼養場。由於人類執著於食用食物鏈中的高級魚類，以致原本該用於餵養窮國人民的蛋白質，卻都變成了黑鮪魚生魚片，出現在洛杉磯與東京的壽司吧裡。

回到未來

「小而美」這句話不但適用在魚類身上，也適用於漁業。我搭乘過的那些近海漁船，無論是在新斯科細亞省捕捉龍蝦，在馬賽附近覓捕岩魚，或是在葡萄牙捕撈沙丁魚，其美妙之處就在於能夠為主人維持生計，又不至於耗竭海洋的資源。如果龍蝦、赤鮋或沙丁魚的數量開始衰減，這些漁船的船長即可改變自己的工作方向，或是換個漁具改抓其他生物（或者像切薩皮克灣原本以拖撈牡蠣為生的韋德．墨菲船長一樣，改為追逐另一種完全不同的獵物：觀光客）。

二〇〇一年，一項針對挪威捕魚產業所做的研究發現，該國的一萬三千艘小型漁船雖然漁獲量還不到三百艘大型工業漁船的一半，但小船的漁獲價值卻比較高，主要是因為小船捕撈的都是一般人願意花多一點錢吃的魚，而大船的漁獲主要都用於製作魚飼料和燃料油。此外，小型漁船為漁民帶來的工作機會也將近大船的六倍。小漁民雖然買不起豪宅，卻也不至於耗竭有限的資源。相對之下，大型漁船在魚群豐盛的時候確實為少數人帶來了大筆財富，但魚群數量或魚貨價格一旦崩潰，就需要政府紓困才能度過難關。

在歐洲國家當中，葡萄牙可能是最接近小而美這個理想的國家。該國的總漁獲量有百分之四十是沙丁魚，而且百分之九十九都是直接端上餐桌，而不是賣到提煉廠或成了飼料。當然，對於海洋目前遭遇的問題，葡萄牙也不是沒有責任。由於該國輸入大量的鱈魚，所以是造成北大西洋漁場崩潰的一大共犯，而且加拿大海岸防衛隊在大瀨外海也經常抓到盜捕鱈魚、鰈魚以及馬舌鰈的葡國漁船。但儘管如此，葡萄牙畢竟不像其他歐洲國家那麼貪得無饜，而且原因很簡單：

因為該國的漁船太小，不足以造成那麼嚴重的傷害。

日常生活中僅存的冒險家

結果，我的小魚饕餮之旅卻是結束於孔卡諾（Concarneau）這個法國西岸的漁港。不列塔尼曾一度擁有全世界規模最大的罐頭製造工業。一八七九年，當地的罐頭工廠多達一百六十家，每年生產八千兩百萬個沙丁魚罐頭。短短二十年後，沙丁魚卻不再游經法國沿海，而是直接到外海覓食，超出小型沿岸漁船的捕撈範圍。兩千艘近海漁船因此無魚可撈，不列塔尼的經濟也因此陷入混亂。在那場危機當中，杜瓦訥內（Douarnenez）成了法國第一個選出共產黨市長的城市（該市的港口至今仍以其紅色船帆著名）。往後幾年，沙丁魚市場便由西班牙與葡萄牙接手，後來又由阿爾及利亞與摩洛哥取而代之，不列塔尼的罐頭製造業自此之後即不曾恢復元氣。

在當初的全盛時期，孔卡諾堪稱是法國的罐頭廠街，碼頭周圍有三十座工廠，身穿白色工作服的女工把煮熟的沙丁魚裝進油漬罐頭裡（這種保存技術在海鮮界裡稱為「古法」〔al'ancienne〕）。孔卡諾現在仍是法國第四大漁港，居民的生活都依循著潮汐的節律。不過，其中由城牆包圍的舊城區，在貝殼形狀的港口裡猶如一顆皺癟的珍珠，現在吸引的遊客多於水手。因此，在碩果僅存的一家罐頭廠前，停車場裡滿是觀光巴士。

在一個夏日傍晚，當時我的歐洲之行已接近尾聲，我看著五、六艘沙丁魚漁船把貨倉裡的漁獲舀到孔卡諾批發拍賣場門前的桶子裡。這些近海漁船是這個曾經盛極一時的產業目前僅存的從業者。現在，這些漁船的漁獲量，都比不上從孔卡諾出港到西班牙、亞速爾乃至馬達加斯加捕撈長鰭鮪魚的遠洋漁船了。帶我走訪港口的導遊是賽門．亞藍，他爸爸是漁夫，自己則是在孔卡諾的工業拖網漁船上擔任了好幾年的廚師。他一面帶著我穿越港口，一面講述著當地的歷史，而同樣的歷史其實也可見於歐洲各地。由他的言談中，可以發現他堪稱是漁業哲學家。

「直到一九三〇年代，」亞藍說：「孔卡諾都還有兩千艘漁船，大多數都是在港口入口處捕沙丁魚。當時的漁民都不識字，都來自務農的家庭。那時魚很多，但錢不多。在那個時代，捕魚只能勉強餬口。從三〇年代到八〇年代，捕魚成了暴利的行業，所以大家都搖身一變成了漁民。在七〇年代，漁民只花兩周就可以賺得比大公司的執行長還多。從九〇年代以來，我們卻必須愈來愈往遠洋發展，拖網也得愈往海底深處撈，才能捕得到同樣數量的魚。那是捕魚面臨危機的時代，到今天也還沒結束。現在還是有漁船，但我們報廢了許多船隻以減少捕撈量；儘管還是有漁民，但有太多人都根本沒得上工。」

我們爬上一道階梯，踏上一艘大型鮪魚漁船的甲板。「孔卡諾面對的這場危機有很多原因，」亞藍說：「由於市場全球化，所以沙丁魚可能從祕魯進口，鮪魚從菲律賓進口，而且價格遠低於本地的魚貨。此外，養殖魚類的低價也拉低了野生魚類的價錢。其他國家的漁民，尤其是西班牙漁民，都願意在惡劣的工作環境下，以長達一整個月的出海時間換取不到四千歐元的報酬。然後，還有燃料價格的問題。」

我們走到了空間狹窄的船艙裡。「像這樣的一艘船，一小時就得消耗一百八十公升的柴油，」亞藍一面說，一面帶著我走過船上那具上千馬力的引擎。「捕一公斤的魚至少需要兩公升的油，以現在油價一公升零點五歐元來看，實在是不太划算。況且，就算沒有人願意承認，魚類資源確實也是愈來愈稀少了。把這些因素加在一起，自然就造成了社會危機。」這大概也是為什麼亞藍現在改行從事旅遊業，而不到大海上追逐財富。

亞藍深愛自己從小就生長在其中的捕魚生活——他父親十二歲就在漁船上擔任助手——但他同時也對當前的漁業走向深感厭惡，因為人類的短視與貪婪，竟然摧毀了魚類這種具有自我更生能力的資源。「漁夫是獵人，」他說：「有些人甚至會說他們是掠食動物。我還會說他們是霸主，可能也是日常生活中僅存的冒險家。他們屬於狩獵經濟的一員，而且這種經濟活動可以追溯到幾千年前。只不過，三千年前沒有回音測深儀和全球定位系統。在這些先進科技的輔助下，魚兒顯然很難活命。漁夫和農夫的不同之處就在於水裡的魚完全不是由漁夫播種而來，漁夫不必花心思培植自己捕捉的對象。我常說漁夫患有我所謂的樂透心態症候群，永遠盼著自己下一次布網能夠撈到大獎。」

我們回到甲板上，亞藍指向停泊在拍賣場碼頭的一艘小拖網漁船。「你有沒有看到那艘破破舊舊的小船？前幾天，那艘船從愛爾蘭捕了一整船的大西洋裸頰鯛回來。那是一種深海魚，可以活到四十歲。就因為這樣，他們不過出海兩周，就賺到了二十一萬三千歐元。漁民總是到處闖蕩，只盼碰上發財的機會，結果根本沒注意到自己的人生就這麼過了。漁夫生下了女兒，然後等他意識過來的時候，女兒已經要出嫁了；他只能喃喃自語：『時間怎麼過得這麼快！』漁夫的家在船上，不是在陸地上的屋子裡。」

我提出了我的疑問：既然有這麼多問題，歐洲為什麼還是繼續補貼漁民建造像我們腳下的這種大漁船？

在亞藍眼中，答案其實很簡單。半個世紀的漁業暴利雖然導致歐洲各國耗竭了沿海的魚類資源，但非洲沿海還是有不少魚可捕。

我們腳下的這艘鋼殼巨獸是一艘全新的尾式拖網船，長八十五公尺，由歐盟補助建造而成。隔天，這艘船就將載著三十名船員出海一百天，到西非與巴西之間的海洋上捕撈長鰭鮪魚。

「漁民就是獵人，」亞藍又強調了一次。「他們還可以再有幾年的狩獵時光，但前提是——如果還沒有太遲的話——他們必須實踐你們美洲大陸上一個印地安老酋長說過的話：『這個世界不但是我們從祖先手上承繼而來，也是向後代子孫借來的。』不過，我也喜歡再加上一句我們不列塔尼人常說的話：

『Il ne faut pas tuer la vache avec le veau』。」

這句話的意思就是：「別宰了懷有小牛的母牛。」

小魚大啟示

有時候，小東西也會給人大啟示。

我在不列塔尼當地的一家超市買了一罐橄欖油沙丁魚罐頭，雖然價格比我平常買的罐頭貴了一點，但我沒多想，就直接買下來塞進了背包裡。

不過，這可不是一般市面上的小小魚兒沙丁魚罐頭。根據罐頭上的標示，這可是「巾著網捕撈的沙丁魚」，而且在捕撈後不到十六小時就由杜瓦訥內一個名為「攀納克角」（La Pointe de Penmarc'h）的漁民合作社製作成罐頭。不列塔尼有不少這種合作社，都會幫助社員加工處理以及行銷他們的漁獲。他們不會盲目遵循歐盟遠在布魯塞爾的總部所訂定的規範，而會自行訂定若干漁場的開放與封閉日期。

結果，我手上的沙丁魚原來是由大靈號漁船捕獲，並且在二〇〇五年十月七日卸載於勒基維奈克市（Le Guilvenic）的港口。我之所以知道，原因是罐頭頂端的拉環旁邊印著這些資訊。上網搜尋一番之後，可知大靈號是一艘木製的小型巾著網漁船，配備一百四十八匹馬力的馬達，船身上漆著醒目的藍色與紅色——換句話說，是艘近海漁船。我又搜尋了一會兒，來到海洋探測國際委員會的網站，其中指出不列塔尼南岸沿海的沙丁魚漁業目前合乎永續標準，所以，手上的這罐沙丁魚可以讓我安心享用。

這個罐頭點醒了我。一旦能夠知道魚貨的來源與生產方式，而且從漁船船名或養殖場名稱都一應俱全，道德飲食的追求者即可握有更大的力量。這麼一來，只要看到哪些海鮮來自過度捕撈的海域，或是來自聲名狼藉的養殖場，我就可以把這些食品排除在我的飲食之外。我不禁認為，強制企業註明這類資訊，應該極有助於解決大規模海鮮產業裡的問題。

當然，對法國人而言，這類資訊也攸關美食鑑賞。法國有些海鮮愛好者把品質良好的罐裝沙丁魚視同高級紅酒，而且法國還有個人數不多但相當狂熱的沙丁魚罐收藏次文化。直至今日，巴黎有些餐廳還是以傳統的方式供應沙丁魚：把底部打開了的罐頭放在中央有個長方形凹槽的特製盤子裡，讓顧客可以先好好欣賞罐頭上的標籤。他們甚至認為沙丁魚罐頭愈陳愈香，可保存達七年之久。行家建議仿照保存香檳的做法，每幾個月把罐頭翻轉一次，好讓油漬滲進魚肉裡。

我把那罐杜瓦訥內沙丁魚擺在櫃子裡放置了幾個月，然後選了一天，把無骨的魚肉從罐頭裡叉了起來，還把幾滴帶有香草氣味的橄欖油滴在一片厚片吐司上。我用叉尖把柔軟的魚肉壓進一小塊淡鹹味的不列塔尼牛油裡，然後把這團濃郁的抹醬塗在還帶有微溫的吐司上。咬下一口，我差點飛上了天：我口裡滿是麩胺酸和其他美味的游離胺基酸，伴隨著豐富的奧米加三脂肪酸，而且幾乎毫無環境汙染。就這麼一口，以「古法」製作的沙丁魚罐頭隨即成了我最喜愛的宵夜點心。

我已經無法回頭了。先前走訪歐洲，我已經愛上了西西里刺山柑、希臘的醃漬橄欖，還有義大利普利亞的蕃茄乾——全都是小巧卻又令人難忘的美味。現在，我知道魚也是這樣。關於吃海鮮，我已學到了最重要的一課：

少肯定是多。

CHAPTER 6

危害千里

印度｜咖哩蝦

坎亞庫瑪利（Kanyakumari）位於印度本土的最南端，水手稱之為科摩林角，在印度酷似鑽石形狀的國土當中，正是底部的尖端，也是印度洋、阿拉伯海與孟加拉灣的交會處。在赤道豔陽的照射下，這裡的海面猶如億萬片閃閃發光的青藍色碎片。在洋流的影響下，坎亞庫瑪利的海灘可能染成紅色、黃色或黑色，有時候三種顏色甚至會同時出現。當地的紀念品攤販賣著一包包三色海沙，對遊客號稱那些沙粒遠自馬來西亞、葉門以及緬甸的海岸沖刷而來。在這個國家裡，城市被視為能量中樞，河流也被奉為神祇，陸地的盡頭必然充滿象徵意義，而坎亞庫瑪利也沒有讓人失望。在距離海角幾百公尺的地方，你可以參觀一座現代主義風格的寺廟——當初甘地的骨灰撒入海裡之前，曾在這裡停留過——也可以搭上渡船，到離岸不遠處參觀坦米爾聖人暨詩人提魯瓦魯瓦（Tiruvalluvar）的巨大雕像；要不然，你也可以帶著一罐翠鳥啤酒坐在沙灘椅上，日後即可向人誇稱自己看過夕陽落在三座海洋的交界處。

二〇〇四年耶誕節後的第二天，坎亞庫瑪利每家旅店都住滿了觀光客與朝聖人士。就在這時候，兩片地殼的撞擊終結了一場長達數千年的鬥爭。印度板塊敗下陣來，突然滑入緬甸板塊底下，把印度洋的海床抬升了九公尺，撼動無數的岩石。這場四十年來全球規模最大的地震，威力相當於兩萬三千顆廣島原子彈，結果地球的軸心至少振動了一公分，其他地區也因此引發地震，甚至遠達阿拉斯加。這場地震的震央位於蘇門答臘西岸外海，海浪隨即以噴射客機的速度向外擴散。結果，印度洋海嘯改變了印尼的海岸線，暫時淹沒了馬爾地夫群島中的不少小島，在泰國許多海灘造成高達三層樓的巨浪，許多屍體垂掛在棕櫚樹頂。

在維偉卡南達紀念館，一群觀光客一早就來欣賞日出，日出後則等著搭渡船橫越幾百公尺的水面返回坎亞庫瑪利。上午九點四十五分，第一波海嘯倏然襲到，猶如一道水牆。巨浪打上提魯瓦魯瓦雕像的基座，天空彷彿被一道白色的水幕遮蔽，噴濺而起的水沫高達三十公尺，與雕像的肩膀同高，並且把渡船甩到碼頭上，像是浴缸裡的玩具船一般。

那天在維偉卡南達紀念館的那群觀光客相當幸運，海浪雖然沖上了他們的腳，卻沒有淹沒他們站立處的那座高臺。儘管如此，在十個小時後前來救援他們的印度空軍直昇機還是無法降落。那天下午，坎亞庫瑪利的漁民冒著驚濤駭浪駕著小船結隊出海，救回了困在島上的觀光客。他們總共救了一千三百人，但他們的濱海小屋卻也大多都已毀於海嘯之下。

同樣的現象可見於印度沿岸各地，以及遭到印度洋海嘯波及的十三個亞洲國家。第一波海嘯就造成了數以千計的海濱漁民喪生，接著又有許多人死於後續數星期間爆發的疾病，不然就是因為家園和漁船漁網都毀於巨浪的威力下，而陷入貧窮困頓的境地。在這場海嘯中，首當其衝的地區是印度東岸的坦米爾那督邦，也就是坎亞庫瑪利的所在地。

寇提帕度（Kottilpadu）是坎亞庫瑪利受創最嚴重的一座村莊，在海嘯過後一年仍未完全從災難中復原。這裡原本可看到許多土磚蓋成的房屋，從漲潮線一路延伸到濱海道路後方的棕櫚樹下。海嘯來襲之際，許多人都緊抓著樹木以免被沖到內陸，而海水退潮的時候，許多母親也只能眼睜睜地看著自己的孩子從懷裡被水沖走，消失在茫茫大海當中。

即便到現在，寇提帕度的許多房屋仍然只剩下積著雨水的地基，東倒西歪的棕櫚樹叢裡，也四處可見一堆堆的磚塊。海灘上，居民仍然住在簡陋的臨時住宅裡。其中一間以金屬浪板搭成的小屋，牆上印著「一八四號」的字樣。屋簷下，一群身穿紗麗的婦女坐在沙地上，以簡易的英語憶述著那場災難。

「海嘯很大，」其中一人說，手指著海浪深入陸地上的距離。「水進來七百公尺，兩分鐘沖進來，一分鐘退回去。」

接著，她們一一列舉傷亡的慘況。「四個寶寶完蛋，」一名骨架寬大的婦女滿臉無奈地對我說：「完蛋、死掉了！」

一個身穿綠色紗麗的婦女說：「七個寶寶不見了，一個媽媽死了。」

她們繼續細數著災難中的悲劇——兩個兄弟不見了，一個女兒消失了，媽媽、爸爸完蛋了。當然，她們說的都是自己的孩子、自己的父母。單在寇提帕度，就有四百八十座房屋遭到摧毀，一百八十九人死亡，其中大多數都是兒童。這附近有一座在災難發生後挖掘的集體墳塚，當時屍體多得必須堆疊在一起。

岸邊，一面圍網上頭繫著塑膠浮標，二十幾名男子正奮力要把這面網子拖上岸。他們身穿傳統布衣，下襬拉了起來，露出因為用力而肌肉糾結的小腿。在當地的救援人員眼中，這種回歸討海生活的現象是令人欣喜的發展。海嘯發生後整整兩個月，儘管有些漁船沒有遭到損毀，當地漁民卻因為心理上的創傷而無法重拾捕魚的工作。不過，隨著木筏漸漸由各方捐贈的玻璃纖維漁船所取代，寇提帕度的漁民也逐漸回到了這片熱帶海洋交會的海上。

印度洋海嘯是人類史上破壞力最強的一場海嘯，不但打亂了航線、改變了海岸線、沉在水裡的古老寺廟因此露出水面，並且造成三十萬人死亡。然而，和過去二十年來在亞洲海岸與溪流緩慢進展的一項災害比較起來，印度洋海嘯卻可說只是一件小事。這項災害在西方幾乎無人注意，又因貿易組織、授信銀行以及渴求外匯的政客私相授受而更為惡化。他們標舉廉價蛋白質與吃到飽餐廳的名義，摧毀了數千萬濱海村民的生活與生計，而這些民眾正是許多社會裡最弱勢也最沒有發聲地位的族群。

這項災害的罪魁禍首不是海底下變動的地殼板塊，而是一種身上帶有條紋圖案、會倒著游水的甲殼類動物。這種動物棲息在渾濁的池塘裡，料理方式通常是裹上麵包粉油炸，沾雞尾酒醬食用，或是放上烤架烤來吃。

開採粉金

時序進入二十一世紀之後不久，蝦子就超越罐裝鮪魚成為美國最受歡迎的海鮮。由於價格降至史上新低，美國人在二〇〇六年的每人平均食用量已達兩公斤——總計每年六百萬噸。蝦子在某些超市的售價低達一磅四點九九美元，在沃爾瑪百貨可買到一袋十磅重的冷凍蝦，即便是牛奶皇后和國際煎餅屋這類看來不像會供應海鮮餐點的連鎖餐廳，菜單上也是一年四季都看得到蝦子的蹤影。單是達頓（Darden）這個連鎖餐廳集團，一年採購的進口蝦就多達兩萬噸，而且常常推出吃到飽的蝦子特餐，價錢低到只要十四點九九美元。（達頓旗下的紅龍蝦餐廳共有六百八十家分店，目前在北美洲是海鮮最大的單一終端採購者。）

這股吃蝦熱潮是全球性的現象。東京的麥當勞推出炸蝦堡，以蝦子做成如同漢堡肉一樣的炸肉餅。倫敦的壽司連鎖餐廳「喲！」（Yo !）力推脆蝦鱷梨捲，馬莎百貨則在各大火車站販售外帶的全麥吐司夾蝦肉美乃滋三明治。[12]

過去二十五年來，冷凍蝦也是商品市場上的交易標的，一如原油、豬腩與合板。以前蝦子是奢華食品，是偶爾放縱才得以享用的海濱美食，現在卻常常比雞肉還便宜。

海洋裡的甲殼類動物數量並沒有奇蹟似的暴增。電影《阿甘正傳》裡，主角阿甘駕著老舊的拖網船在墨西哥灣捕獲了大批的蝦子，但當前市面上的蝦子，卻沒有多少是像他這樣的小漁民所捕來的，更沒有多少是來自舊金山灣、加斯佩半島或都柏林灣等地採取永續經營的小型漁場。全世界的蝦產量有四分之三都來自開發中國家，如越南、印度、印尼、斯里蘭卡、中國，而中國更在最近超越泰國，成為全球最大的蝦生產國。自從一九八〇年代中期，養殖蝦業即以每年百分之十的速度成長，開發中國家的蝦出口金額在目前更已達到每年八十七億美元的規模。如果把泰國所有的養蝦場排成一列，則寬近三百公尺，長度可繞該國兩千七百公里的海岸線一周。

事實就是，當今市面上所見到的廉價蝦子，幾乎全都來自貧窮的熱帶國家，養殖在水質汙濁、病毒充斥，而且又撒滿了殺蟲劑與抗生素的池塘裡。

亞洲人以傳統方式養殖蝦子雖然已有好幾百年的歷史，工業化養殖卻是在一九七〇年代才真正展開，一方面受到世界貿易組織的鼓勵，另一方面也獲得亞洲開發銀行這類國際金融機構的貸款資助。蝦子是藍色革命當中的「粉金」（所謂的藍色革命，就是工業化水產養殖的宣傳名稱）。世界銀行特別熱衷於支持藍色革命，提供數十億美元的創業基金供窮國的養殖漁民貸款。在推動初期，就連綠色和平與世界自然基金會等環保團體也在一定程度上支持推廣水產養殖。

二〇〇六年世界銀行發表一份報告，取了個頗有聖經意涵的標題為《改變海洋的面貌》（*Changing the Face of the Waters*）。這份報告指出：「水產經常是成本最低廉的動物蛋白質，而世界上的食用水產供應落差，對窮人的營養與健康更是造成超乎比例的衝擊。水產品必須填補這道日趨擴大的供應落差。」

在糧食及農業組織、世貿組織以及世界銀行眼中，藍色革命是種正當而且絕對必要的飢荒解決方案，不但可為窮人帶來工作機會，也可讓所有人享有廉價的蛋白質。支持自由貿易的《經濟學人》雜誌也呼應這樣的觀點，在一篇標題為〈餵養世人的新方法〉的文章裡指出：「水產養殖不但有益，而且充滿潛力。如果因為水產養殖的環保爭議而阻礙了這種新產業的發展，實不免令人痛心疾首。」

不過，有些觀察家卻因為目睹養蝦場在開發中國家的擴散情形而心驚膽跳。在他們眼中，《經濟學人》那篇文章裡所謂的「爭議」其實生死攸關。湯瑪斯．科謝里（Thomas Kocherry）是坎亞庫瑪利地區的神父，致力於漁民運動已有二十五年之久。身為贖主會的一員（這個教派創立於十八世紀，創辦人是個與貧窮牧羊人為伍的那不勒斯主教），科謝里把教會的宗旨謹記在心，多年來從事捕魚工作，經常與教友一同出海撒網打魚。他也是世界水產工作者論壇的主席，在印度的漁民會員多達一千萬人。他在任內發動過癱瘓道路、港口與鐵路的運動，而且估計自己參與過十七場絕食抗議活動。他的一大功績，就是在印度政府提議開放數以千計的外國工業拖網漁船進入印度海域作業之後，領導了一場全國性的漁業罷工，迫使政府撤回這項提議。

科謝里住在內陸的一幢磚造房屋，距離寇提帕度有幾公里遠。這是一幢簡樸的兩層樓住宅，由他和另一名教士同住。他打著赤膊迎接我，肚子上綁著一條藍色花樣的腰布。螢光燈照明的客廳裡掛著一盞緩緩轉動的吊扇，沙發下可見到老鼠奔竄，牆上也有蜥蜴爬行，但一旁的辦公桌上則擺著一部新的康柏電腦，配備有兩支喇叭，呼呼作響。科謝里一方面遵行第三世界的苦修生活，同時也是經濟優渥又懂得善用網路的社運人士。

他一開口，字句便如排山倒海而來，似乎迫不及待要我把他的口號寫下來。「甘地說我們有足夠的資源可以滿足所有人的『需求』，但不是滿足所有人的『貪婪』，」他宣稱道：「湯瑪斯．科謝里也有這麼一句話：『地球的未來以及人類的健康，絕不能因為少數人的貪婪而犧牲。』」我把這句話記下來之後，他便開始暢談各種影響漁民生活的問題。

「那場波及了十三個國家的海嘯，」他說：「正好能讓我們重新思考漁業及水產養殖政策。當前第一優先的工作，應該是要幫助那些為了生存而從事吃力的近海漁業工作的漁民。」

科謝里認為歐洲與美國並不瞭解開發中國家的需求。亞洲有數以百萬計的漁民都住在海岸上，捕撈的漁獲也都是直接帶回海灘，而不是集中到港口。他們捕撈的魚主要只供自己家人食用，頂多有些少量的額外漁獲。海洋如果健全，捕魚不但是一門能夠永續經營的行業，也可讓漁民過著小康的生活——印度的漁民雖因屬於低等階級而備受鄙視，收入卻通常比工廠或農場工人豐厚。但科謝里特別強調，只有在工業拖網漁船和養殖場受到控制的情況下，漁民才能享有良好的生活。他認為印度的養蝦場霸占了許多過去原本眾人共享的資源，例如水、稻田以及野生蝦苗，導致漁民逐漸陷入窮困之中。海嘯只是加速了這項發展而已。

「養蝦業就是我所謂的打帶跑產業，」科謝里說：「他們劫掠環境，賺取最大利潤，然後拍拍屁股就走了。這些主宰整個國家的混蛋，撈一筆可以吃上二十年，可是漁民就倒楣了。海嘯發生後，漁民只能努力謀生，有些人到了城市去，有些人也可能到波斯灣國家去找工作。他們已經走投無路。無論什麼樣的法案，都應該把近海漁業列為第一優先，近海漁民的生計一旦獲得確保，接著就應該開放中型漁船。不過，現在獲得優先照顧的卻是水產養殖業和大型拖網漁船。」

那麼，所謂只有透過水產養殖，才能為世人提供廉價蛋白質的說法呢？

「胡說八道！」他吼道，一掌拍在茶几上。「他們說這樣可以增加世界的糧食產量，可是工業漁船捕撈好幾公斤的魚，製作出來的飼料才夠生產一公斤的蝦。我不知道他們想唬弄誰。只有那些有錢有勢的人才會獲利，譬如商人、地主、出口商；漁民只會遭殃而已。富有國家絕對不會以合乎永續標準的方式從水產養殖品獲取蛋白質。全世界都應該禁止密集水產養殖，因為這種做法根本沒有正當理由，只會破壞環境，而且產生的也是有毒的食品。我只吃海裡捕來的蝦，絕不吃這些養殖場的蝦。」

科謝里說，坎亞庫瑪利的養蝦場不多，為害最嚴重的地區是在坦米爾那督北部。第二天，他請一位有車的鄰居載我到納蓋爾戈伊爾（Nagercoil）這座鄰近城鎮，接著我又搭上一班滿載行李的臥鋪客運，忍受了十一個小時顛簸崎嶇的路程，而在隔天抵達納格帕提南市（Nagapattinam），也就是納格帕提南區的首府。這場海嘯導致印度共有一萬兩千四百人喪生，其中將近半數都集中於這個沿海區域。由於海水倒灌，船隻甚至被沖到內陸八百公尺遠的鐵道上。其中一項最令人不忍的悲劇是，五十二名學童因為小學的屋頂坍塌而全部喪生。耶誕節期間，印度各地的基督徒朝聖者齊集於鄰近的費拉卡尼（Vailankanni），因為那裡的一座濱海教堂是全印最大的教堂。結果，巨浪在費拉卡尼留下了好幾千具無法辨識身分的屍體，全都埋在當地垃圾場旁的一片空地，上面立著一座方尖碑以及造型簡單的藍色十字架。海嘯過後，本為賤民階級的達利人被賦予搬運屍體的工作，卻連手套和口罩都沒得戴。

儘管如此，在災難發生過後十三個月，拖網漁船的數量在坦米爾那督邦沿岸居首的納格帕提南，卻又漸漸恢復了生機。在我的旅館周圍，許多漁船都在乾船塢裡整修，港口則泊滿了一艘艘顏色鮮豔的木製拖網漁船，船殼上滿是紅、白、藍、黃條紋，船首還漆著杏仁形狀的眼睛。市場上，賣魚婦用老式磅秤為當天的印度洋漁獲秤重——其中包括七彩顏色的金帶花鯖、圓盤狀的鯧魚、眼睛呈粉紅色的秋姑

（一天下午，我甚至還看到一條一百八十公分長的雙髻鯊）。這裡廢棄的住宅已剩沒幾棟，遭到海嘯毀損的住家多已拆除，改為搭建一座座以木漿或錫板蓋成的單房小屋，屋外的手繪看板猶如世界各大救援組織的名錄。

納格帕提南的居民以相當程度的傲氣重新站了起來。印度政府拒絕其他國家提供的海嘯救助金；哈瑞奎師那信徒曾到這裡向當地居民提供素食餐點，卻因為拒絕給予他們捕魚用的漁網和木筏，而被當地漁民逐了出去；歐洲與北美的善心人士雖然捐贈了許多衣物，卻都被棄置在海灘上，原因是印度漁民拒穿別人不要的衣服。印度政府為每個受害家戶提供一套援助物資，包括床單、米、煤油、衣物，還有四千盧比的救助金（相當於一百美元）；不過，災後一年多，許多沿海漁民卻連這套基本物資都沒收到，尤其是達利人以及其他所謂的「低等種姓」的民眾。納格帕提南得以恢復生機，非政府組織提供的協助遠大於民選官員。多達四百五十個非政府組織都到這裡登記運作，還因為數量太多而必須由協調中心畫分區域。至今為止，這些組織已經引進了六億五千萬美元的援助，當地修復海嘯災害的速度雖然緩慢，步伐卻相當穩健。

相對之下，不位在主要幹道上的水產養殖，其造成的衝擊卻是隱而不顯。我雇了一個司機和一個翻譯，在某日上午搭上一部「大使」轎車，這是印度仿製英國一九五六年款的摩力斯奧司福汽車（Morris Oxford），外型看起來就像是一頂裝了輪子的圓頂帽。我們沿著東岸路一路南行，路面上滿是曬乾的黃色稻穗。我的翻譯名叫庫瑪，他說農夫刻意把稻穗放在柏油路上，好讓車輪幫他們把稻殼碾碎，再用於飼養牲畜。納格帕提南是坦米爾那督的穀倉，北達克里旦河（Kollidam River）河口，南至寇迪卡萊（Kodikarrai）這片海角地，整個區域的形狀就像是一具熨斗，突出於孟加拉灣。這裡雖然在乾季一片枯旱，卻滿是參差交錯的田地，其中穿插著河流和運河。納格帕提南就是因為地勢低平，極少有高過海面一公尺的地方，所以海嘯的巨浪才會深入內陸達三公里之遠。

我們把車停在一條狹窄的運河旁，距離費拉卡尼的海濱朝聖地有幾公里遠，然後走向一座養蝦場。這座養蝦場規模不大，只有四個池塘，每個池塘約和奧運標準泳池的大小相當。養殖場以乾涸的泥土築起堤防，水則是由一條鹹水運河抽取而來。養殖池裡的水呈綠褐色，因為懸浮在水面上的浮游生物而顯得一片渾濁，像是腐臭的水塘，而不像餐廳裡的水族箱那麼吸引人。一個雙腿細瘦、頂著一頭鍋蓋髮型的男孩走過來，以靦腆的微笑向我們打招呼。他說他十六歲，受雇於這家養殖場的主人。他拉起淺水裡的一面正方形紗網，拈起兩隻蝦子，在牠們有機會跳回水裡前就握在手掌中遞給我們。（庫瑪不是海鮮愛好者，一看到那兩隻扭動不停的生物就隨即往後躍開。）蝦子半透明的身體上帶著褐色條紋，大的那隻長十公分。

「這些蝦子還小，」男孩對我們說：「還要一個月才會長得夠大。」

在世上的這個角落，蝦子每六個月收成一次。這種規模的養蝦場，如果一切順利，一年可產出十萬隻蝦。我們一面談話，突然看到一個年紀較大的男子，身穿漿挺白色襯衫和寬鬆便褲，蹬著涼鞋快步趕到我們身邊。他正是這座養蝦場的主人，一名禿頭的中年男子。我向他解釋說我正在從事養蝦場的研究，他於是露出微笑，邀請我們到他辦公室裡。他的辦公室是一座小茅屋，裡面滿是沾滿泥土的耙和老舊的檔案櫃。

這是他家族的土地，他說。這片地周圍的稻田也是他的。他的蝦子都運到坦米爾那督的首府清奈，由工廠加工後，再外銷到美國與歐洲，他不知道哪些餐廳或超市會賣他的蝦子。他在一九九二年剛踏入這個行業的時候，一公斤蝦子可以賣到四百五十盧比（十一點三五美元），今年的價錢還不到這個數字的一半。光是飼料成本就要一公斤五十盧比（一點二五美元），而且蝦子每天得餵上四到五次。他指向牆角的一堆塑膠袋，袋子上印著「卜蜂水產蝦飼料」。為了生存，他只得另開一家經銷商，向其他養殖漁民販賣蝦飼料。

「這年頭，」他嘆道：「根本沒有利潤。」海嘯過後，竊盜也成了一大問題。為了防止當地的漁民和勞工偷竊蝦子，他除了得在養殖池周圍架設刀片刺網，還得雇用警衛。

儘管如此，他還是盡量保持樂觀，就算是為了他的八名員工也好。他給了我一張名片，上面印著他的電子郵件地址，熱切希望我能幫他和加拿大一個海鮮進口商搭上線。

在我們離開之前，我問他的養殖池裡有沒有使用化學藥劑。

「沒有，沒有！」他堅稱道：「沒有化學藥劑！沒有抗生素！完全自然的。」我指向其中一個漏光了水的池塘，龜裂的池壁上可看到一層白色粉狀物的殘跡。

「沒錯，沒錯，的確是這樣。」他說：「可是這只是漂白粉，是池塘裝水前的前置作業。」他臉上沒了笑容，悻悻然幫我們開門。訪問結束了。

在我們走回車上的途中，庫瑪笑了起來。「沒有化學藥劑，聽他胡扯！」我們走過稻田旁邊，最接近養蝦池的稻穗都彎曲泛黃，他伸手指了指面前這片稻田。「兩、三年後再回來看，」他說：「到時候這些稻米就都死光了。」

抗生素吃到飽

在坦米爾那督以及亞洲各地為了外銷而養殖的蝦子，完全沒有什麼自然可言。從養殖場到油炸鍋，這些蝦子其實也是工業化農業的產物，就像孟山都公司（Monsanto）的專利產品基因改良玉米或是麥當勞的麥克雞塊一樣。

在野生環境裡，蝦子幾乎在每一種水生環境中都占有一席之地。在熱帶淺水的珊瑚礁上，槍蝦會瞬間夾起大螯而產生一股水流和一道爆裂聲，藉此震昏獵物，由於這種聲響極大，潛水艇甚至會用來當掩護，躲避聲納的偵測。在海面下三千公尺處，盲白蝦則會聚集在深海熱泉周圍的溫暖海水，捕食熱泉裡噴出的細菌。有些蝦類，例如在英屬哥倫比亞沿岸以蝦籠捕捉的牡丹蝦，剛出生的時候是雄性，長大後則會轉變性別。體型嬌小的鹹水蝦不愛海洋，只存活在鹹水的河口灣（過去數十年來也一直是深受兒童喜愛的水族寵物，又稱為海猴）。總而言之，目前所知的蝦類共有兩千種，小的不到一公分，大的可達三十公分。

人類食用的蝦類有兩百種，在北美約可吃到二十種，其中包括棲息在舊金山灣的草蝦——以前亞洲漁夫都會捕撈草蝦外銷中國；在南卡羅萊納州稱為「跳蝦」的粉紅蝦；還有甜美嬌小的北方長額蝦，學名「*Pandalus borealis*」，在魁北克稱為「馬塔訥蝦」，在美國稱為「緬因蝦」。

一旦談到養殖蝦，選擇更是少得多。在厄瓜多與巴西，一如亞洲大部分國家，最受偏好的養殖蝦是學名「*Penaeus vannamei*」的南美白蝦。如果你喜歡吃炸蝦、吃到飽的蝦子大餐，或是包裝好的速食蝦，那麼你吃到的大概就是學名為「*Penaeus monodon*」的草蝦。這種蝦子又稱為「虎蝦」，原因是其尾部帶有條紋，而且又可快速長到三十公分長。

日本生物學家藤永元作被尊稱為現代蝦養殖之父。一九三〇年代期間，他首先在實驗室裡養殖蝦苗，達到市場規模，又在一九六三年成立自己的養蝦場，利用廢棄鹽層上的大池養蝦，並以沒有人要的雜魚剁碎當作飼料。自從一九五八年以來，德州加爾維斯敦的一座政府實驗室發展出了養殖浮游生物的技術，藉此餵養蝦幼蟲。現在，無論在菲律賓還是美國索諾蘭沙漠的養蝦場，都混合採用了「加爾維斯敦孵育技術」與藤永元作開發的養殖方法。

坦米爾那督的養蝦漁民購買蝦苗的來源有二，一是當地的孵化場以蝦卵孵化的幼蟲，二是漁民用蚊帳在河口地捕撈的蝦苗。一次能夠產下一萬四千顆卵的母蝦，是漁民特別覬覦的對象，抓到這樣的母蝦就像是中了大獎一樣，因為光是一隻抱卵的母蝦，就可以向養殖場賣到兩百一十五美元的價錢——相當於蝦子加工廠工人四個月的薪資。（現在，非法走私母蝦已成了一門利潤豐厚的黑市生意。）捕蝦苗的混獲情形非常嚴重，平均每捕到一隻蝦苗，就有一百六十隻其他種類的幼苗遭到丟棄。

浪費的現象還不僅如此。卜蜂水產公司生產的蝦飼料（就是我在那間養蝦場辦公室裡看到的那堆飼料袋），主要原料包括了魚粉和魷魚粉。生產一磅的養殖蝦肉，至少需要兩磅的野生魚肉和鱈魚肝油、維他命、碎米以及引誘劑一起磨碎。（比較先進的配方，則是採用合成引誘劑、晶粒胺基酸以及黃豆。）正如科謝里神父所強調的，蝦養殖業無助於增加世界的糧食供給：用野生魚類飼養蝦子，只會造成世界上的蛋白質淨額減少。養殖做法甚至把甲殼類動物變成了同類相食的動物，因為卜蜂水產公司生產的飼料當中，第二大原料正是磨碎的蝦頭。

養殖蝦容易感染多種惡性疾病。黑裂病、褐鰓、白點症病毒以及藍蝦病等，都曾經導致亞洲的養殖蝦大量死亡；拉丁美洲的蝦養殖業也一再受到一種叫「紅尾病」的疾病所苦。要不是因為經常添加化學藥劑，蝦子在擁擠的人工養殖池裡絕對活不過一季。

根據坦米爾那督漁業部門的規定，養殖池在放水之前，首先應該撒入尿素與過磷酸鈣，以促進浮游生物生長。養殖池裡的鹹水通常抽取自附近的溪流，一旦加滿水之後，通常會在水面上鋪上一層柴油，藉此殺死昆蟲的幼蟲。接著，再加入氯或魚藤精等滅魚劑，毒死一切可能與蝦子競爭的水中生物。不過，目前已發現魚藤精和人類罹患巴金森氏症具有高度關聯。（在熱愛假蠅釣魚的人士遊說下，美國為了讓湖泊與河流裡能有捕不完的虹鱒魚而在水裡施放魚藤精殺死雜魚，是二十世紀少為人知的一大惡行，嚴重破壞了生態多樣性。）隨著蝦子逐漸長大，水中又必須加入愈來愈多的殺蟲劑和滅魚劑，但最令人憂心的則是添加抗生素以避免疾病的做法。抗生素對其他海洋生物具有強烈毒性，也會對施放者造成接觸性皮膚炎。生長季節結束後，一旦漏光養殖池的水，仍可見到上百公斤的蝦子浸泡在池底的毒泥巴裡，於是養殖場還必須雇用人手把這些蝦子撈起來。

養蝦漁民，例如庫瑪和我所見到的那一位，自然都會否認自己使用抗生素，因為他們深知這是受到重要出口市場嚴禁的行為。不過，蝦子還是經常檢出違禁的化學藥劑，何況美國食品藥物管理署對於輸入國內的海鮮只抽檢不到百分之二。路易斯安那州自行把關，結果在百分之九的抽檢樣本中驗出氯絲菌素這種已知會引起白血病與再生不良性貧血的抗生素。二〇〇七年，歐盟拒絕進口印度六大出口商的蝦子，原因是氯絲菌素與硝基呋喃的檢驗都呈陽性，其中硝基呋喃也是一種強效抗生素，並且有致癌之虞。另一方面，日本則在若干貨品檢出硝基呋喃之後，要求從印度進口的蝦子都必須經過政府實驗室認證。食品安全專家發現，有些人以為自己吃貝類而產生發癢或紅腫是過敏現象，但實際上卻是養殖水產品殘留的抗生素引發的身體反應。

蝦子就算體內組織的化學藥劑已經排空，還是可以由其體內的傷寒或沙門氏菌等抗藥性病菌看出養殖業者是否使用了抗生素。密西西比州的研究人員買了十三個品牌的進口速食蝦食品——其中有些還附有雞尾酒醬——結果發現了一百六十二種不同種類的細菌，對包括氯絲菌素在內的十種抗生素皆具有抗藥性。他們的結論是，消費者購買速食蝦食品，最好煮過再吃，免疫系統不良的人更應該如此。

「所有的養蝦漁民都使用抗生素，」潔蘇・瑞席南說，她是納格帕提南一個協助海嘯受災漁民的志願團體的主任。「只要看看當地的養蝦用品店就知道了，裡面什麼化學藥劑都有。可是他們很聰明，會在收成前七天停止使用。只要經過一個禮拜，蝦子體內就檢驗不出化學藥劑了，可是這些藥劑還是會隨著養殖場的水流入溪流、水庫以及海洋裡。」

這類欺騙惡行不僅限於養殖場內。如同干貝、甚至是某些野生鮭魚，蝦子也經常浸泡於三聚磷酸鈉裡。這種疑似神經毒素的物質在美國仍然合法，水產品浸泡於其中不但可避免在運送途中死亡，也可增加重量。而可用為清潔劑和殺蟲劑的硼砂，在某些國家裡也被用來保持蝦子的顏色。此外，黑心廠商更可能用苛性鈉把草蝦染成討人喜愛的粉紅色。

野生捕捉的蝦子通常鮮甜多汁，充滿麩胺酸、甘胺酸以及其他美味的天然胺基酸。養殖的進口冷凍產品，吃起來則像是橡膠般的人造蟹肉。不過，你吃的蝦子如果是從亞洲養殖池底的泥巴舀出來的，那麼你還可能吃下柴油、氯、腐爛的蝦飼料，甚至極少量的致癌抗生素。

祝你胃口大開。

食用養殖蝦對消費者而言雖然可能充滿風險，但對於藍色革命就發生在自家後院的民眾來說，管制不嚴的養蝦場更是足以致命。

紅樹林裡的亡命之徒

慕穌沛紅樹林位於納格帕提南區的南端，高韋里河（Cauvery River）的六條支流在這裡形成兩座潟湖，然後再注入孟加拉灣。在一般人的認知裡，這種紅樹林的名聲總是好壞參半。在佛羅里達州，騙徒把這種「沼澤地」賣給鄉下來的土包子，買者花了大筆錢財之後，才發現自己買到的土地毫無經濟利益，只充斥著鱷魚和響尾蛇。新加坡、孟買以及香港也都是藉由填平紅樹林沼澤地才得以緩慢擴張。但另一方面，紅樹林卻是地球上生產力最旺盛的生態體系，也是目前人類所知最有效率的碳匯，可將造成全球暖化的氣體隔絕在其葉子裡。一如雨林，紅樹林現在也備受威脅。目前世界上僅存的紅樹林，每年都有百分之二遭到砍除。一項研究發現，世界各地消失的紅樹林，有百分之三十八都可歸咎於蝦養殖業。美國連鎖餐廳使用的養殖蝦有一大部分來自厄瓜多，而該國自從養蝦業盛行以來，將近百分之七十的紅樹林都已夷為平地。整體而言，共有一百五十萬公頃的熱帶紅樹林遭到養蝦場取而代之，面積相當於整個夏威夷。

曾在慕穌沛紅樹林擔任看守人的拉瑪穆提，同意帶我走訪那片樹林。他體型瘦小，戴著一副大眼鏡，說起話來總是沙啞低沉。他當初雖因健康不佳而不得不退休，卻還是非常熱愛自然。

我們搭著一艘木製汽艇循著清淺的寇萊河（Korai River）往下游駛去，他在途中一再向我指出各種生物，包括招潮蟹和特異海姑蝦、樹頂上的翠鳥、在我們頭頂上盤旋的白頸婆羅門鳶，還有數十條躍出水面閃耀著銀色光芒的虱目魚。

嚴格來說，慕穌沛應該屬於保護區，但這裡並不像美國的黃石公園或加拿大的傑士伯國家公園管制那麼嚴格，而且也有不少人口仰賴這片紅樹林為生。碼頭上，漁民忙著把鋪在塑膠袋上的野生白蝦切掉頭部，然後用手持磅秤秤重。水面上，可看到打著赤膊的漁民走在深度及胸的水裡，持著蚊帳找尋野生蝦子。在我們身後，一群牛隻涉水穿越溪流。我們逐漸駛近潟湖的碼頭，舵手隨即把船尾的外掛馬達舉出水面，以免螺旋槳割斷一排標示著捕蟹籠位置的浮標。鄰近的村莊裡共有三千戶人家在這片樹林周遭的水裡討生活。

上岸後，我們循著一條木棧道走入紅樹林當中。這種樹木看起來像是兒童漫畫裡的植物，葉子彷彿上了蠟，數以千計的氣根則像是一根根插在水裡的筷子。在這裡，唯一的聲音就是水滴和螃蟹細碎的腳步聲。拉瑪穆提解釋道，紅樹林的樹葉腐爛之後，即可為底食動物提供養分，魚也會從海洋游到這裡，把卵產在樹根交錯而成的安全處所裡。這裡是南亞面積最大的紅樹林，棲息了六種不同種類的蝦，還有八種紅樹，和七十三種魚。水鳥在遷徙途中也會到這裡休息。其他比較不容易見到的生物則是隱藏在暗處，包括眼鏡蛇、麝香貓、蹄鼻蝙蝠、狐蝠，還有各種藥用植物，可用於治療蛇咬與腎臟疾病。

我們搭船沿著寇萊河返回防波堤，拉瑪穆提在途中指向一道磚造堤岸，上面架設了刀片刺網，透過刺網可看到一座座茅屋，大多數的屋頂上都豎立著電視天線。那些都是當地一百五十家養蝦場其中幾家的辦公室、工具室或者警衛室。這些養蝦場抽取乾淨的水，然後透過非法挖掘的排水管把多餘的水排入紅樹林裡。慕穌沛紅樹林的面積原本有一萬三千公頃，現在卻有百分之六十都因為非法放牧、砍伐與盜獵等活動而遭到破壞。拉瑪穆提說，其中又以養蝦場帶來的衝擊最嚴重。

我們這艘小船的船長也是漁民，他一得知我們在談論養蝦場，脾氣隨即爆發。「野生蝦子每年都愈來愈少，就是因為養蝦場造成的汙染。」他一面握著舵柄，一面怒氣沖沖地說：「這裡以前可以看到海鱸、鯉魚、吳郭魚、笛鯛，但是這些動物很脆弱，現在都來不及長大就死光了，我們只好到愈來愈遠的外海去找。現在柴油又這麼貴，抓那些魚已經愈來愈不划算了。全部都是他們造成的。」他伸手指向養蝦場。

拉瑪穆提邀請我到他家的門廊上喝杯印度茶、吃點薑脆餅。他住的平房是他曾祖父用竹子和棕櫚建造而成的。拉瑪穆提因為一次心臟病發作而從樹林管理員的工作崗位上退休，現在則是到大學教導自然療法與環境研究的課程。

「紅樹林是抵擋龍捲風和海嘯的自然屏障，」他說：「在海嘯發生的那一天，海邊數以百計的紅樹都被連根拔起，可是慕穌沛周圍沒有發生潮汐作用，水面高度也沒有改變；而這裡以北的海岸卻是災情慘重。紅樹林阻擋了海水倒灌。」

住在紅樹林後方的村民幾乎無人傷亡。繁雜的根部系統吸收了浪潮來襲的力量，並且把水分散到濕地裡的潟湖和潮溝。沿岸聚落的部分房舍距離紅樹林邊緣還不到五十公尺，但海水到達這裡的時候，海嘯的力量早就消散了。在遭到海嘯襲擊的亞洲各國裡，情形都是一樣，只要有紅樹林的地方，居民就得以倖免於難，只要是紅樹林遭到砍伐一空的地方，就不免發生慘重的傷亡。鄰近的喀拉拉邦政府發現，只要是紅樹林遭到破壞的地區，災情都特別嚴重，因此已投入三億四千萬盧比（八百五十萬美元）復育紅樹林。

不久，門廊聚集了五、六名當地村莊的漁民和農夫。拉瑪穆提邀集他們前來談論養蝦場的問題。他們說，養蝦池的鹹水流入樹林之後，不但地下水變得不能飲用，紅樹也紛紛死亡。自從養蝦場出現以來，當地已經有四十種食用魚消失無蹤，漁獲量也衰退至原本的百分之二十。沿岸居民都非常貧窮，可是養蝦場老闆卻都是有錢人，靠著賄賂政府官員行事。養蝦場老闆在這裡經營四、五年，賺飽了就走，只留下一堆爛攤子讓當地人自己去收拾。

結果，我身邊的這些人原來都是通緝犯，都是沼澤地的亡命之徒。他們曾經要求區稅收長、也就是納格帕提南的最高政府官員驅走養蝦場，後來發現官方無意採取行動，於是自行動手。男女老少闖入了當地一座養蝦場，用鐵鍬和鋤頭破壞堤岸，讓蝦子游入海裡。警方把七十八名男子押到遠處的一座城鎮監禁了四十五天，但其中六人逃脫了。我問其中一人是否還擔心會遭到警方逮捕。

「他們如果來抓我，」他挺胸說道：「那我就把煤油倒在身上自焚。」他的朋友對他故作英勇的模樣都笑了起來。

按照法律規定，緊鄰慕穌沛紅樹林的這些養蝦池根本當初就不該開挖。一九九六年，印度最高法院禁止在漲潮線半公里以內地區從事新的開發活動，尤其嚴禁把農地、森林以及紅樹林轉變為養蝦池。不過，正如大家常說的，印度法律雖然多如牛毛，真正落實的卻沒幾條。不同於鄰近的喀拉拉邦，坦米爾那督乾脆不標示漲潮線，就這樣直接規避了開發禁令。該邦一名漁業局長極為熱衷提倡蝦養殖，甚至不惜宣稱淡水蝦是素食。他說：「蝦子和蛋一樣，蛋白質含量很高，而且外面也有一層殼。」（他還進一步聲稱蝦子和蛋一樣都會在煮熟之後變硬，但茹素的印度教徒和耆那教徒都對他的謬論不屑一顧。）

印度聯邦政府的態度恰與最高法院相反，把蝦子外銷視為賺取強勢貨幣的一大管道。據說一名重要的官員持有養蝦場的股份，許多人也認為政府利用海嘯災後重建的機會清理海岸，以便興建養蝦場與觀光設施。在納格帕提南與清奈，許多受災漁民都獲得政府贈與新建的水泥住宅，位於離岸數公里處的內陸。評論家認為印度政府的這種做法實在極為諷刺，竟然藉著海嘯之便把最棘手的沿岸居民盡數遷走。但漁民都不願搬離海岸，因為海洋是他們世世代代以來的生計來源。

拉瑪穆提指出，坦米爾那督的養蝦場幾乎全是在最高法院命令仍然有效的期間非法開立的。所以，純就法律規定來看，慕穌沛那些漁民破壞養蝦場堤岸其實是代替政府執法。

「這場官司我們一定會打贏，」拉瑪穆提預測道：「區稅收長自己也說了，那起事件是民眾的抗議活動，不是犯罪行為。」

不過，他說當地的養蝦場老闆目前也煩惱不已，因為蝦子都感染了無藥可治的白點症病毒。漁民說他們樂見這種疾病把養蝦場趕走，但也擔心病毒會擴散到紅樹林裡的野生魚蝦，因為那些野生魚蝦正是他們的生計所託。他們的擔憂確實有道理。在世界上其他地區，病菌早已擴散到養蝦池外面了。一九九〇年代，一種噬肉病毒從墨西哥的養蝦場散播至野外，摧毀了上加州灣的藍蝦漁場。而且，這種病菌可能已經從蝦子傳染給了人類，厄瓜多養蝦場員工身上已發現了一種具有抗藥性的霍亂傳染病。

「這裡人不吃養殖蝦，」拉瑪穆提對我說：「我們認為養殖蝦要是吃多了，就會患上氣喘和癌症。我們只吃自然生長的魚蝦，不但比較美味，也比較健康。吃養殖蝦對你們的壞處可能沒那麼大，因為你們還吃水果、沙拉和其他許多食物。可是我們幾乎就只吃魚蝦，所以我們受害的程度比較嚴重。」

他笑了一聲，說：「在歐洲和美國，你們可以喝可口可樂消毒殺菌。」

明顯可見，為養蝦業付出最大代價的，乃是不幸住在養殖地區的沿岸居民。然而，除了零售商和連鎖餐廳之外，還有哪些人可從藍色革命中獲利呢？

在坦米爾那督，個體戶的養蝦漁民通常得不到什麼利益，因為他們不但必須面對賣價低廉而且飼料成本高昂的惡劣環境，遲早也得眼睜睜地看著自己的投資遭到疾病摧毀一空。此外，鄉間勞動人口也沒有因為藍色革命而獲利。印度雖以其中產階級的崛起備受稱譽，現在的軟體工程師人數已占全球三分之一，但也仍有全世界四分之一的營養不良人口。印度人力豐沛，所面臨的一大挑戰也正是如何餵養超過十億的人口，何況其中三分之二都還是從事農業。一英畝稻田可為十四個人提供工作機會，但一英畝的養蝦池頂多只雇用一人。我那天走訪費拉卡尼附近的那座養蝦場，裡面雖有四座池塘，卻只有一名員工負責看管——一個十六歲的男孩。收成期間雖然需要比較多的勞力，但畢竟時間短暫，所以養蝦場根本無法為當地居民提供穩定的工作。

清奈與旁迪切里的加工廠只比養蝦場稍微好一點而已。加工廠雇用的員工主要都是年輕婦女，大多來自鄰近的喀拉拉邦。這些女工為了寄錢回家，不但一天願意工作十二個小時，節日也願意不休假。一座大廠可雇用多達一千五百名的女工，她們睡在工廠裡的宿舍，每天負責切掉蝦頭、抽出沙腸。我發現女工的平均月薪是一千五百九十盧比（三十五美元），至少比從事同樣工作的男性少了三分之一。然而，出口商雖然支付如此低廉的奴工薪資，卻也因為關稅以及中國的競爭而經營得相當辛苦。坦米爾那督邦內以前有六十家出口商，現在只剩下十五家。

唯一因為吃蝦熱潮而獲利的亞洲企業是卜蜂集團。我在費拉卡尼附近那家養蝦場看到的蝦飼料，就是他們的產品。卜蜂集團是一家泰國的跨國企業，經營項目極多，擁有泰國的7-Eleven連鎖超商、為中國的肯德基速食餐廳供應雞肉、在軍事統治的緬甸境內養殖吳郭魚，並且把美國的層架式養雞法引進了亞洲。卜蜂集團由泰國的四名華人子弟創辦，原是一家飼料公司，後來年紀最輕的謝國民逼走了三名兄長，並且大幅擴張集團的經營範圍，現已堪稱是亞洲的嘉吉（Cargill）公司。[13] 卜蜂集團目前擁有兩百五十家公司，共有十萬名員工，分布於二十個國家，名列全球前五大動物飼料生產商，並且徹底改變了泰國的面貌——美國參院委員會發現該公司侵占了羅勇省的紅樹林——把養蝦池變成泰國境內四處可見的景觀。

養蝦場太容易遭到疾病侵害，對經營者而言根本無利可圖。於是，卜蜂集團做出了明智的選擇，把經營養蝦場的風險留給個別業者承擔，他們自己則藉著販售蝦飼料與蝦苗獲利。就算坦米爾那督的養蝦業在一夕之間徹底毀於白點症病毒，該公司也只需改向奧利沙邦、安達拉邦或斯里蘭卡採購蝦子即可。實際上，卜蜂集團採取多角化經營有效分散風險，就算其中一個經營項目徹底崩潰，也不至於對公司造成太嚴重的傷害。二〇〇五年的禽流感疫情雖然導致卜蜂集團的雞肉銷售無量下跌，該公司同年的養殖蝦利潤卻上升了四倍。

在我離開坦米爾那督之前，庫瑪說我還必須再走訪一個地方。一天下午，我們從納格帕提南出發，驅車北行至一個叫做席倫納加利（Thirunagari）的村莊。這座村莊所在的地區是南印的米倉，早自八世紀就已開始採用科學的灌溉方法，在一九六〇年代末期更成為「增長糧食」（Grow More Food）計畫的發起地，而該項計畫也正是後來綠色革命的先驅。

不過，席倫納加利近來已成為藍色革命的受害者。在村辦公處，當地的農夫讓我看了一張烏帕納河（Uppanar River）的地圖。這條河源出席倫納加利，流經二十座養蝦場之後，才注入孟加拉灣。

「我們的村莊快活不下去了，」瑟拉潘說。他是個退休銀行員，也是農夫，一輩子都住在席倫納加利。「這裡的人口差不多有四千人，可是村裡的土地至少有一半不能耕作。年輕男女都到哥印拜陀、喀拉拉、卡納塔克這些都市去找工作了。地下水都已徹底遭到汙染，飲水嚴重不足。養蝦場破壞了可耕地，所以這些土地只好遭到棄置。蝦子都感染了疾病，可是養蝦場老闆找來了專家，用抗生素因應疾病問題。實際上，政府還不斷把土地出租給新的養蝦場。」

我問他有沒有人設法阻止這些養蝦場。「有，最高法院已明確命令這些養蝦場撤離，可是當地官員都因為收賄而對此置之不理。我們認為養蝦場必須全部撤走，否則這裡根本沒辦法住人。這是生死攸關的事情。」

我們回到那輛大使轎車上，開到烏帕納河畔，看到相當熟悉的景象，到處都是上面架設著刀片刺網的養蝦場堤岸，一間間茅草搭建的工具室更是一望無際。

瑟拉潘指向河流中央的一座島嶼。

「這裡原本都是肥沃的濱海土地，以前全是稻田。你看到的那座小島已經變成養蝦場了，但最早本來是村裡牲畜的放牧地。」

在一片緊鄰養蝦池的稻田裡，顏色泛黃的稻穗東倒西歪，地上泥濘不已，死水裡長著白色和綠色的水藻，看起來一副很不健康的模樣。鄰近的土地則是一片泥土乾裂的荒地，分隔兩塊土地的水溝裡滿是褐色的泥水。一個身穿橙色紗麗的婦女看到我們，於是走了過來。她名叫卡瑪拉，是這片土地的主人。

「她說這是她的地，」瑟拉潘幫我翻譯她連珠炮般的坦米爾語。「她逝世的丈夫大約五十年前到新加坡賺錢買下了這塊地。養蝦場來了之後，她就什麼都沒了。她的土地變成了荒地，徹底毀掉了。她現在只能靠著救濟度日。」

我們經過一個小錫桶，裡面裝滿了青蟹。她說這是她出於習慣抓來的，但現在這些螃蟹體內的毒素都已經太多，不能吃了。

我們走向一群搭建在棕櫚樹蔭下的小屋，瑟拉潘說明我們所在的地方是席倫納加利的河岸街。這裡的居民都是達利人，在許久以前就都皈依了基督教。我身邊隨即圍滿了村民，男子都站在一旁，雙手抱胸，臉上掛著靦腆的笑容。瑟拉潘向他們說我打算撰文揭發養蝦場的真相，一個戴著厚片雙光眼鏡的老婦人隨即走上前來。

「她是稻農，」瑟拉潘說：「她說：我們不要這些養蝦場。現在土地都不能耕種，反而變成了我們的負擔。我們以前都會吃河裡抓來的魚，可是現在河流都遭到汙染，我們只好向魚販買海魚來吃。」

一名小男孩交給我一只裝滿了水的威士忌酒瓶。瓶裡的水呈乳褐色，滿是懸浮物質。我用舌尖嚐了一下，隨即吐了一口口水在地上。瓶裡的水和海水一樣鹹，卻是取自河岸街唯一的水井。瑟拉潘解釋道，養蝦池滲出的鹹水汙染了地下水，導致地下水無法再飲用。

「現在，他們得走上兩、三公里去取水，」瑟拉潘說。他指向一株棕櫚樹。「樹上不再長椰子了——這些樹都被水給毒死了。」樹頂確實完全沒有果實。在我們身前約一百公尺處，我可以看到一座漏光了水的養蝦池，池壁是一片炫目的白。一頭瘠瘦的山羊啃食著堤岸上的雜草。

「動物都生病了，很多動物都染上神祕的疾病而死亡。人也病了。」一個人掀起身上的腰布，露出大腿上如同長了乾癬般的白色皮膚。他說他在養蝦池附近涉水抓魚，結果就產生了這樣的皮膚病變。

接著又有更多人露出他們細瘦的手臂和腿，不是潰瘍就是一片片乾癟的皮膚。這時候，那個戴著厚片眼鏡的老婦人把我的筆記本抽了過去，寫上歪歪斜斜的字跡：「痢疾。潰瘍。嘔吐。發癢。呼吸困難。」瑟拉潘解釋說，這些都是養蝦場出現之後，發生在河岸街居民身上的病症。

「依照法律規定，養殖池應該距離住宅區一千公尺以上，」他說：「可是那些養殖場距離這裡只有一百五十公尺。」我問他養蝦場的老闆是什麼人。「老闆是當地的警察，他的住處在那裡。」他指向一間茅草屋。「他有十公頃的地。他是執法人員，自己卻帶頭犯法。」

我們走回車上的途中，經過河岸街最大的建築物，是一座五旬節教派的小教堂，磚牆全塗成白色，並且挖出了一個十字形的窗戶。這時候，我開始注意到當地的住宅。那些住宅全是泥屋，用椰子葉當屋頂，許多屋子的入口都覆蓋著塑膠袋。走近之後，我才發現那些袋子和我在費拉卡尼那座養蝦場看到的飼料袋一樣。其中一個塑膠袋上面印著「納薩蝦飼料」的字樣，還有一隻蝦子的圖案，下面則是泰國跨國企業卜蜂水產公司的標誌。這些用來擋雨的塑膠袋，大概是河岸街居民從藍色革命中唯一獲得的實質利益。

烏帕納河原本是當地居民捕魚的地方，現在則是養蝦場抽取池水的來源以及排放廢水的溝渠。養蝦池抽乾了地下水、汙染了稻田，也侵占了牲畜的放牧草地。地下的淡水抽取出來之後，鹹水就隨之滲入地底，導致土地鹽化而無法使用。海嘯發生的時候，海水雖然確實灌到了這裡來，但絕對不是造成土壤鹽度提高的唯一禍首。

距離這裡不遠的昆巴可南政府學院（Kumbakonam Government College）組織了一個研究團隊，對席倫納加利附近十八座養蝦場的土壤進行分析，結果發現其中的鹽、磷酸鹽以及總懸浮固體物的含量都遠高於政府許可的水準。他們總結指出，蝦養殖「必然會對地表水與地下水的品質造成衝擊……養蝦池附近的土地也大多因此遭到汙染。」

越南本身也有養蝦業帶來的問題，而該國芹苴大學的水文學家陽房倪（音譯）對這種問題的說法更是簡潔扼要：「養蝦業對環境的破壞非常嚴重，對土壤、樹木和水的汙染也極為可怕，所以絕對是人類最後的一種農業。從事過蝦養殖之後，土地就完全無法使用了。」

有人把印度的水產養殖比擬為現代的圈地運動。原本眾人共享的土地，現在卻被刀片刺網圍了起來，成為少數人獲利的來源。十八世紀，英國私人地主把公有地圍起來當作牲畜放牧場，結果造成大量的鄉間居民流離失所，最後導致維多利亞時代充斥倫敦的貧民窟。同樣的現象也發生在二十一世紀的印度與亞洲各國，只是這次的圈地運動不是為了綿羊，而是為了蝦子。過去維繫了眾多農漁民生計的田地與沿岸水域，現在都遭到水產養殖的霸占與汙染。水產養殖業造成了一群主要受雇於飼料廠與加工廠的臨時工，其就業前景完全掌握在白點症病毒這類病菌的手中。海嘯災害的善後工作也讓官方得以藉機遷離沿岸漁民，以免這些冥頑不靈的居民繼續阻礙養蝦場的擴張。倡議者堅稱蝦養殖是提升世界糧食安全的唯一方法，可惜印度的窮苦人民極少有機會吃到養殖蝦，因為養殖蝦是奢侈食品，全都外銷到已開發國家。

印度的貧民人口多達一億，高居亞洲之冠。這是許多因素共同造成的結果，包括乾旱、水力發電水壩，以及教派衝突。水產養殖是最新加入的另一項因素。我來到印度的時候降落於孟買機場，現在，我突然覺得機場旁邊的貧民窟和噴射客機頭等艙裡供應的咖哩蝦餐點，其實有著直接的關聯。

我不禁想起羅馬對迦太基人的報復。羅馬人把迦太基城的居民全部賣為奴隸之後，更把整座城市夷為平地，翻起土壤，把鹽撒在犁溝當中，要讓那裡的土地在往後幾個世代都生長不出作物。養蝦場如果出現在歐洲與北美，當地居民必然會要求極度嚴格的環保標準；所以，亞洲也應該推行同樣嚴格的標準，並且徹底落實，否則藍色革命將會帶給亞洲與羅馬人的復仇同樣的後果。

挑蝦守則

那麼，吃蝦愛好者該怎麼辨呢？

首先，要非常非常小心。

你在超市裡看到的蝦子如果閃耀著不自然的光芒，或是煮過之後仍然帶有肥皂般的口感，那麼你買的蝦子就可能浸泡過三聚磷酸鈉，也就是那種用於避免魚蝦死亡的疑似神經毒素。（蝦子天生體內就含有大量的磷酸鹽，所以很難檢驗出三聚磷酸鈉的蹤跡。蝦子的味道如果太鹹，也是含有三聚磷酸鈉的跡象之一，但美國有些加工廠也曾被指控以糖精掩飾鹹味。）蝦殼上如果覆有一層粒狀物質，可能表示這隻蝦子浸泡過硼砂以避免褪色。蝦肉如果顏色偏黃，尤其是在頭部，那麼這隻蝦子在冷凍之前就已經不新鮮了。最後，別忘了嗅一嗅氣味。如果聞起來有海水的鹹味，那麼這隻蝦子大概沒問題；要是有氨的臭味，就表示已經開始腐敗了。

我個人已立誓再也不吃集約式養殖的蝦子了。我和我遇見的那些印度人看法一致，他們都認為這種蝦子是有毒食品而拒絕食用。我現在認為廉價的養殖蝦絕對是最糟糕的海鮮食物。不過，也有人嘗試以合乎道德的方式養殖蝦子。佛羅里達州一家公司培養出了不含抗生素的有機蝦；在墨西哥遠離太平洋的索諾蘭沙漠，則是採取封閉式養殖，不會對沿岸環境造成汙染。

你如果在乎自己的健康，野生蝦絕對是優於養殖蝦的選擇。問題是，捕撈野生蝦也經常對環境造成嚴重損害，如同鮟鱇魚，蝦子也是由拖在海底的拖網捕捉，所以混獲情形非常嚴重。拖網漁船每捕一磅蝦，就會有十磅的其他水中生物被丟回水裡，不是死了就是奄奄一息。

此外，現在也很難找到供應野生蝦的餐廳。美國主要的海鮮供應商都偏好外國進口的養殖蝦，而不用本國捕撈的野生蝦。舉例而言，美國現在販售的蝦子有百分之八十五都是從國外進口。紅龍蝦餐廳的母公司達頓集團，曾有一名副總裁出席美國聯邦貿易委員會作證。他指出：「我們絕不賣斷裂的蝦子、浸泡『過量』三聚磷酸鈉的蝦子，或是走味或出現黑點的蝦子。」（我特別標示出其中的「過量」兩字。）更重要的是，紅龍蝦餐廳認為野生蝦的品質不夠一致。「只要顧客點了相同的主菜或開胃菜，我們供應的蝦子大小就必須一樣。」在南方捕蝦漁民的遊說下，委員會認定外國養蝦場對美國傾銷低價蝦子，於是對個別出口商課以高達百分之八十五的關稅。不過，這道關稅畢竟還是不足以切斷國外養殖蝦的供應鍊。現在美國每年仍然進口四十五萬噸的冷凍蝦——如果把這些蝦子全部做成鮮蝦盅，疊起來的高度將與一百零八層樓的希爾斯大廈同高。

歸根結底，無論你要買蝦子還是在餐廳裡點蝦子，最好選擇由蝦籠捕捉的蝦子，就像龍蝦一樣，你甚至可以要求店家供應這樣的蝦子。但要吃到這樣的蝦子，就得注意名稱與季節。舉例而言，加拿大西岸的牡丹蝦以春末夏初為最佳；粉紅蝦都在十月至五月間捕於墨西哥灣；嬌小的北方長額蝦以十二月中至四月末為產季（英國則是從十一月到五月）。北方長額蝦的天敵是鱈魚，因此在鱈魚消失之後，已出現大量盛產的現象。而且，加拿大、美國與挪威都已強制要求漁民採用減少混獲的裝置，所以現今的冷水蝦算是合乎道德的食品。

對我來說，現在的蝦子又變回了像我祖父母那個時代一樣，不是廉價的蛋白質來源，而是偶爾到海邊才吃得到的奢華享受。

不過，為了這樣的享受，我倒是很樂於花費一點心力。

享用咖哩蝦

自從抵達坦米爾那督以來，我連一尾蝦都還沒吃到。

倒不是我不喜歡吃蝦。新鮮蝦子鮮甜的海洋風味、煮得恰到好處之時的爽脆口感，正是中式快炒、泰式香茅湯或是印度咖哩的理想材料。只是我最近實在被自己目睹的景象搞得毫無胃口。

所幸，有些地方的蝦子還是按照傳統方式捕捉或養殖。而且，要是不嚐過一盤像樣的咖哩蝦，我絕對不肯就這麼離開印度。我把坦米爾那督的荒地拋在腦後，搭了隔夜火車越過西高止山脈，一覺醒來就已抵達了印度西岸，身在喀拉拉邦青翠的海岸平原上。

喀拉拉邦是個令人心曠神怡的地方。我搭了一個機車騎士的便車來到阿勒皮（Alleppey），又厚著臉皮說服了三名荷蘭婦女讓我跟著她們一起遊訪當地的水鄉，也就是拉克沙海與西高止山脈之間那片縱橫交錯的運河、潟湖以及溪流。我們在一艘有五十年歷史的當地傳統船屋上過了一夜。這艘船屋利用椰子纖維把波羅蜜樹的木板縫在一起，再塗上沙丁魚油防水，船上有個頂篷，得以遮擋中午的炎炎烈日。購買晚餐的食材相當容易。兩個漁夫划著一艘獨木舟來到船邊，舟身上漆著「凡巴納海鮮專賣店」的字樣。他們把大小有如螯蝦的蝦子擺出來供我們選購，蝦子的腳仍然不斷抽動。他們開出的價錢讓我們差點打了退堂鼓：一公斤一千盧比，相當於一磅十美元，比在北美買冷凍蝦貴不只兩倍，而這樣的價錢在印度更是顯得離譜至極。不過，我們沒有後悔買下那些蝦子。那天晚上，隨著太陽西沉，船上點起蚊香之後，我們吃著浸泡了萊姆汁的鯖魚、印度脆餅、飽滿泛紅的喀拉拉米、薑炒甜菜，以及接著上桌的主菜：咖哩野生蝦。肥美的蝦子在廚師阿南丹的料理之下，吃起來像是小型龍蝦，而不是我平常習於吃到的那種橡膠般的蝦肉。我們佐餐的飲料叫做「多迪」（toddy），由椰奶發酵而成，酸味中微帶氣泡，而且酒精的後勁很強。自從抵達印度以來，我一直沒吃過什麼像樣的餐點，不是放置許久再重複加熱的印度薄餅，就是火車站裡賣的扁豆。不過，一面吃著這道蝦子大餐，一面聽著稻田裡傳來的悠揚歌聲，也就足以彌補一切了。

喀拉拉沿海也沒能倖免於過度捕撈的命運。在高知（Kochi）這座沿海城鎮裡，遊客最喜歡拍照的對象，就是所謂的中國漁網——以木懸臂撐開一片大網，再以懸垂的石頭加以平衡，看了讓人不禁聯想起卡通裡巨鯨的骨骸。早自十四世紀，漁民就一直用這種漁網在港口捕魚。

一天下午，我問他們是否可以讓我參與捕魚工作。結果，我們六個人使盡全力拉扯粗索，才能降下三十公尺長的脊木，把漁網從水裡抬上來。然後，我們再跑到平臺盡頭，檢視網裡的捕捉成果：一條劍旗魚的幼魚、兩條淡水松鯛、一條紅笛鯛、幾條有著斑點和刺鰭的扁魚、幾條甩著尾巴的鯔魚，還有一隻小螃蟹。總共十五條魚，全都不夠大。

蓄著鬍鬚的麥可，在下次抬網之前趁空抽了根比迪菸，一面對我說他從事此工作已有十八年之久。「我剛踏進這行的時候，魚比現在多得多了，」他說。即便在十年前，也只要四個小時即可撈得四十五公斤以上的魚隻。現在，一天就算撈上十二個小時，也只捕得到十五公斤。麥可說，實在不太划算，並將一條孱瘦的松鯛丟到一隻流浪貓面前，那隻貓隨即敏捷地撲了上去。所幸，他一面捕魚還可以向拍照的遊客收錢，生活還過得去。

喀拉拉比坦米爾那督幸運，沒有遭到藍色革命那麼嚴重的損害。這裡雖然也有養蝦業，卻是採取傳統的養殖方式。在耐鹽耕作法下，潮濕的沿海土地在每年六月至十月間都可種植稻作。而其他月分，同樣的土地會受到海水淹沒，這種時候便用於養蝦，產品多供當地人食用。

我走訪了高知南部一座大養蝦場。這裡的養蝦池面積比坦米爾那督的養蝦池大上幾倍，四周生長著茂盛的紅樹林，池塘邊緣的低矮堤岸上也長滿了棕櫚樹和青草。養殖漁民傑考布・佩迪亞科就住在這裡，自己管理這些池塘。他踏進藍綠色的水中，像鉛球選手一樣身子一扭，把一面網拋了出去。網子在空中張開成圓形，然後平平落下水面，在邊緣的鉛錘負重下沉入了水裡。佩迪亞科走回岸上，拉繩收網。他撈起了五、六尾大草蝦和兩條鑽石菠蘿魚——池裡除了蝦子之外，還有這種食用魚。（在坦米爾那督的工業化養蝦池裡，抗生素和滅魚劑徹底毒殺了其他生物。）

我在高知的東道主名叫波爾，他說他也是這塊地的共同業主，但因為佩迪亞科在這裡已經住了四十年，所以養蝦池的利潤大多歸他所有。波爾偶爾會到這裡拿些蝦子回家給他太太煮。「抗生素和化學藥劑在喀拉拉是不准使用的，」他說：「否則一定會有人抗議。」此外，池裡的蝦子數量也比我在坦米爾那督看到的少。養殖蝦一旦沒有過度擁擠的問題，疾病的風險也會比較低。這裡養殖的蝦子完全不外銷，只拿到當地的市場販售，每公斤約兩百五十盧比（六點三美元）。

我們把剛剛撈到的魚蝦帶回了波爾家裡。他的妻子妮咪因為在家裡開設烹飪班，而曾被《紐約時報》報導。這時候，她已準備要為我們料理一道盛宴了。我仔細看著她示範咖哩蝦的做法。她先在爐上把少許椰子油燒熱，然後在一塊平滑的花崗石上把胡椒粒壓碎，丟進鍋裡，再加入一點顏色非常鮮豔的薑黃、幾片綠椒葉，還有大蒜、薑，以及許多洋蔥，鍋裡散發出來的香氣讓我不禁飄飄欲仙。她有個助手暱稱「寶貝」，這時已把蝦子用水浸泡過幾次，然後切掉了頭、剝掉蝦殼，也抽出了沙腸。

「蝦子要一洗再洗，洗到水變得清澈透明為止，」妮咪說：「我不信任別人，所以我的肉都自己洗，海鮮也自己洗。」煎五分鐘之後，她又丟進泡過水的腰果，和一杯淡椰奶，椰子採自她的花園裡。最後，她再倒入比較濃的椰奶，並且加上一點醋。

午餐是喀拉拉人一天中最豐盛的一餐，而我們這一天的午餐更是如假包換的盛宴：池裡捕來的鑽石菠蘿用不辣但是香味繁複的咖哩粉烹調；而邊緣呈金黃色的米煎餅，則是由粗麵粉、米粉和椰奶做成；另外還有一道咖哩魚，用了波爾和我從花園裡一顆樹上摘來的青芒果。他們家信奉基督教，也喝酒，所以桌上還有班加羅爾的白酒佐餐。淡粉紅色的蝦子在椰奶的襯托之下，吃起來實在美味無比，蝦肉裡甜美的甘胺酸搭配黑色羅望子的酸甜味，恰到好處。轉眼之間，桌上的菜餚就都盤底朝空了。

這樣的一頓餐點和吃到飽的炸蝦特餐可說是天差地遠。不諱言，和充滿化學藥劑的養殖蝦比較起來，我在喀拉拉吃到的蝦子——無論是在船屋上還是在妮咪的廚房裡——確實非常昂貴。不過，我在坦米爾那督已經見識到了我們為那種工業化產品所付出的真正代價。

這項代價就是，紅樹林與稻田因此摧毀、飲水遭到工業化學藥劑的汙染、野生魚類感染抗藥性病菌，原本能夠維繫數百萬人生計的傳統漁業經濟也因此毀壞，更別提這種產品對食用者的免疫系統會造成什麼樣的衝擊。

我現在知道，廉價的蝦子是我再也吃不起的一種食品。

12 英語的「shrimp」與「prawn」，在海鮮業界裡是意義相同的兩個字眼，但「prawn」較常見於英國與澳洲英語中。嚴格來說，「scampi」指的是一種龍蝦，學名為「*Nephrops norvegicus*」，又稱為都柏林灣匙指蝦或挪威海螯蝦。不過，在餐廳特有的分類方式當中，「scampi」卻已成為各種大蝦的泛稱。「蝴蝶蝦」不是蝦子的種名，而是指一種料理方式，亦即把蝦殼剝至只剩尾部，對切的蝦肉看來有如蝴蝶的翅膀。

13 譯註：美國最大的私人公司，是一家跨國的農畜產品供應商。

CHAPTER 7

佛跳牆

中國｜魚翅湯

金豬年前夕，在上海這座中國商業重鎮，吃魚不但是興旺的象徵，也是吉祥的好兆頭。這個沿海城市的一千八百萬人口，每人平均花費在海鮮上的金額遠高於中國其他地區的居民。若今年的春節和去年一樣，那麼上海人就會在往後十天的假期裡吃掉五萬七千噸的海鮮——相當於愛爾蘭共和國一年的海鮮消費量。

如果要觀察世界上最頂級的掠食者——人類——狼吞虎嚥的盛況，有記魚翅燕窩餐廳（音譯）就是個絕佳的場所。這家餐廳位於一幢鋼筋玻璃的辦公大樓裡，以金色柱頂的象牙色大理石柱把大廳幻化為一座洛可可式的華麗宮殿。一如中國的許多海鮮餐館，有記的裝潢品味也令人側目。旋轉門前的人行道上展示著一輛鮮黃色的法拉利跑車，一盞璀璨繁複的水晶燈底下擺著一架沒有人彈奏的平臺鋼琴。餐廳裡到處都掛著平面電視，播放著香港青春偶像跳躍舞動的身影，熱鬧的樂音充斥室內。

不過，到這種餐廳可不是為了高雅的裝潢，而是為了美味的海鮮。有記供應的菜餚確實令人嘆為觀止。鹵素燈照明的展示櫃裡擺滿了一盤盤的涼拌海蜇皮和焦糖色的燻魚，金屬砂鍋裡盛著滿是觸鬚、魚鰭和眼睛的高湯。數十個水族箱堆疊成塔，年輕的服務生站在一旁，手持長柄抄網，隨時準備幫客人撈起鮮藍色或螢光橙的礁魚。這裡供應的海鮮，大多數都還活蹦亂跳。大閘蟹的螯鉗被綁縛了起來，在碎冰上蠕蠕而動，大牛蛙在綠色的網袋裡一再蹦跳，嘴如鳥喙的烏龜在塑膠桶裡奮力向上攀爬，外殼光滑的龍蝨則是聚成一堆。在頂級食材區，一尾象鮫的巨鰭上綁著一條充滿節慶氣氛的紅色彩帶。純粹就生物多樣性而言，有記餐廳絕對不輸給上海的海洋水族館。唯一的差別是，在這裡看到的東西都可以吃。

樓上，在夾層樓的陽臺上，上海經濟榮景的推手個個面色潮紅，喝掉了一瓶又一瓶金色標籤的中國白酒，也就是帶有高粱與煤油味的中國特產烈酒。春節期間，中國人認為菜餚多得吃不完是吉利的象徵，所以每一張桌子都堆得完全看不到桌面。餐廳裡的饕客都以中國式吃法大啖甲殼動物，不久手上就沾滿了醬料、油漬以及蝦蟹的肉屑。在這裡，手指成了把美味送進口裡的工具。再怎麼頑強的軟體動物，無論是殼緣鋒利的竹蟶，還是外殼超硬的螳螂蝦，都免不了被人吃乾抹淨的命運，只剩下一堆堆油膩的碎殼與斷螯。

你如果有意探究海洋的豐富資源，有記可以讓你遍嚐海洋食物金字塔的各個階層。無論是數量過多的水母（營養階層為二），還是瀕臨絕種的鯊魚（營養階層接近最高的五），在這裡都看得到。

當然，有記是沒有菜單的。想吃什麼，只要用手一指，廚房就會幫你料理。結果，每道菜的背後都有一段故事。

涼拌海蜇皮，營養階 2.0

經常黏附漁網、汙染海灘，而且會趁人不備螫人一口的水母，供人食用的潛力其實深受低估。水母熱量低，但富含鎂與能夠滋潤肌膚的膠原蛋白、維他命A與B，還有一種蛋白質，與蛋白內所含的類似。水母雖然存在於世界各地的海洋，卻只可見於少數幾個文化的料理中。越南人有這麼一道菜，把切成條狀的水母浸泡在酒醋、芫荽和魚露裡。韓國人則是把醃水母泡水發製，再淋上芥末與大蒜製成的醬汁。

隨著人類把食物鏈上層的生物捕食一空，這種黏液般的原始動物已逐漸霸占了海洋。全球暖化造成沿岸海水的溫度愈來愈高，鹹度愈來愈低，成為水母的理想棲息地，以致世界上不少最熱門的度假海灘在夏季的黃金月分反倒不能游泳——最近，這種情形出現在西班牙與義大利。二〇〇七年底，原本較常見於地中海的紫水母，卻成群出現在北愛爾蘭，面積廣達二十五平方公里，並且湧入當地唯一的鮭魚養殖場，造成養殖場內的十萬條魚全部死亡。另一方面，現在全球漁民每年捕撈的水母達四十五萬噸，超過十年前的兩倍。白令海、南中國海與黑海的捕獲量尤其龐大。在魚類已遭過度捕撈的地區，例如納米比亞沿海，水母的總生物質量更是比其他海洋生物高出三倍以上。就算人類每天三餐都吃水母，對水母的數量也不會有太大影響。

近來，日本漁民面臨了越前水母的一再侵擾，這種生物重達兩百公斤，寬度可與人的身高相當。這種水母又稱為野村水母，不但會撐破定置網，而且魚隻只要被這種水母碰到，就會因中毒而化為白色，以致無法販賣。

日本科學家把這種水母的入侵直接歸咎於中國。由上海上溯長江，可來到三峽大壩的所在地。這座全球最大的水力發電水壩造成中國外海的磷與氮含量升高，成為水母的理想繁殖地。根據估計，在二〇〇五年夏季期間，每天都有五億隻水母從中國沿岸游至日本海，以致日本完全被包圍在水母當中。在日本北部的福井，居民面對水母肆虐的狀況，只好靠著販賣撒上水母粉的紀念餅乾牟利。日本水產大學的一名教授到中國實地走訪之後，帶了野村水母的十種不同料理方式回國。「把這種水母變成熱門食物，」他提議道：「正是解決這個問題的最佳方法。」

所幸，中國人早就懂得吃水母了。實際上，水母在中式料理當中已有好幾百年的歷史。在上海的市場裡，水母販賣區差不多和西方超市裡的洋芋片區一樣大，一磅乾野村水母一般價格為二十五元人民幣（三點二五美元）。幾乎每一家餐廳都有水母菜餚，可能與蘿蔔絲一起涼拌，也許沾上油或醋，不然就是和薑一同拌炒。

水母肉本身沒有味道，卻是傳達風味的絕佳媒介。在有記的開胃小菜當中，水母先是煮到半熟以去除毒素，放冷之後，再淋上拌有辣椒的麻油，並且撒上芝麻。切成條狀的水母肉在燈光下閃閃發亮，看起來猶如橡皮筋，口感爽脆，和芝麻一樣。這種小菜令人欲罷不能，總是得吃上幾盤才過癮。

鑒於世界各地的海灘都深受水母之害，也許我們該把吃水母視為一種造福大眾的行為，就像打瘧蚊一樣。

燉鮑魚，營養階層 2.0

在有記餐廳裡，一隻鮑魚以其如同蛞蝓般的單足黏附在水族箱的玻璃壁上，等著饕客的青睞。由上方看來，鮑魚猶如一顆會動的石頭。實際上，鮑魚是一種腹足動物，一旦要躲避海星或其他掠食動物，即可將其單足轉化為四條「腿」，以極快的速度奔逃。啃食巨藻的時候，鮑魚會坐起身來，就像吃著尤加利樹葉的無尾熊。在亞洲人眼中，鮑魚柔軟有嚼勁的肉是天賜的美食。其殼狀似人耳，邊緣有著一排小洞，內面有著彩虹般的豔麗色彩。鮑魚是世界上最受珍視的一種貝類。

野生鮑魚的買賣，為南非的地下社會帶來了豐厚的財富。當地的漁業官員必須搭乘裝甲車，以免遭到操持自動武器的盜捕幫派襲擊。在德班、約翰尼斯堡、開普敦等地龐大雜亂的華人住宅區裡，曾經發現暗藏有地下的鮑魚乾燥與製罐工廠。在神奇的國際海鮮貿易裡，中國進口的澳洲鮑魚竟比澳洲政府准許的每年採集量多出一倍。如果按照目前這種盜捕速度，非洲沿岸的鮑魚將在二〇一〇年絕跡。日本的鮑魚品質最佳，體型也最大，一磅可賣到一千八百美元。

這樣的高價實在可笑，因為遭到過度捕撈的野生鮑魚其實絕不優於養殖鮑魚。只是就目前而言，用鐵橇從石頭上撬取野生鮑魚仍然比培養一隻鮑魚容易得多。鮑魚養殖和牡蠣養殖一樣，不但具有促進環境永續性的效益——鮑魚的啃食有助於巨藻的生長——而且產品的品質極為優異。加州的白鮑是最早受到聯邦政府宣告為瀕絕物種而獲得保護的海洋無脊椎動物，現在加州已有十五座鮑魚養殖場，法國的不列塔尼也有一座孵育場暨養殖場。養殖鮑魚雖然需要三年的時間才能長成足以販售的大小，但這個新興產業勢必可為有心遵循道德飲食的消費者增加一項選擇。

不過，只有養殖的鮑魚才是可靠的選擇。所以，上海那些合法或非法採集的野生鮑魚，絕對應該敬而遠之。

紅燒海參，營養階層 2.3

棲息在潮池底部的海參，看起來像是刺蝟與茄子雜交而成的產物。一旦遭到侵擾，海參會縮成橢圓形，外表滿是鈍刺；若是遭到嚴重侵擾，則會把內臟吐出來。（有些海洋生物會把自己的內臟從肛門排出，讓美味的內臟吸引掠食動物的注意力，再藉機逃逸。然後，就像斷尾求生的蜥蜴，海參也會再重新長出內臟。）海參這種傳奇性的自我再生能力，在馬來西亞促成了一門繁盛的家庭工業，生產各種以海參製成的產品，包括牙膏、按摩霜，以及飲料。在加泰隆尼亞，海參稱為「海中拖鞋」，經常被人烤來吃；那不勒斯人對海參的稱呼則是粗俗又生動，叫做「海中大便」。

海參煮過之後會恢復彈性，看起來就像一條身體腫脹又傷痕累累的香蕉蛞蝓，光看外表實在很難引起人的食欲。海參肉嚐起來像是水母，但比較黏膩，主要靠醬油調味。（鹽漬海參腸是深受日本人喜愛的美食，味道非常刺鼻。）海參相當有嚼勁，甚至會嚼得讓人心生不耐。在各種亞洲食物中，海參屬於以嚼勁取勝的一族。一整條海參經過精心烹調的價錢是八百八十元人民幣，相當於一百一十九美元，等於上海工廠勞工一周半的薪資。

海參之所以價錢昂貴，主要是因為稀有。可食的海參種類共有四十種，在菲律賓、印度與埃及都遭到嚴重的過度捕撈。南太平洋的海參被捕捉一空之後，這項產業就轉移到了加拉巴哥群島。截至一九九二年，厄瓜多潛水夫已採集了三千萬隻海參，剝奪了鸕鶿、企鵝及各種魚類的一大主食。加拿大剛在東岸開放了海參的底拖網漁業，印尼海盜也持續在澳洲北岸恣意捕撈以供應中國餐廳的需求。海參捕撈業至今仍然完全不受規範。

換句話說，食物鏈底層的生物不一定都是數量繁多。即便是底食生物，也有可能遭到過度捕撈。

醉蝦，營養階層 2.6

中國南部的廣東人會戲稱自己無所不吃的性格，除了四支腳的桌子以外，他們什麼都吃。「三吱兒」正是個中代表。這道菜吃的是活生生的幼鼠，幼鼠被筷子夾起來的時候會吱一聲，沾醬的時候吱一聲，入口的時候又會吱一聲。

上海美食專家江禮暘指出，食用活體動物是中國鄉間常見的情景。他說河南省的村民會把滾水潑在活生生的驢子身上，然後直接割下自己要吃的肉。（他接著說：「中國人深信『物以稀為貴』這句俗話。有些人認為，只有吃珍稀古怪的東西，才能突顯自己的財富和地位。」）不過，要是說到殘忍的海鮮，南韓人更是讓中國人望塵莫及，南韓人喜歡把活章魚切碎之後，趁著觸角還在蠕動趕緊送上桌。吃這道菜一定要咀嚼得夠徹底，不然章魚的吸盤會黏附在食道壁。

醉蝦是中國常見的一道菜。不過，在上海的餐廳裡，蝦子卻是活著上桌的。女服務生端上一只康寧餐盤，盤上盛著至少兩打的青灰色的蝦子，浸泡在由辣椒、柳橙切片及濃烈米酒煮成的滾燙高湯裡，腳和鬚都還不斷抽搐。一開始，盤裡的蝦子不斷彈彈跳跳，只因為盤上蓋著玻璃蓋，才不至於跳到桌上。接著，觸鬚開始亂轉；十分鐘之後，就全都醉倒了。若用筷子戳刺，牠們可能還會醒過來；饕客如果太急著吃，嘴唇也不免被蝦子咬上一口。不過，這樣倒也公平。

上海餐廳供應的是草蝦，全部出自養殖場。想像得到，這些蝦子在垂死之際，大概會把體內的抗生素和殺蟲劑全部排出來。

按照習俗，吃醉蝦的時候應該先喝個爛醉。

清蒸鯉魚，營養階層 3.1

在有記餐廳的海鮮食材裡，鯉魚大概是最佳的選擇。鯉魚和吳郭魚一樣，都是素食魚類，餵食草料剩菜即可養活。這項國內工業具有獨特的永續性，而且鯉魚極少外銷，主要都供當地居民食用。實際上，中國早在三千年前就發明了養殖漁業，當時即是把養蠶產生的廢物拿去餵食淡水池塘裡的鯉魚。

古時候的水自然乾淨得多。中國現在雖有十三億人口，占全球人口的百分之二十二，卻只擁有全球百分之八的水。流經中國都市的河流當中，有四分之三都因為河水太髒而無法捕魚也不能飲用。中國每年都有兩萬噸的重金屬和八百噸的氰化物倒進水裡。這些汙染物最後會流到哪裡去呢？答案是海裡。聯合國早已把黃河與長江的出海口宣告為死亡海域，因為汙染太過嚴重而完全見不到生物的蹤跡。每年春天，鄰接上海的東海都會出現藻類大量增生的現象，而且其中許多都帶有足以令人癱瘓的毒素。單在二〇〇五年一年內，這種紅潮就發生了八十二次，影響的海域面積幾乎和臺灣一樣大。上海所在處的長江三角洲，現已被視為是太平洋最大的汙染源。

對於明智的海鮮愛好者來說，世界上汙染最嚴重的國家竟然也是食用魚最大的來源國，不禁令人憂心。在中國，水產品所生長覓食的水域，其汙染情形常常達到全世界前所未見的程度。中國有四分之三的湖泊都深受藻類汙染，或者淪為缺氧的死亡水域。在這個國家裡，每三天就會有一場嚴重的工業意外造成河流的重度汙染。若把這些汙染事件所涉及的汙染物一一羅列出來——諸如砒霜、硝基苯、氰化物——看起來就像是施毒者指南一樣。

雖然鯉魚以內銷為主，蝦、大菱鮃、鱈魚、石斑、鰻魚等高價值的肉食動物則外銷到歐洲與北美。

二〇〇六年，中國為美國供應了六萬八千噸的蝦，超越泰國而成為全世界最大的蝦出口國。（這是相當晚近才出現的現象，根據聯合國糧農組織的統計數據，中國的蝦產量在一年間就增加了一倍以上。）整體而言，現在全球的養殖水產品有百分之七十都來自中國，而美國市售的海鮮則是每五件就有一件來自中國。

食品藥物管理署經常退回中國水產品，原因可能是產品中含有沙門氏菌、李斯特菌、硝基呋喃、致癌性抗生素氯絲菌素或是動物用藥，也可能只是因為產品「太髒」或「有毒」。不過，到了二〇〇七年，食品藥物管理署卻因為進口產品的汙染問題所引發的抗議聲浪太過強烈，於是宣布將禁止中國進口的若干海鮮產品，包括蝦子、鯰魚、鰻魚、波沙魚（鯰魚的一種）。但針對中國的部分食品開刀只不過是權宜之計：美國也向泰國、印尼、印度以及其他亞洲國家進口上千噸的海鮮，這些國家同樣各自有禁藥和水質不佳的問題。二〇〇六年，美國進口了八十六萬航次的海鮮，只有百分之一點三受到抽查，更只有百分之零點五九真正送到實驗室裡進行嚴格檢驗。海鮮產業的內部人士表示，鮮魚雖然很容易腐敗，卻從來不受檢驗。令人擔心的是，食品藥物管理署至今仍不檢測若干在亞洲水產養殖業裡最常使用的化學物質。中國一名調查記者發現，在福建與廣西等南部省分，持有執照的獸醫經常把還不受北美與歐洲檢驗的抗生素賣給養殖漁民。食品藥物管理署分析養殖場的樣本之後，發現亞洲養殖水產品內經常檢出的沙門氏菌，原來是來自養殖池裡的糞便細菌。換句話說，這些水產品竟然生長在糞便當中，包括人類與牲畜的糞便。二〇〇六年，癌症成了中國的頭號殺手，衛生官員明確歸咎於汙染與殺蟲劑。

實際上，美國根本沒有必要從中國進口鯉魚，因為現在美國的河流裡就有許多野生的亞洲鯉魚了。一九七〇年代，美國南方的鯰魚養殖者進口鯉魚以清除養殖池裡的藻類，結果有好幾千條在一九九三年的密西西比河洪水中逃出了養殖池外。鯉魚一天可以吃進自身體重一半的食物，而且可以長到將近三十公斤重。現在，密西西比河上的船夫經常遭到躍出水面的大鯉魚撞斷鼻子或手臂。亞洲鯉魚已把若干支流的食物鏈底層生物吞食一空，把小型的浮游生物掠食者吃得絲毫不剩，以致當地的原生魚類紛紛因缺乏食物而餓死。這些外來侵略者正不斷北移，目前只有芝加哥河上的一面電網阻卻牠們進入五大湖。

所以，無論在家鄉還是在國外，盡情吃鯉魚吧。吃鯉魚和吃水母一樣，都是有利公益的行為。

辣煎曲紋唇魚，營養階層 4.0

曲紋唇魚棲息在珊瑚礁周圍，重量可達一百八十公斤，體長達一百八十公分。潛水員都相當喜歡這種魚，因為牠們就像好奇又友善的狗兒，會啄食潛水員手掌上的食物。大頭凸眼又板著一張臉，曲紋唇魚肥厚的嘴唇就像好萊塢那些對膠原蛋白求之若渴的女明星。這種魚的嘴唇在中國餐廳裡尤其受到重視，一份的賣價可高達兩百五十美元。不久之前，在香港的一家餐廳裡，活生生烤熟的一整條曲紋唇魚，剖開肚腹上桌，要價高達兩千七百美元。隨著中國的經濟起飛，曲紋唇魚的命運卻是一路走下坡。這種魚在一九九五至二〇〇三年間遭到大量捕撈，以致數量只剩先前的的百分之一。

曲紋唇魚和鞍帶石斑、大黃魚以及其他礁魚一樣，都遭到人類破壞力最嚴重的捕撈方式所捕捉。首先是炸魚：第二次世界大戰期間駐紮於太平洋的美軍士兵發現，只要把手榴彈拋到珊瑚礁上，即可震昏數以百計的魚隻，等牠們浮上水面再撈起即可。後來，漁民改用炸藥，把許多珊瑚礁炸成了碎片，例如中國本土位於香港對面的大青針，就只剩下一片碎石和海膽。亞洲各國對這種破壞行為的罰款都是低得可笑：菲律賓漁民在珊瑚礁上一天可賺取七十美元，炸魚的罰款上限卻是九美元。只有印尼立法禁止炸魚行為。

數十年來，中國饕客一直是礁魚市場背後的動力。一九五〇年代，香港的魚類需求有百分之九十都來自當地沿海。後來，在汙染與過度捕撈的衝擊下，商人於是開始向外尋求魚源。接著，又發展出了一種破壞力同樣強大的新技術：氰化物捕魚法。潛水員先把幾片氰化鈉藥片壓碎之後裝進塑膠瓶裡，噴在珊瑚塊上，即可將魚隻迷昏，再用網子撈起來。魚如果躲在珊瑚礁裡，潛水員就會用手把珊瑚撕開。魚隻撈起之後，先暫時養在淺水環礁，任由來自香港、臺灣、新加坡的買家——現在又加上中國——挑選採買。珊瑚礁遭到炸藥破壞之後還可重新生長，遭到氰化物噴灑則是就此死亡。受損的珊瑚礁上的海藻和細菌叢生，不出幾個周就會死去。（根據估計，使用氰化物捕魚法，每捕得一條魚，就不免摧毀一平方公尺的珊瑚。）氰化物只會在魚體內殘留一小段時間，所以魚販不必擔心顧客會因此中毒。不過，這種捕魚方式對漁夫而言卻有致命的危險：許多漁夫都因為不慎游過噴有氰化物的海水而陷入癱瘓。

自從一九七〇年代以來，遭到氰化物捕魚法破壞的海域已從香港向外擴張，及於印尼、馬來西亞、菲律賓，甚至是位於香港以西五千公里處的馬爾地夫。東沙環礁位於香港東南方三百二十公里，由白沙和珊瑚形成幾近完美的圓圈，在過去曾是南中國海許多幼魚的生長地。不過，遭到兩百五十噸的氰化物和五噸的炸藥摧殘之後，東沙環礁已成了一片海洋荒漠。潛水員指出，現在當地方圓數公里內連一條魚也看不到。

世界各地的珊瑚礁都早就因為汙染與水溫上升而奄奄一息，再用炸藥和毒物加以破壞實在是短視至極的行為。目前已知的海洋生物當中，有四分之一都棲息在珊瑚礁上，種類可能多達九百萬種。珊瑚礁一旦消失，這些生物也會跟著消失。屆時，像有記這種專門供應礁魚的餐廳也將關門大吉。

破壞性捕魚的潮流起於香港，但現在延續這股潮流的卻是中國。二〇〇六年，科學家在印尼巴布亞島西岸外海發現了一個新的生態體系，他們稱之為「鳥頭海域」，其中不但棲息著革龜與虎鯨，而且因為水溫較低，所以珊瑚群落並未產生白化的現象。於是，這片海域也就被稱為物種工廠。發現了鳥頭海域之後，中、韓兩國的漁民就開始遊說允許前往活動。科學家估計指出，商業漁民一旦利用炸藥與氰化物，只要五年即可毀掉該片海域豐富的生物資源。總的來說，當地已發現了五十二種人類前所未知的生物，包括副唇魚，以及一種能夠以鰭在海底行走的夜行性鯊魚。

這些生物想必有不少終究還是會被抓到有記餐廳的水箱裡。

以青鯊魚翅做成的佛跳牆，營養階層 4.2

鯊魚是海洋裡的頂級掠食者，處於食物鏈的頂端，是地球上最古老也最成功的一種掠食動物。鯊魚的性成熟速度遲緩，通常每一到三年只會產下一、兩條幼魚。不同種類的鯊魚大小相差極大，小的如雪茄鮫，差不多就是一根古巴雪茄的大小；大的如鯨鯊，則是海裡體型最大的魚類，長度相當於一輛市公車。《大白鯊》電影裡的那種大白鯊，即便腦腔插進了一根魟魚刺，也還是能夠一口吞下一隻海豹。不過，就算是這麼凶猛的鯊魚，也敵不過食物鏈中真正的霸王：亞洲饕客。

有記餐廳最昂貴的湯品叫做佛跳牆，使用的食材包括稀有的紅鮑、海參，還有燉魚翅。這道菜的名稱源自一則傳說：有一個和尚——有些版本甚至聲稱是釋迦牟尼本身——聞到一座庭院裡傳出香氣，因此饞涎欲滴，忍不住躍過了圍牆。在舊金山與倫敦的唐人街，一小碗佛跳牆的價格可高達兩百美元以上。相較之下，有記的佛跳牆可謂划算至極，一碗只要兩百六十八元人民幣，相當於三十六美元。

在二十世紀期間，魚翅湯原本是廣東地區特有的菜餚，北京的官員常笑稱之為菁英級的放縱享受。當今的中國顯然以放縱為尚，所以只要是有暴發戶的地方，就看得到魚翅的蹤影。現在，一般認為中國每年吃掉一萬兩千噸的魚翅，價值約三十三億美元。這門生意已將全球鯊魚數量逼近崩潰的地步，在世界上已知的四百種鯊魚當中，八十三種都已瀕絕，而且有二十種預計將在未來十年內絕跡。

在上海，占地廣大的銅川水產市場裡有一塊室內區域，其中除了鮑魚和水母攤販外，還有一整條魚翅街。這裡的魚翅來自全球各個海洋，以塑膠袋一一包裝，堆疊在小隔間裡。其中有灰鯖鮫和鼠鯊的魚翅，也有鋸峰齒鮫經過漂白的背鰭。已被世界保育聯盟列入近危物種的鋸峰齒鮫，其魚翅皆以每磅一百零三美元的價格賣給上海各大飯店。

有一種稱為「割鰭」的做法，是用加熱的金屬刀片把活鯊的胸鰭和背鰭割掉。由於鯊魚肉價格低廉（一磅五十美分），鯊鰭則售價高昂（批發價可達鯊肉的七百倍以上），所以漁民根本無意在船上載運難以保存的鯊魚屍體。於是，割了鰭的鯊魚就被活生生地踢回海裡，常常得掙扎幾天之後才會死亡。《生態學通訊》（*Ecolog y Letters*）在二〇〇六年刊登一篇論文，其中以香港魚翅市場的調查為基礎，推估每年遭到割鰭而死的鯊魚多達三千八百萬條。在加拉巴哥國家公園這座世界第三大海洋保護區裡，獵鯊行為雖然受到明令禁止，每年卻還是有三十萬條鯊魚遭到捕殺。

導演李安、武打明星成龍、臺灣總統陳水扁、以及籃球明星姚明（原本隸屬於上海大鯊魚籃球俱樂部），都拍過公益廣告，籲求他們的華人同胞切勿再吃魚翅湯。二〇〇五年，香港大學與剛開幕的香港迪士尼樂園，都宣布不再供應這道菜餚。目前已有十七個國家禁止割鰭行為，包括美國、澳洲、加拿大在內，但中國進口的魚翅卻有三分之一來自歐盟。西班牙不但是其中犯行最惡劣的國家，而且還努力遊說歐洲議會放寬割鰭禁令。

長久以來，科學家一直想知道鯊魚如果消失，會對海洋造成什麼樣的後果。現在，答案已經快要在北大西洋揭曉了。「美國東岸的大型鯊魚可說等於已經絕跡，」哈立法克斯市戴豪斯大學研究人員包姆（Julia Baum）指出：「因為目前剩下的少數鯊魚，已扮演不了頂級掠食者的生態角色了。」重達一百六十公斤而且鰭上有著醒目白色標誌的白鰭鯊，直到一九六〇年代都還是地球上數量最豐富的大型動物。四十年後，這種鯊魚在墨西哥灣卻幾乎完全不見蹤影。大西洋沿岸各地的情形也都大同小異：自從一九七二年以來，低鰭真鯊、灰色白眼鮫、平滑鮫與雙髻鯊的數量都被捕獵到僅剩原本的百分之一。科學家把這種現象比擬為當初美國中央大平原上的野牛在不知不覺間銷聲匿跡的狀況。鯊魚數量崩潰所帶來的衝擊非常鮮明。這種主要掠食者消失之後，小型的魟魚就開始大量繁殖。根據估計，美國東岸目前共有四千萬隻叉頭燕魟，而且仍不斷以每年百分之八的速度增長。這些魟魚向南遷徙到佛羅里達州，即把當地的牡蠣和海螂蛤捕食殆盡，也摧毀了北卡羅萊納州百年來的干貝漁業。

已故的戴豪斯大學漁業科學家麥爾斯（Ransom Myers）在他主筆的研究中寫道：「造成這場悲劇的原因，一是持續的過度捕撈，二是魚翅湯這道奢華菜餚的需求居高不下。這種生物若要繼續生存下去，捕鯊活動就必須減半，同時也必須實施全球性的割鰭禁令。」

魚翅湯其實沒有特別美味。曬乾後的魚鰭必須燉煮二十個小時，煮到軟骨都分散成針狀的細絲，像是堅韌的麵線。魚翅湯的味道其實來自湯裡的其他材料，例如香菇和干貝。魚翅湯對健康也不是特別有益。大多數的魚翅都會用雙氧水漂白以增進賣相，而且魚翅裡水銀充斥，吃起來大概和吞下溫度計差不多。

在中國，魚翅湯大概是最接近食物鏈頂端的菜餚。然而，人吃的東西愈是接近食物鏈的頂端，對自己的健康和海洋的健全愈是無益。大啖曲紋唇魚和魚翅是徹底的頹廢放縱，是貪得無饜的土匪行為，完全不顧及是否留下任何資源供後代享用。

吃乾抹淨

在有記餐廳裡，金豬年的除夕晚宴已經結束。身穿金色旗袍的女服務生清理著桌上一盤盤幾乎沒人動過的青菜以及吃了一半的魚。餐廳外，街道巷弄裡不斷迴盪著充滿節慶歡樂的鞭炮聲。但在這天晚上，爆竹的聲響聽起來卻像是太平洋裡撕裂著珊瑚礁的炸藥爆炸聲。

海洋的未來可能就掌握在中國人的手裡。當前亞洲的海鮮消費量占了全世界的三分之二，近來中國更在全球市場上以高過日本的價格搶購阿拉斯加狹鱈與養殖鮭魚這類基本商品。中國的漁船多達二十八萬艘，冠於世界各國，其遠洋船隊可見於西非、俄羅斯、紐西蘭、祕魯以及伊朗等地的海域，遍及世界上的每一座海洋。

中國雖然是盜捕漁獲市場的主要推手，其遠洋船隊的規模卻仍及不上日本、韓國與臺灣；而在非法、未提報及不受規範的捕魚行為上（簡稱ＩＵＵ捕魚行為），又以臺灣最為惡名昭彰。（西班牙本身兩百海浬的沿海內幾乎找不到一處良好的漁場，是歐洲各國裡ＩＵＵ捕魚行為最嚴重的國家。）海盜漁船可以任意購買權宜船籍，掛上蒙古、巴拿馬、賴比瑞亞等非國際捕魚協定簽署國的國旗，捕到的漁獲則在海上卸載給大型運輸船，運到西班牙加那利群島的帕爾馬斯（Las Palmas）這類沒有港口管制的地區，再由這些權宜港轉銷到歐洲或亞洲。整體而言，目前共有兩千八百艘漁船，約是全世界大型漁船的百分之十五，都掛著權宜旗從事捕魚行為。當前全世界的漁獲當中，至少有五分之一、甚至可能多達三分之一，都是來自這種ＩＵＵ捕魚行為。現在，黑鮪魚在東京的黑市價格為一盎司十九美元，智利海鱸一尾的賣價可達一千美元，因此海鮮的價值已達到可與管制藥品相比擬的程度。於是，各種黑社會組織，包括利比亞的黑鮪魚盜捕集團乃至亞塞拜然的魚子醬黑幫，都紛紛想方設法規避管制這類珍貴商品的國際法。

中國人對海鮮的龐大需求，的確是對ＩＵＵ捕魚行為推波助瀾的罪魁禍首。中國光是沿海地區的居民就多達四億人，是日本全國人口的四倍；隨著這些人口的經濟情況日益改善，他們對海鮮的胃口也愈來愈大。一九八〇年，中國的年平均海鮮消費量為每人五公斤。二十年後，這個數字已成長至原本的五倍，達到二十五公斤。就算平均海鮮消費量不變，中國的海鮮消費總量也會因為人口增加而在二〇二〇年達到每年三千七百萬噸的規模。目前全世界的海洋與養殖場所生產的水產品，一年只有一億四千萬噸。

不久之前，中國人還不懂得吃日式生魚片。不過，現在上海與北京已有數以百計的迴轉壽司餐廳，以每盤五元人民幣（六十七美分）的價格供應海膽籽、比目魚及章魚的握壽司。

換句話說，中國人在經濟富足之餘，也開始愛上了壽司。

這對全世界的水中生物而言，可說是個噩耗。

CHAPTER 8

告別鮪魚

日本｜黑鮪魚生魚片

東京的築地市場獨步全球，堪稱是比靈斯門市場與《銀翼殺手》的混合體，規模可與富頓魚市場相比，同時又充滿了《海底兩萬哩》的奇特生物。

初到東京的外國遊客，若是在清晨四點半來到築地市場，必然不免經歷一場重大的感官震撼。凌晨時分，銀座的街道一片靜謐。走進築地市場，則宛如來到了一座閃耀著螢光燈的夢中城市。身上帶著魚鉤與彎刀的男子，沒好氣地忙著把滴著水的鮪魚木箱搬到運貨臺車上，冷凍的魚頭則在談笑聲中從水泥地上滑行而過。這裡就像是東京這座耀眼城市的後臺，在世人稱頌的優雅與精準背後，原來藏著一座水中生物的奧許維茨集中營。築地市場占地二十公頃，聚集了五萬人口，擁有自己的銀行與郵局，還有一家酒品商店和一間圖書館，其中的經濟活動完全聚焦於海鮮的買賣。在這裡，平均一天賣出兩百二十七萬公斤的海鮮，兩周的交易量就抵得過倫敦比靈斯門市場一整年賣出的海鮮數量。築地市場一年批發的海鮮價值五十億美元，相當於斐濟的國內生產毛額。

築地市場位於隅田川畔，是東京最古老的市區。市場大廳是一座一九三〇年代的古老建築，外型有如彎曲的手肘，裡面的空間則像歐洲火車站一樣寬廣。這裡陳列的種種水中生物如果不是注定要淪落到廚師的砧板上，否則實在算得上是一座帝皇的動物園。美國人類學家貝斯特（Theodore Bestor）所寫的《築地：世界中心的魚市場》（*Tsukiji: The Fish Market at the Center of the World*），是介紹築地市場的最佳書籍。他指出，在日本水域裡的兩千種生物當中，至少有四百種可在築地市場的一千六百七十七個批發攤販上買得到。即便是學經歷最豐富的分類學家，大概也難以一一指認出築地市場裡販賣的每一種生物。

在狹窄的走道上，身穿潛水服的搬運工人拉著推車來來去去，車上堆滿了垂掛著觸角的保麗龍盒。穿梭在他們之間，我只覺得眼花瞭亂。我看著活生生的巨螯蟹，蟹螯被橡皮筋綁了起來，旁邊的水箱裡則裝滿了「縮緬雜魚」，也就是曬乾的沙丁魚幼魚，是酒吧裡常見的小菜。我瞪眼瞧著鮟鱇魚肝上一層層紫色與奶油色的皺摺，還有旁邊那一箱箱的淡水泥鰍，看起來彷彿是蛇與鯰魚雜交而來的動物。對於其他奇形怪狀的水產品，我更是看得瞠目結舌，包括浸泡在自身血液裡的鱔魚；來自石川縣，長相宛如陽具的象拔蚌；翻車魚盤旋成堆的腸子；還有從英屬哥倫比亞空運而來的鯡魚卵，大小和香檳氣泡差不多，全都擺在綠色巨藻上。凸眼的金眼鯛以其鮮亮的橘色吸引了我的目光，一盎司要價高達三十美元的海蛞蝓魚子醬令我深感訝異；一條黃尾鰺被一根大釘打進頭部，脊髓裡又穿入一條鐵絲，這樣的景象則是讓我反胃不已。鱵魚和諾亞魁蛤，墨魚和白帶魚，魴鮄和竹莢魚——對於酷愛窺奇的海鮮愛好者來說，築地市場堪稱是人世間的天堂。（至於在水族箱裡瞪著大眼的章魚，眼前這片景象必然有如人間地獄。）

帶我參觀築地市場的導遊有兩人，一個名叫直人，另一個是綽號「無線電遙控」的榮三。他們兩人都是退休了的海鮮進口商，以略帶挖苦的語氣向我介紹他們過去的工作場所。（我剛聽到榮三的綽號，原本還隱隱期待他身上會裝著天線，由遙控器指引著穿越市場。不過，實際上他是個普通中年人，身穿一件老舊的襯衫，之所以會有那個綽號，原因是他「深深著迷於無線電遙控的模型飛機」。）我們從場外市場展開導覽之旅，這裡滿是壽司餐廳和販賣清酒、手工刀具和新鮮山葵的商店。波除稻荷神社是築地市場裡的神道廟宇，直人和榮三教我在祭祀壽司、蛋及貝類的石碑旁鞠躬兩次並且拍手。

「漁夫、壽司廚師還有魚販都會到這裡為他們屠殺那麼多的魚兒道歉，」榮三解釋道。

到了市場建築裡，直人和兩個拿著筆記板的年輕女子互相捉迷藏，先從牆角偷偷查看一間冷藏室，然後才閃身進去。「東京都廳的官員很討厭，」直人說：「他們有時候會把我們從這裡趕出去。」冷藏室裡堆滿了一箱箱的海膽籽。一團團杏黃色的海膽籽，排列在雲杉木的箱子裡，看起來就像寶石一樣珍貴。

「我們所謂的『馬糞海膽』是饕客心目中的極品。吃海膽籽，顏色要挑亮橙色或金黃色的，」曾經靠著進口海膽籽為生的榮三說：「海膽有從加州、加拿大和智利進口的，但是我們國內來自北海道的海膽，當然還是第一名！」一盒一百公克裝的日本北部海膽籽，售價可高達七千日圓（六十五美元）。

這兩位堅持己見的導遊催促著我到螢光燈照明的大廳裡，因為當天的重頭戲即將登場：也就是鮪魚拍賣會。數百條黑鮪魚排列在木架上，魚體圓滑流線，猶如齊柏林飛船；閃閃發亮的魚鱗，從腹部的銀灰色轉為側線的鮮藍色，再轉為背鰭的深藍色。這些充滿光澤的魚屍已成了商品：腹部早已切開，身上貼著標示來源地的國旗，並以紅漆塗上編號。數字愈小，代表預期的拍賣價格愈高。一臉嚴肅的工作人員用魚鉤掀起尾部的橙紅色魚肉，檢查是否有「焚身」的現象。所謂的焚身，就是黑鮪魚在捕撈過程中掙扎得太過激烈而傷及魚肉的痕跡。他們摸一摸魚肉，再摩擦拇指和食指以檢查滑潤的程度。榮三說，油脂愈多愈好。

室內突然響起一陣搖鈴聲。一號魚展開了拍賣，是一條捕自伊朗的巨魚，重達兩百五十公斤。買家戴上棒球帽，帽子上的塑膠標籤標示著執照編號。拍賣主持人踏上一張矮凳，買家隨即在他身邊圍成一個圓圈。主持人開始招呼買家出價，一面高聲喊著數字，身體一面隨著節奏上下起伏，臉上也因為亢奮而漲得通紅。買家則是一副冷靜的模樣，只偶爾舉手出價。（在這種拍賣會裡，買家競標並不出聲，只舉起手指代表出價。如果有兩人以上出價相同，則以類似猜拳的方式決定是誰得標。）拍賣不到十秒鐘即告結束，得標的買主在一本筆記簿上簽字，對於自己的勝利只露出一抹不易察覺的微笑。這時候，拍賣主持人已把矮凳拉到二號魚前面，這條黑鮪魚的體型較小，捕自鱈魚角。在接下來的半個小時裡，兩百條鮪魚就這麼一一拍賣出去，而且這場拍賣會還只是築地市場裡數十場拍賣會的其中一場而已，樓上有海膽籽的拍賣，水泥遮陽棚下也有數百名買家坐在木頭長凳上競標國內的斑節蝦，在戶外的碼頭上，腳蹬長統橡膠靴的商人爭相競標著捕自大西洋的劍旗魚和旗魚。（築地市場的魚貨仍有部分由船隻運送而來，但現在大部分都是從成田機場由卡車載運而來。魚販笑稱成田機場是日本最大的漁港。）對其中一大部分的魚貨來說，築地市場只是個決定價格的集貨中心。價格決定之後，人類不惜耗費大量的化石燃料再把魚貨送回機場，由飛機運往雪梨、溫哥華以及紐約等地的頂級餐廳。

「一號魚的買主以一公斤八千日圓的價格得標，」直人說，一面把數字輸入計算機。「那條魚重兩百四十八公斤，總價將近兩百萬日圓。」相當於一萬六千八百美元。「這個價格算低了，」他接著說：「黑鮪魚在十二月總是貴得多。」

實際上，每年的第一條黑鮪魚因為備受矚目，售價也高居全球各種魚類的第一名。二〇〇一年，一條兩百公斤的黑鮪魚以兩千萬日圓的價格賣出，按照當時的匯率換算等於十七萬四千美元（那名買家後來因此破產）。若以同樣的單位比較，黑鮪魚的價值簡直高過了犀牛或大象。由於這樣的高價，世界各地的漁民因此都不顧限額，不惜冒著被判罪的風險捕捉黑鮪魚。畢竟只要抓到一條品質夠好、斤兩又足的黑鮪魚，賺的錢就足以送孩子上哈佛了。不過，時代也在改變。直人說，十年前的黑鮪魚可以達到一頭牛的大小，現在最大的也差不多只有藏寶箱那麼大了。

那條伊朗的黑鮪魚被搬上了一輛鋼輪手推車。我們跟著這尾冠軍魚穿越一條走廊，閃避著柴油堆垛車，來到「飛鳥」的攤位，這是一家專賣鮪魚的中盤商。我們抵達的時候，剛好來得及目睹「鮪魚的對話」，也就是解魚師傅把體型龐大的黑鮪魚切割成生魚片。（冷凍黑鮪魚的對話其實有點馬虎，只是單純用帶鋸切成一塊塊五公斤重的魚肉。）三個學徒合力把魚扛上一座四腳木砧板，解魚師傅隨即擎起一把木柄長刀，刀身長度近一公尺，刃面上刻著製刀師傅的名字，是一位過去專門鍛造武士刀的名師。解魚師傅持刀在手，前後來回鋸著魚肉，一手墊著布壓在刀背上。

剩下最後一刀的時候，他抽出了另外一把刀子，刀身比手臂還長，刀鋒和剃刀一樣鋒利。一切之下，黑鮪魚隨即分為兩段。這兩段又陸續搬到另一塊砧板上進一步切割。魚肉最後切成一片片可供販售的三角形，表面可見到一絲絲的油花，魚肉則呈深紅色。黑鮪魚的最佳部位是位於胸鰭下方的腹肉，顏色比較淡，等於是鮪魚的里脊肉。腹肉當中的頂級部位是充滿油脂的「蛇腹」，切自腹部底端。在行家眼中，本州島北端的黑鮪魚所切下的蛇腹，乃是海鮮的最高境界。

飛鳥這一天標下的伊朗黑鮪魚，將以每公斤一萬八千四百日圓（每磅八十一美元）的價格賣給壽司餐廳，而餐廳又會把價格提高至少一倍，所以一份腹肉生魚片至少要價十七美元。不過，在東京的頂級餐廳裡，價格絕對比這高得多。飛鳥的老闆飯田遞給我一張紙條，上面寫著銀座一家餐廳的地址，是他供應黑鮪魚的數十家餐廳的其中一家。我相信他對這些餐廳瞭如指掌，因為他是魚販家族的第七代成員，他的家族自從一八〇〇年就已在東京批發海鮮了。

「日本最棒的壽司餐廳在銀座，」飯田對我說：「位在歌舞伎劇院隔壁的金田中餐廳則是銀座最頂級的其中一家。」金田中的確是最有名的一家餐廳，座上賓皆是企業老闆和他們的歌舞伎女伴。一九八〇年代，金田中也招待過季辛吉與卡特。在那裡享用以黑鮪魚為主菜的餐點，通常一人就得花上八百美元。現在，你也可以到金田中享用價格只要四分之一的懷石料理。（隨著日圓貶值，目前世界上最昂貴的壽司餐廳反倒出現在倫敦與曼哈頓。）不過，金田中餐廳仍然必須在幾周前事先訂位，所以我根本不可能有機會到那裡用餐。

所幸，東京共有三十萬家餐廳，而且供應腹肉生魚片的餐廳在其中似乎占了相當高的比例。光是在築地市場鄰近的幾條街上，就有數十乃至數百家的小型壽司餐館。幸好如此，因為參觀過築地市場之後，我已餓得足以吃下一條黑鮪魚了。

我早就認定日本是個能夠讓我暫時放縱口腹之欲的好地方。這個國家為了讓饕客享用到沒有旋毛蟲病的新鮮豬肉，豬仔特別採取剖腹接生。日本人把活生生的鰻魚苗煮成一塊塊的豆腐，成魚則是被人從眼睛釘在砧板上，活生生地剝掉外皮。來到日本這個毒河豚饗宴之鄉，絕對要放開心胸，更要勇於嘗試。

依照各人觀點不同，日本的海鮮文化可以是該國精緻文化的代表，也可以是人類貪婪的終極表現——即將導致海洋裡的大魚在我們有生之年內消失殆盡。至於哪一種觀點才算正確，則只有一個方法可以得知。在日本停留期間，我將暫時把道德判斷拋在一旁，盡情享用當地的各種海鮮美食。這個自古以來就從海中攝取養分的文明，對於如何在保育和濫吃之間取得平衡，想必有值得世人學習的地方。

日本人說，每嘗試一種新食物，就可以讓人多活七十五天。依我那天早上在築地市場目睹的景象來看，我顯然可以長命百歲了。

黑鮪魚早餐

儘管中國急起直追，日本目前仍是全世界排名第一的海鮮消費國，平均每年每人吃掉六十公斤的海鮮，相較於全球平均的十五公斤，高達四倍之多，也等於是每人每天吃掉六片生魚片。對大多數日本人而言，所謂海洋的變化將迫使他們改變自己的飲食習慣，不僅言之過早，也根本是想都沒想過的事情。現在全世界捕捉的魚，每十條就有一條是在日本被吃掉的。

鑒於歷史、文化以及地理上的因素，這個現象應該不令人意外。日本是個可耕地不多的群島，又位於北太平洋這座全球養分最豐富的海洋上。在十九世紀之前，佛教與神道教信仰都反對食用四足動物。而且，不同於朝鮮與中國，日本是所有平民百姓都遵循這樣的教誨。（頭腦靈活的饕客當然也有辦法鑽這種宗教限制的漏洞，例如野豬就被叫做「山鯨」。）在第二次世界大戰之前，日本是全球最大的捕魚國，目前仍有許多個體戶漁民生活於日本海岸上的數千座小港口內。

數百年來，海鮮已經深深融入日本人生活中的每個面向。雜貨店的貨架上總是陳列著一排排海鮮口味的嬰兒食品，罐子上的標籤印著各種臉上掛著微笑的卡通魚隻圖案，包括比目魚、鱈魚以及鮭魚。在兒童卡通《麵包超人》裡，炸蝦飯超人和飯糰人等角色都真的可以吃，而不像海綿寶寶只是個單純的人物。許多運動隊伍，包括廣島鯉魚隊在內，都以水中生物為名。海鮮也是不少書籍的主題，包括旅遊書籍（如暢銷書《世界各地的迴轉壽司》）以及漫畫（如橋本光男的《築地魚河岸三代目》）。海鮮甚至在性愛當中也占有一席之地：「女體盛」是把壽司放在女子的裸體上，由性伴侶拿筷子挾來吃；「鮪魚」指的則是在性愛中缺乏反應的女人（之所以會有這樣的聯想，原因是鮪魚游水的時候脊椎不彎曲，只擺動尾鰭）。「觸角色情動漫」是動畫與漫畫當中一種熱門的次類型，其中的女子總是遭到頭足類怪物的暴力凌辱。目前所知最早的這種作品，是一八二〇年的一幅木刻畫，畫面中可見到兩隻章魚凌辱一名採珠女。

在日本人食用的各種海鮮當中，就以鮪魚最受珍視。日本人每年吃掉六十萬噸的鮪魚，占全世界鮪魚漁獲量的三分之一。鮪魚裡最頂級的種類是黑鮪魚，又稱為「本鮨」，即「真鮪魚」之意。全世界百分之八十的黑鮪魚都賣到日本。

黑鮪魚雖然充滿神祕，在東京卻不難找到。舉例而言，在距離築地市場幾百公尺處的一條窄巷裡，有一家叫做「山洞」的餐廳，到這裡吃一頓腹肉生魚片的早餐絕對划算。我低頭穿越門口的布簾，在長櫃臺前坐了下來，點了一碗鮪魚丼。老闆是個微微駝背的婦人，說起話來有著老菸槍的沙啞聲調，而且那凶猛的神態恐怕連最粗魯的魚販都招架不了。她為我端上一碗飯，上面蓋著六片富含鐵質的櫻桃色赤身（鮪魚背部的肉），還有三片顏色較淡的腹肉生魚片。米飯上擺著山葵醬，赤身底下還藏著薄薄的薑片與海菜。腹肉的粉紅色與小黃瓜片的綠皮白肉以及青色的紫蘇形成鮮明的對比。紫蘇是種新鮮香草，嚐起來像是加了胡椒的羅勒。（我的隨行翻譯由美說，紫蘇搭配生章魚尤其美味。）

我夾起碗裡的腹肉生魚片，沒有沾醬油就直接塞進嘴裡。魚肉滑過舌頭，冰涼潮濕，入口即化，隨著我的體溫而在油花處分解開來。黑鮪魚腹肉就像法國人說的，讓人齒頰留香，味道在嘴裡緩緩發散，逐步刺激舌頭上的味蕾，讓人依序感受到鮮味、鹹味與甜味。腹肉生魚片有點像是不列塔尼的半鹽牛油，也有點像是滑膩的韃靼牛排。我突然理解日本人為什麼要這麼大費周章了。黑鮪魚和罐裝鮪魚的差別，大概就像和牛與牛肉醬裡的碎肉一樣天差地遠。我這頓早餐，包括味噌湯和鹽漬茄子在內，要價總共一千六百日圓（十四點八五美元）。以這樣的價格，我一個星期至少可以吃上兩三次黑鮪魚。

不過，我對黑鮪魚的瞭解愈深入，愈是覺得我這輩子大概不可能再吃第二次腹肉生魚片了。

海洋中的渡渡鳥

海明威在一九二一年於西班牙西北部的維戈港（Vigo）首次見到黑鮪魚。那條魚長一百八十公分，當時正奮力追逐著沙丁魚，突然間「嘩啦一響」，躍出水面。接著落回水裡的聲響，更是「有如馬匹在碼頭上飛奔落海的聲音」。海明威心想，誰只要捉得到這麼樣的一條魚，必可「昂首矗立於諸神面前」。

黑鮪魚是海洋裡極為引人矚目的魚類，剛出生時只是肉眼都難以看見的小魚苗，長大之後的長度卻可達到四點五公尺，重量也可達六百八十公斤。黑鮪魚和鯊魚一樣，必須不斷游動才能呼吸，又和哺乳動物一樣屬於溫血動物，仰賴動脈與靜脈構成的微血管束調節肌肉與眼睛的溫度，而使得牠們的棲息範圍能夠廣及赤道乃至北極圈。（實際上，黑鮪魚共有三個不同品種：南方黑鮪、大西洋黑鮪與太平洋黑鮪。科學家曾經追蹤一條太平洋黑鮪來回橫越太平洋三次，洄游距離長達四萬公里。）黑鮪魚是效率驚人的狩獵機器，不但擁有雙眼視覺，滿布纖維的鐮刀狀尾部更可每秒來回擺動三十次，快得人眼都看不清楚。黑鮪魚的身體呈魚雷狀，其中四分之三皆是肌肉，一旦奮力奔游，時速可達八十公里。牠們成群獵食的時候，會形成拋物線的形狀以減少摩擦力，也會為了躲避虎鯨而躍出水面。

傳統的捕魚方式雖然血腥，但屠殺這些美妙動物的數量至少有限。地中海有一種流傳了三千年的黑鮪魚捕撈法，先把遷徙的黑鮪魚趕向沿岸一連串愈來愈小的漁網，最後再把牠們驅入「行刑室」，由漁民用三公尺長的魚鉤把牠們刺死（西西里人把這樣的捕魚活動稱為「屠殺」）。數十年來，鱈魚角的黑鮪魚漁民總是從小漁船的標槍臺上丟擲魚叉捌殺黑鮪魚，不但得在洶湧的海上頂風冒浪，獲得的金錢報酬又不高。才不過一個世代之前，大西洋黑鮪魚在美國東岸只能賣得一磅幾美分的價錢，而且還是用於製作寵物飼料。休閒釣客如果釣到黑鮪魚，則通常由推土機掩埋於土裡。

科技與經濟上的變化，已經把黑鮪魚漁業從漁民和這種掠食動物的搏鬥轉變為大規模的收割活動。通電的魚叉可讓魚隻當場斃命而拖回船上。一九六〇年代，巾著網漁船——就像我在葡萄牙看到的那種沙丁魚漁船——開始出現，布一次網即可撈起三百條魚，這是過去的魚叉手花上十年才達得到的數目。在義大利人所謂的「空中屠殺」捕魚活動中，地中海與大西洋的巾著網漁船和偵察機共同合作，由小飛機透過無線電引導漁船前往魚群聚集地。

另一方面，日本人的口味也出現了改變。黑鮪魚在以前備受鄙視，號稱連貓都不屑吃，因為其富含油脂的魚肉很容易變壞。第二次世界大戰結束後，隨著冰箱普及，愛吃黑鮪魚的人也就愈來愈多。一九七二年，日本航空的一名員工把漁夫在加拿大愛德華王子島捕到的巨型黑鮪魚，保存在冰塊與氨基鉀酸酯當中，由一架道格拉斯DC-8客機從甘迺迪機場運往東京的羽田機場，再送到築地市場拍賣。充滿拚勁的新英格蘭魚販紛紛跟進，由波士頓的羅根機場把黑鮪魚運往日本。大約同時間，尼克森總統宣布中止美元與黃金的兌換關係，促成日圓大舉走強，於是日本人也就能夠以更低廉的價格買到大西洋黑鮪魚。到了一九八〇年代，原本只在特殊場合才得以享用的壽司和生魚片已成了日常餐點，因為在日本泡沫經濟的榮景下，連最基層的小上班族也能夠一周上個幾次館子。於是，一九七〇年還只是廉價寵物飼料的黑鮪魚，就這麼突然變成了搖錢樹。短短二十年後，鱈魚角漁民捕到的黑鮪魚已可賣到一磅十八美元的價格。隨著壽司普及全球而掀起的一場淘金熱，就此正式展開。

不過，人類很快就發現黑鮪魚的數量是有限的。負責管理鮪魚魚群的國際大西洋鮪魚類資源保護委員會（簡稱ＩＣＣＡＴ）在一九六六年成立，共有四十二個會員國，包括南韓與日本在內。這兩國雖不瀕臨大西洋，卻也購買或捕捉大西洋鮪魚。大多數科學家對這個委員會都鄙夷不已。美國海洋生物學家沙芬納（Carl Safina）把黑鮪魚稱為「世界上最受到刻意不當管理的大型動物」，並且把「ＩＣＣＡＴ」這個簡稱謔稱為「International Conspiracy to Catch All the Tuna」（國際捕罄鮪魚陰謀委員會）。除了ＩＣＣＡＴ之外，還有其他許多旨在管理這種珍貴魚類的區域性漁業組織。

ＩＣＣＡＴ的主要工作似乎就是畫分既有資源，讓漁民知道他們還有多少黑鮪魚可以捕撈。舉例而言，二〇〇七年，ＩＣＣＡＴ本身的科學委員會建議把東大西洋與地中海的捕撈量限制在一萬五千噸，但ＩＣＣＡＴ卻是一如往常，對這道建議置之不理，而設定了高達兩倍的限額。世界野生動物基金會稱之為「促成崩潰而非有助於復育的計畫」，對科學家的研究也是一大嘲諷。

世界上的鮪魚捕撈國家如果切實遵奉ＩＣＣＡＴ設定的限額，那麼這樣的限額其實不算不合理。問題是，西班牙總是超額捕撈，法國也是一樣。利比亞的捕撈上限雖是一千四百噸，實際上的捕撈量卻很可能是該上限的六倍。根據世界野生動物基金會的估計，二〇〇六年的全球捕撈量至少超過限額百分之三十。

當然，許多漁獲都不曾計入官方的統計數據裡。許多黑鮪魚都是在中國與越南這類檢查寬鬆的國家捕撈而得，在海上直接冷凍之後，再送到築地市場拍賣。受到這項多國漁業將近四十年來的摧殘，大西洋黑鮪魚的數量已衰減了將近百分之九十。

魚類和陸上動物及海洋哺乳動物不一樣，很少會真正完全絕種。某一種魚類的數量一旦所剩不多，捕捉這些魚所需耗費的燃料與時間就不再划算。不過，有些富豪饕客以稀有為尚，不惜砸下大把鈔票，因此也是可能發生特定魚類不僅是商業性絕種，而是被被捕撈到徹底絕種。裏海鱘魚就是一個例子。許多盜捕人士為了尋求白鱘魚子，不惜把裏海鱘魚捕獵至絕種邊緣。另外一個例子則是鮑魚。這種海鮮在美國餐廳裡可以賣到一盤八十美元的高價，因此在加州潮間帶也就遭到潛水夫採集一空。大西洋黑鮪魚可能是變化最劇烈的一種動物。過去幾年來，世界野生動物基金會已一再呼籲大西洋和地中海的漁場關閉三年。黑鮪魚和歐洲沿海的鱈魚一樣，除非能夠獲得喘息的機會，否則很可能就此滅絕。

在築地市場裡，從那些裝運鮪魚的木箱上所標示的名稱，也可看出黑鮪魚命運的最新發展。從西班牙莫夕亞運來的一個木箱上標示著「地中海漁場」；另外還有其他來自世界各地的木箱，有的由澳航從澳洲快遞而來，有的則是來自伊斯坦堡或薩格勒布。這些黑鮪魚全是一種新興養殖業的產品。一九九三年，一個名叫丁可．魯金（Dinko Lukin）的克羅埃西亞裔澳籍漁夫發起了黑鮪魚飼養業。巾著網漁船以長達數公里的漁網截住游經大澳大利亞灣的南方黑鮪魚，然後以兩節的緩慢速度把這些仍然活生生的魚拖回岸邊。（黑鮪魚很容易受驚。拖行的速度如果太快，牠們就會因驚惶而衝撞漁網，導致脖子扭斷。但儘管以緩慢的速度拖行，還是會有百分之十的魚隻在途中死亡。）到了岸邊，這些魚就被關進直徑達數百公尺的大籠子裡，飼養到適合販售的大小再送到市場上去。多虧了黑鮪魚飼養業，林肯港這個澳洲南岸原本早已被人遺忘的小漁村，現在卻成了全國百萬富翁密集度最高的地方。這裡的街道上滿是賓士轎車與悍馬越野車，村裡還蓋了一棟旅館以接待日本的驗貨人員。魯金的構想現已散播到了六大洲。西班牙人很早就採行飼養黑鮪魚的做法，土耳其與利比亞也隨後跟進，克羅埃西亞生產的黑鮪魚則占了全地中海產量的百分之二十。現在，從下加利福尼亞州到加那利群島，都見得到飼養黑鮪魚的活動。

對於企業家而言，黑鮪魚飼養場實在是一項深值稱道的創新之舉，但對黑鮪魚而言卻是一大災難。飼養場出現之後，漁民皆以十五公斤重的黑鮪魚為捕捉對象，再以人工飼養成兩倍的重量，這樣的過程通常需要五個月的時間。如此一來，野生黑鮪魚還沒生長成熟就遭到捕捉，根本沒有機會產卵。前章寫到養蝦場必須把兩公斤的魚碾碎製成飼料，才能餵食一公斤的蝦；飼養食量超大的黑鮪魚更是奢侈，飼料與產出的比例將近二十比一。黑鮪魚相當挑嘴，必須餵食沙丁魚、鯡魚及鯷魚。這些通常由美洲西岸冷凍運送而來的魚，其實更該用來餵飽世界上的窮人。而黑鮪魚飼養場只不過是個花招：一方面從黑鮪魚身上謀取最大利潤，同時又能不違反ＩＣＣＡＴ及其他漁業管理組織所設定的限額。

飼養場生產的鮪魚，絕大多數都以日本為最終目的地。夏末時分，日本的冷藏船隻紛紛在地中海各個港口排隊等候，準備把黑鮪魚飼養場的產出採購一空。我在山洞餐廳能夠吃到那麼便宜的腹肉生魚片，也是這些飼養場的功勞：由於他們能夠固定供應這種瀕臨絕種的魚類，所以也就能夠壓低價格。在金田中這類高級壽司餐廳裡，絕對不會吃到飼養的鮪魚，因為飼養鮪魚缺乏運動，所以無論口味、油脂、肉質的彈性都比不上野生鮪魚。

二〇〇六年夏季，綠色和平組織與世界自然基金會共同挺身阻擋地中海的鮪魚漁民，卻意外發現出海的漁船都空手而歸，所以黑鮪魚飼養業者也就沒有魚隻可供飼養。那年，地中海的黑鮪魚捕撈量只有兩千五百噸，十年前的數字卻是一萬六千兩百噸。

布拉克（Barbara Block）指出：「管理黑鮪魚的難處，在於這種動物的活動範圍廣及整個北大西洋，而且捕捉這種動物的國家多達四十二國，所以也很難制定各方都能夠共同遵循的政策。」布拉克是史丹福大學的海洋生物學家，曾在一千五百條大西洋黑鮪魚體內植入微處理器，藉此記錄魚隻的位置及進食習慣達四年之久。人類早就知道大西洋鮪魚的產卵地有地中海和墨西哥灣兩處。布拉克的研究則證明這兩處的魚群會互相交流，在她植入追蹤標籤而釋放於西岸的黑鮪魚當中，後來有百分之三十八出現在東岸。換句話說，克羅埃西亞的黑鮪魚飼養場可能導致鱈魚角的夏季漁獲量衰減。但在布拉克眼中，重點是黑鮪魚遭到捕捉的時候都還太過幼小。

「根據我們的資料，黑鮪魚首次產卵的年齡平均為十一歲半。捕捉黑鮪魚也許應該先等牠們長大一點，讓牠們至少產兩次卵。」美國漁民也是禍首之一。嚴格來說，在黑鮪魚產卵處的墨西哥灣裡，並沒有專以黑鮪魚為捕捉對象的漁業。不過，捕捉長鰭鮪魚、大目鮪以及黃鰭鮪的延繩釣漁船，卻准許在每一趟漁獲當中保留一條黑鮪魚。布拉克認為這樣的標準太過寬鬆。「每年如果能夠空出九十天，甚至只要六十天就好，讓黑鮪魚能夠安心產卵，而不必遭到釣繩的騷擾，有許多證據都顯示這樣就可以促成魚群的復育。」

另一項更具決定性的措施，則是根據《瀕臨絕種野生動植物國際貿易公約》（簡稱CITES），將鮪魚列為瀕絕物種。南方黑鮪魚早已被世界保育聯盟的警戒名單列為「緊急瀕絕」物種，但若能列入CITES的瀕絕名單裡，則可限制黑鮪魚的國際貿易，終止築地市場每天的黑鮪魚拍賣會。這樣的措施早已遏止了象牙、虎骨以及犀牛角的交易。一九九二年，沙芬納發起遊說，敦促瑞典向國際大西洋鮪魚類資源保護委員會提議把黑鮪魚列入CITES當中。（北歐海域的黑鮪魚在許久以前就早已遭到捕撈一空。）不過，日本與美國的政治運作終究還是封殺了這項提議。按照我在旅途中目睹的證據來判斷，我們若要把黑鮪魚這道菜餚從餐廳菜單上刪掉，顯然還有很長的一段路要走。腹肉生魚片幾乎在世界各地都仍是頂級海鮮的代表。在倫敦公園路上的松久信幸餐廳，一份前腹肉生魚片要價就高達五點二五英鎊；曼哈頓供應腹肉生魚片的餐廳更是多不勝數，帕斯特納的艾斯卡餐廳與杜朗鐸的ＢＬＴ海鮮餐廳也都包括其中。金正日的前御廚表示，從築地市場買來的黑鮪魚是這位獨裁者最喜愛的美食之一。在北韓核武測試之後，日本政府也曾經考慮禁止黑鮪魚外銷北韓，藉此痛擊金正日的要害——也就是他那個肥滋滋的大肚子。愛好者雖然把黑鮪魚稱為鮪魚中的黑松露、地中海的鵝肝，但黑鮪魚其實更有可能成為海洋中的渡渡鳥。

我會不會為自己吃了那頓黑鮪魚早餐而後悔？其實不會。什麼東西我都願意嘗試一次，就算是為了從此列為拒絕往來戶也好。不過，老實說，這一餐倒是讓我有點消化不良。黑鮪魚是美妙的頂級掠食動物，而且剛好棲息在海裡。享用黑鮪魚生魚片就像是吃孟加拉虎一樣，不但是縱欲之舉，而且頗為不道德。

身兼作家、廚師與美食旅遊節目主持人的安東尼．波登（Anthony Bourdain），是黑鮪魚腹肉生魚片普及於西方的重要推手。他在《廚房祕事》（*Kitchen Confidential*）一書裡盛讚這道美食；在美食旅遊節目《名廚吃四方》（*A Cook's Tour*）裡，則把黑鮪魚腹肉生煎之後沾糖醋醬吃。在《胡亂吃一通》（*The Nasty Bits*）這部選集裡，他更把自己吃過的另一頓黑鮪魚餐點描述為「今生不再的腹肉大餐」。說得好。我也剛吃過了我自己今生不再的一道腹肉大餐。不過，我相信還有其他更好的方式可以讓自己的壽命延長七十五天。

輸送帶餐廳

「歡迎光臨！」年輕的服務生一見我進門就隨即高聲喊道。其他數十個員工又接著重複了這句招呼語，像是歡欣鼓舞的機器人，而且每個人的聲音都相當宏亮。

日本人的禮貌總是帶點疏離，街頭上發送面紙的工作人員喃喃念著「請多多指教」，櫃臺的收銀員也總是以充滿敬意的態度招呼顧客。不過，到了東京的壽司吧裡，氣氛就歡騰得多了。我在牆邊的一個位子上坐了下來，加入一排顧客的隊伍，等著進入淺草的著名餐廳「鮪魚人」（まぐろ人）用餐。我們的隊伍整齊密集，就像罐頭裡的沙丁魚一樣，所有人彷彿坐在一條蜿蜒於壽司廚師身旁的輸送帶上，每當最前端的座位空了出來，每個人就自動往前移動。這是一家迴轉壽司餐廳，堪稱是自助餐廳與卓別林的《摩登時代》的結合。

迴轉壽司的創始人是大阪餐廳業者白石義明，原因是為了提高自己壽司餐館的顧客流動率。有一次，他參觀朝日啤酒的一座工廠，看到啤酒瓶在輸送帶上移動，於是產生了迴轉壽司的構想。一九五八年，白石的元祿壽司餐廳開張，實驗許久才找出輸送帶最理想的迴轉速度：每秒七點五公分，不至於太慢而引起顧客不耐煩，也不至於太快導致氣流蒸發魚肉的水分。他的構想在一九七〇年的大阪世界博覽會推出，隨即受到各方矚目，後來也大獲成功：現在日本已有三千五百家迴轉壽司餐廳，有的利用玩具火車載運一盤盤的壽司，有的則是在吧台上開闢一條小河，讓壽司順流而過。

等了一會，總算輪到我入座了。一名面帶微笑的服務生帶我到一張空板凳前，旁邊是個老太太和她的同伴，他們面前已堆置了二十幾個盤子。我在心中默念著壽司餐館的各項用餐規矩。摩擦筷子是不禮貌的舉動，握壽司也不能用筷子夾來吃，而是要用拇指、食指和中指，沾醬油的時候還要把覆蓋著生魚片的那一面朝下。接著，同樣以生魚片朝下的方向把握壽司放進嘴裡，一口吃掉。米粒如果掉落在醬油裡，是很丟臉的事情。山葵醬不能摻在醬油裡，因為這樣會破壞山葵醬細膩的口味。醃漬的薑片不能當作沙拉吃，只能在更換下一盤壽司之前用來清理味蕾。味噌湯只能餐後喝，不能餐前喝。不要拿著筷子比畫（同樣是失禮的行為），而且絕對不要把筷子直立插在米飯裡。日本國際觀光振興機構的網站指出：「只有祭拜死者的時候才會這麼做。」

所幸，在迴轉壽司餐廳裡沒有什麼機會犯下這些錯誤。你只要抓起經過面前的食物，不必擔心自己的舉止合不合宜。從身邊那位女士的舉動，我知道自己面前的陶罐裡所裝的粉末不是山葵，而是綠茶粉。壽司底下還有另一道速度比較慢的輸送帶，上面擺著一杯杯的熱水，就是要讓人沖泡綠茶粉用的。壽司輸送帶上，以顏色區分價格高低的盤子擺得非常緊密，必須手指靈巧才能安然取出你要的餐點。（黑鮪魚腹肉生魚片置放於鑲金邊的尊貴盤子裡，是其中最貴的一道菜。）服務生送上一大杯冰啤酒，於是我就開始放手大吃了。

這裡最引人注目的特點是菜色的多樣化。西方的壽司連鎖餐廳，例如英國的「喲！壽司」和「喂喂壽司」，大概都只供應一般人所熟悉的鮭魚卷和太卷，而且全都蓋著塑膠蓋以保持衛生。然而，鮪魚人壽司卻像是一座迷你築地市場。亮橙色的海膽籽擺在滿是尖刺的黑色海膽殼裡，接著是黑色金屬盤裝的章魚觸角切塊，雪白的干貝和灰色的鮑魚則是看起來黏濕滑膩。這裡自然不乏各類生魚片，但也同樣有煮熟的海鮮，包括烤鰻魚和整隻的墨魚。不知名的半透明觸角露出於包裹的海菜之外，隨之而來的則是一種橢圓形的淡綠色軟體動物，我完全看不出該怎麼撬開外殼。我從比較溫和的菜餚開始下手，先吃豆皮壽司，再嘗試康吉鰻，最後才鼓起勇氣拿了一盤海膽籽。過了二十分鐘，我面前已堆疊了十個盤子。吃完之後，我向一名服務生示意買單。他用一具手持條碼機掃描了我面前的那堆盤子——最底下的兩個藍色盤子代表啤酒——然後機器就吐出了一張帳單。我到收銀臺付了帳，把我的座位讓給下一個顧客，於是排隊等待的人龍又依序前進了一個位子。我從進門到出門還不滿半個小時，也只花了不到二十美元。

迴轉壽司其實不算是現代社會扭曲傳統的產物。壽司本來就是速食。把魚肉包在米飯內的保存技巧，最早在七世紀傳入日本，可能來自湄公河畔的文化。傳統上，吃魚之前都會先把發酵的米飯丟掉。米醋大約發明於一六〇〇年，一旦灑在壽司米上，吃起來的味道就有如發酵過的米飯，而這也正是一般人所喜愛的口味。一八二〇年代期間，東京（當時叫做江戶）有一家壽司店，老闆名叫花屋輿兵衛。他發現自己如果按照傳統的做法，把飯和魚放在木盒裡壓製成壽司，顧客總是等得不耐煩。於是，他開始用手把醋味米飯捏成團狀，然後在上面放上一片生魚或半熟的魚肉，結果握壽司就此誕生，並且從此征服了全世界。（「壽司」指的不是魚，而是醋味的米飯，所以蛋壽司就是蛋皮加上米飯。「握」代表「用手捏製」，「生魚片」則可指稱任何種類的生肉。）對於講究正統的食客來說，只有放在檜木櫃臺上販賣的「江戶前壽司」——所謂「江戶前」，指的乃是「捕自東京灣」，而檜木則是用於製作天皇棺木的木材——才算得上是真正的握壽司。

不過，東京灣的都市沿岸近來飽受垃圾汙染，如果有哪個廚師還敢端出正統的江戶前壽司，恐怕就要準備把顧客送去醫院了。

一條竹莢魚三十八美元

油花紋路有如大理石的黑鮪魚腹肉、浸泡清酒的泥鰍、迴轉輸送帶上的海膽籽——這些菜餚雖然在東京的餐廳裡都相當常見，在日本尋常人家當中卻絕對算不上是日常餐點。為了多瞭解日本人日常生活中的海鮮文化，我搭了地鐵來到二子玉川，這裡是位於東京市中心以西一小時車程的高級住宅區。我在地鐵的閘門前和伊莉莎白．安藤會面，她是美食作家暨人類學家，在自己開設的「品味文化」烹飪學校教授日本料理。在一九六八年嫁了日本丈夫的安藤，帶我踏上一場東京超市旋風之旅，走訪地鐵站周圍幾百公尺內的幾家超市。我們的第一站，是一家價格低廉的連鎖超市，名叫「東急手」。

「你第一眼注意到的是什麼？」安藤在我們走到海鮮區的時候問道。她顯然是蘇格拉底教學法的擁護者，發問之後總是立即自己提出回答：「種類非常多。我估計這裡每天都有三十五種鮮魚。」至少三十五種。這裡的海鮮區占了兩面長牆還有好幾條走道。

即便在這家標榜低價的連鎖超市，海鮮區的商品品質與種類還是勝過馬莎百貨及健全食品這類西方的大型超市。其中有一個櫃位展售的全是墨魚乾和縮緬雜魚，也就是當作下酒點心的沙丁魚乾。（安藤說：「滿滿一口縮緬雜魚，裡面所含的鈣質等於兩杯牛奶。多虧了這種食物，我每次檢查骨質密度才都能夠過關。」）對於忙碌的現代人，冷凍櫃裡也有一包包的海鮮什錦，讓人用來拌炒或者加在拉麵裡。還有一種刻意染上黴菌以提振風味的煙燻柴魚，包裝在密封袋裡，可用於熬煮高湯。（「我剛到日本的時候，每個家庭都有一種盒子，上面裝著刀片，下面有個抽屜。每天早上，吵醒你的不是磨咖啡豆的聲音，而是家庭主婦用這種盒子為柴魚刨片的聲音。」）罐頭海鮮區充滿了鯖魚、歐飄魚、沙丁魚、月魚及蟹肉罐頭，大多數都是浸泡在醬油或味噌湯汁裡。我忍不住想把這些罐頭統統搬回家。

「相較之下，肉類占的空間就很小，」安藤說，手指向一面牆邊的牛排與禽肉。「那裡有雞肉、牛肉、豬肉，就這樣。」

我印象最深刻的，是日本的海鮮資訊非常豐富。我們走了幾百公尺，來到另一家名叫「普爾西」的中型雜貨連鎖店。在這裡，海鮮的價格、陳列方式以及種類都與東急手不同：一整排的冷藏櫃裡，滿滿擺著五顏六色的魚卵，包括晶瑩剔透的焦糖色鯔魚卵。一包鮪魚包裝上的標籤標示了包裝日期、保存期限，而且還註明了這是生魚片等級的產品，不必加熱就可以直接食用。這裡和東急手一樣，壽司區上方也掛著一塊綠框黑板，註明了各種魚送達超市的時候是新鮮或冷凍、是養殖或野生產品，而且來自地球上的哪個角落。

「這塊板子上寫著蝦子是加拿大來的，而且已經解凍了。」安藤說：「紅魽是鰤魚的一種，這是從宮崎縣來的新鮮養殖魚。這個表格是法律規定要標示的，這樣顧客只要看表格，理論上就可以辨識架上的各種魚類。」

「日本人很重視產地的概念，這種概念當然也適用於海鮮。例如這條竹莢魚，」安藤說。我看了標籤，還特地看了兩次價錢：一條二十五公分長的竹莢魚，要價竟然高達四千零三十八日圓（三十八美元），差不多等於一瓶法國勃艮地葡萄酒的價格。「竹莢魚只產於特定地區，只能在生命周期中的特定階段才能捕捉，也只有在一年裡的特定季節才能捕捉。日本人很注重魚吃的食物，還有水溫、魚隻是否深受壓力，以及是不是產過了卵。這些因素都可能影響肉質還有這種魚的豐富性。例如這個貼紙表示『當季』，也就是說這時候的竹莢魚最好吃。」

這種注重品質的態度遠勝過西方的超市。安藤說，只要是線釣的全魚，陳列的方式就一定是魚頭朝左。她問，我猜得到是什麼原因嗎？（到了這時候，我已經知道只要稍等一會兒，她就會自己說出答案。）「因為會餓得跑去吃餌的魚，胃液通常比較多。如果在運送過程中太常翻動身體，這種酸液就可能滲入肉裡，導致『腹部穿孔』，就是有些魚排上看得到的那種孔洞。」

她接著補充道：「這種魚尾向右、腹部向前的陳列方式是一種保證，代表魚隻自從撈出水面以來，就沒有變換過擺放的姿勢。」

我們的最後一站是高島屋百貨公司的食品區。這是一家相當高檔的百貨公司，不是像聖斯伯里這樣的平價百貨。要知道這家百貨公司所走的路線有多高檔，只要看看一個木箱裡的兩顆甜瓜就知道了：這麼一對甜瓜標價三百美元。（安藤發現我看得目瞪口呆，於是向我說明指出，一般人只有在非常特殊的場合才會買這種禮品送人，例如朋友生了重病，就可能買這個送給他的家人。）身穿香奈兒套裝、手拎著LV提包的婦女，在這裡選購著酒粕醃魚和鮭魚排。大廚愛斯可菲看到這個海鮮區必然樂不可支，但海洋學家柯斯托一定會看得眼花撩亂——在走道的兩旁，可以看到鯛魚肉質豐厚的魚頭、塗上乳白色清酒渣的劍旗魚、搭配山葵味噌的寒天。當然，在架上最醒目的位置，則是陳列著土耳其的黑鮪魚腹肉，一塊塊看起來讓人食指大動的淡紅色魚肉，上方的牌子畫著一條黑鮪魚躍出水面的圖案。

我問安藤：日本人關不關心過度捕撈以及海魚日漸稀少的問題？

「這裡沒什麼人會談論這種議題，」她答道：「同樣以大學畢業生來比較，美國人的環保意識絕對高過日本人。」她承認日本迥異於西方的飲食文化，可能會讓西方人感到震驚。例如日本有一種活魚料理法，就是直接把活生生的海鮮抓到砧板上，而且你吞進嘴裡時食物可能還在抽搐。

「這種料理方式起源於冷藏器材發明之前，」安藤解釋道：「這樣至少能夠確定自己吃的海鮮是新鮮的。不過，我不認為日本人覺得自己是自然資源的主宰。我覺得他們是比較重視創意。日本人對於控制環境以及操控食物鏈的能力非常著迷。我認為他們的動機是追求精緻的美食，而不是出自虐待動物的殘忍心態。」

我不完全同意這樣的說法。吞食活魚在北美洲是兄弟會測試成員膽量的入會儀式，在日本卻是高級料理的一大傳統。這種吃法稱為「躍食」。此外，活食的行為又稱為「殘酷料理」，可見日本文化對於吞食活生生的動物也不完全是抱持肯定的態度。

不容諱言，日本人也對西方人的許多作為感到憎厭，但這通常是涉及品味上的問題，和殘忍與否無關。阿拉斯加的漁民以前總是以乾草叉卸載鮭魚，後來在築地市場的專家遏止下才改掉這樣的習慣，原因是這麼做會破壞魚肉的完整性。在美國，高品質的鮪魚都會先用一氧化碳處理過後再冷凍，以避免魚肉轉為褐色——這麼處理過的鮪魚，就算在後車廂裡擺上一年，也還是會維持鮮紅色——但這種做法在日本則是絕對禁止。有些日本公司甚至還以針灸進行實驗，希望藉此讓魚隻在運送過程中能夠維持存活、放鬆而且新鮮。日本農業大臣對於鮭魚泥與培根壽司以及包了奶油乳酪的費城壽司捲深感不悅，於是在二〇〇六年對外國餐廳推行認證制度，確保他們也能夠供應正統壽司。

不過，日本料理並非全都嚴格遵奉傳統。畢竟，日本也有海膽籽與美乃滋的披薩，還有肉質老韌、醬汁味道平淡的牛肉咖哩飯，以及白麵包夾冷炒麵的炒麵麵包。我為這趟導覽之旅向安藤道謝，然後去買了我最喜歡的日本零食：章魚燒。這是一種煎得滾燙的麵球，裡面包著切丁的章魚觸角，再加上薑、蔥、柴魚片以及一種甜死人的褐色醬汁調味。我把這種零食叫做章魚球，便宜又好吃，但又有點卑劣——竟然讓海洋裡最聰明的一種掠食動物淪為高蛋白質的街頭零嘴。在所謂的自殺食品當中，章魚燒正是我最喜歡舉的一個典型例子。對我來說，這種零食代表了日本人看待食物的一種難以言喻的特性——一方面可愛討喜，另一方面卻又凶猛殘忍。

章魚燒攤位上的招牌畫著一隻卡通章魚，頭上綁著廚師的頭巾，其中一根觸角握著鹽罐，一面把鹽撒在自己頭上，一面露出開懷的微笑。

「吃鯨魚，救鯨魚！」

下午五點，我從仰角的角度看著尖峰時刻的東京。我在澀谷一家位於地下室的餐廳裡看著地面上的人群：一群群內八足的女學生，手機上垂掛著凱蒂貓吊飾；一個戴著鏡面太陽眼鏡、燙了一頭鬈髮的混混；一個個梳著貝克漢頭、腳穿漆皮鞋的企業小主管；一個婦女身穿和服，足蹬木屐，手裡抱著一隻約克夏，狗兒身上滿是粉紅色蝴蝶結；甚至還有時髦的相撲選手，頭上梳著有如頭盔般的頂髻髮型，耳朵裡塞著iPOD的耳機。隨著人群愈來愈密集，所有人就像閃避鮪魚的沙丁魚一樣，靈巧地從人與人之間的空隙穿梭而過。

日本的地址有如難以解譯的密碼，我花了整整一個小時才找到這家餐廳。我在一個十字路口的對角斑馬線上差點淹沒於人潮之中，矮身闖入一間我以為是網咖的店家，進門才發現是泡泡浴場，也就是年輕女子為壓力沉重的上班族提供極樂服務的地方。然後，我來回經過了貓熊餐廳兩次（希望這家餐廳和陵陵還有牠的同類沒什麼關係）。最後，在一〇九商場的一樓，我總算找到了我的目標：元祖鯨屋。

餐廳裡的領班以標準的英語一字一字對我說：「這—裡—是—鯨—肉—餐—廳。」

我點頭確認之後，他才露出鬆了一口氣的微笑，帶我入座，然後讓我獨自瀏覽菜單。在元祖鯨屋，可以吃到鯨肉天婦羅、生鯨舌與鯨心切片、燉煮鯨尾鰭、鯨魚上顎的軟骨，還有讓人頭皮發麻的「五種鯨雜拼盤」。但平心而論，他們至少把鯨魚的全身上下都運用到了。我按下服務鈴，一名女服務生隨即出現在我面前，我點了鯨肉生魚片。

在許多人眼中，我即將享用的這頓晚餐，其違背道德的程度不下於吞食叢林肉、大啖活猴腦、甚至吃人肉。過去數百年來，西方雖已不再把鯨魚視為食物，日本人捕鯨卻已有八千年的歷史，至少從史前的繩文時代就已經開始了。日本人把鯨魚視為巨型魚類，而不是哺乳動物，所以不受佛教禁止肉食的影響。二次大戰後，日本由於物資匱乏，人民所吃的肉類更有一半都是鯨魚肉。

隨著國際捕鯨委員會經過一番奮鬥，全球皆在一九八六年推行暫停捕鯨的措施，工業捕鯨活動也因此告終。現在也該是徹底禁止捕鯨的時候了，單在二十世紀，北太平洋就有五十萬條鯨魚遭到屠殺，南半球更是多達兩百萬條。有些生態學家認為鯨魚在尚未遭到捕獵之前的數量是兩億四千萬，現在這個數字只剩下一萬兩千。藍鯨是地球上最大的動物，目前只剩下一千四百條。暫停捕鯨的措施開始推行之後，有些鯨魚的數量雖已稍有恢復，但即便是最樂觀的估計，也認為當前的鯨魚數量僅達原本的百分之十四。

國際捕鯨委員會的科學捕鯨計畫允許每年捕捉一千條鯨魚以應「科學需求」，於是日本人也就以此為由繼續捕殺鯨魚。當然，大家都知道日本只是假託科學之名：他們解剖宰殺這種動物的行為，對人類知識根本沒有任何貢獻。由於日本當前只有百分之一的人口仍然經常性地食用鯨魚，所以日本政府其實囤積了非常大量的冷凍鯨肉。於是，學童的午餐便當裡偷偷使用油炸鯨肉，東京一家公司也在二〇〇六年被人發現把鯨肉碾碎製成狗飼料。政府官員還雇用小販到青少年出入的時髦場所發送免費鯨肉壽司捲，為了推廣吃鯨肉不惜喊出這種混淆視聽的宣傳口號：「吃鯨魚，救鯨魚！」

鯨肉雖然缺乏市場，日本卻仍致力推動廢除捕鯨禁令。自從一九九八年以來，日本已說服了十九個國家加入國際捕鯨委員會。（這個組織的成員包括蒙古與瑞士等內陸國，其運作上的缺乏公正性早已被人比擬為歐洲電視網歌唱大賽。）二〇〇六年，日本以三億美元的援助收買了安地卡、多米尼克以及格瑞那達等小國的支持，總算湊足了百分之五十的票數，而得以左右國際捕鯨委員會的議程。反捕鯨運動人士擔心，實施了二十年的暫停捕鯨措施可能遭到推翻。

日本官員為自身立場辯護的理由充滿了似是而非的謬論：他們聲稱鯨魚吃魚的數量是人類的數倍之多，所以鯨魚才是魚群崩潰的罪魁禍首。按照這樣的邏輯，人類獵捕鯨魚其實是幫了魚類一個大忙。

海洋哺乳動物吃魚的數量的確是人類的十倍，但牠們所吃的魚類和人類並不相同。二〇〇四年，英屬哥倫比亞大學海洋生物學家凱胥納（Kristin Kaschner）藉由電腦模型研究發現，海洋哺乳動物的獵食活動，有百分之九十九都發生在沒有人類捕魚活動的地方。舉例而言，抹香鯨的主要獵食對象是南魷，這種生物的肉因為氨含量太高，人類無法食用。

捕鯨活動最強烈的支持者是日本的民族主義派政治人物，也就是要求在學校課本中刪除東亞慰安婦及戰時奴役行為等史實的同一批人。日本一名漁業大臣因為敦促捕鯨船把綠色和平組織的充氣船轟沉而聲名大噪，並且一再把鯨魚稱為「海中蟑螂」。這群人把捕鯨活動視為日本的象徵，捍衛捕鯨行為就是拒絕向外國人低頭。他們並且指證歷歷：一百五十年前，極力推行自由貿易的美國迫使日本開放港口，好讓西方的捕鯨船能夠到這裡補充補給品；第二次世界大戰結束後，麥克阿瑟將軍及其率領的占領軍更鼓勵日本人吃鯨肉。許多日本人認為，西方人不但健忘，而且在《威鯨闖天關》這種電影的影響下，還喜歡以愚蠢的擬人觀點看待動物。畢竟，澳洲人一年屠殺數十萬隻袋鼠、比利時人愛吃馬肉、加拿大人吃野牛漢堡，但日本人都沒有要求他們停止這些行為。

有一點日本人倒是說得沒錯，不是所有鯨魚都已瀕臨絕種。我在市面上看到的鯨魚肉只有一種——在築地市場是切成十公斤的長條肉塊，在高島屋百貨公司裡則是以保鮮膜包裝的魚排——就是小鬚鯨的肉。多虧暫停捕鯨的措施，小鬚鯨的數量已經逐漸恢復，現在單是南半球應該就有一百萬條。我相信這個數據，因為一年前，我搭乘小飛機飛到英屬哥倫比亞西岸上空，一個下午就數到了四十條小鬚鯨、長鬚鯨和大翅鯨在海裡翻騰噴氣。

服務生端來了我的晚餐，七片小鬚鯨生魚片，切成薄薄的長方形，直立排列在圓盤上，有如杉木一樣。在嵌入天花板的鹵素燈照射之下，鯨肉的色澤近乎深紅色，其中帶有一絲絲的白色油花。我想，如果是年輕時代狂熱奉行素食主義的我，這盤鯨肉必然是我最可怕的噩夢，並且因為呈現得如此精緻完美而更顯得恐怖。不過，現在的我已經不那麼執著了。

鯨肉和我預期的不一樣。我原本以為會充滿油脂，但我面前這盤生魚片卻以瘦肉居多，而且吃起來的口感不太像魚肉，反倒比較像生牛肉。鯨肉的質地相當紮實，讓人不禁聯想到鹿肉，但又帶有肝臟般的餘味。老實說，鯨肉吃起來沒什麼特別，生鮪魚韃靼還比較美味。此外，我這盤鯨肉還沒有完全解凍。

我一面咀嚼，突然意識到自己已經開始為這頓餐點找尋合理化的藉口了。畢竟，比起在西方的米其林星級餐廳裡享用遭到過度捕撈的黑鮪魚、或是鱘魚的魚子、還是其他各種瀕臨絕種的生物，吃點日本大量囤積的小鬚鯨肉其實不能說是罪大惡極，頂多算是小小違規而已，差不多等於買了一件二手毛皮大衣。

不過，我還是說服不了自己。吃完之後，我不禁納悶地獄裡是否有專為過度好奇的作家所準備的記者招待室。

（現在回顧起來，我深深慶幸自己在日本沒有多吃鯨魚肉。鯨魚和許多海洋哺乳動物一樣，經常都感染有布氏桿菌。在我那趟東京之旅結束後不久，《海洋汙染雜誌》〔*Marine Pollution Bulletin*〕就刊登了一篇報導，指出在日本抽檢的小鬚鯨肉樣本中，百分之三十八都含有這種病菌。人類如果受到感染，可能出現發燒、肌肉疼痛、流產以及睪丸發炎。更糟糕的是，鯨肉的水銀含量非常高，光是吃一餐鯨魚內臟，就可能導致急性中毒。幸好我沒有點菜單上的鯨雜拼盤。）

從這頓餐點的帳單，即可看出日本政府扮演的角色：我點的套餐包括了椎茸、大根、米飯、豆腐沙拉以及縮緬雜魚，但是價錢只要兩千兩百日圓（二十美元）。多虧日本政府囤積「科學」鯨肉，在東京上館子吃鯨肉晚餐才會出奇地便宜。

那天傍晚在元祖鯨屋用餐的其他顧客都是頭髮灰白的生意人。其中一人顯然是在向一名年輕同事介紹自己小時候吃過的菜餚。這家開張於一九五〇年的餐廳，早已成了日本傳統中的一部分，所以看著那些老先生回味自己孩提時代吃慣的餐點，我並不覺得特別震驚。他們到那裡不是為了嘗鮮，而是單純出於懷舊。羅弗敦島（Loftoens Island）的挪威人與阿拉斯加的因努皮雅特人等傳統社區，雖然世世代代以來也都捕鯨為食，但他們的捕鯨行為都合乎環境永續的需求，所以我對他們也沒有意見。當然，鯨魚的確是聰明的生物，但章魚同樣也是，而我們可沒有看到綠色和平組織闖入希臘酒館裡抗議。

儘管如此，工業化的鯨魚屠殺活動卻是可悲又毫無必要，鯨油及其他鯨魚產品早就已經被人造製品取代了。況且，鯨肉的水銀及其他汙染物含量如此之高，拿來餵食學童實在是一大罪惡。更可恥的是，二十世紀的鯨魚屠殺活動，現在竟是為了製作人工奶油而重現江湖。只要日本的民族主義意識繼續主導國家的捕鯨政策，而日本又主導國際捕鯨委員會的運作，我們就絕對有充分理由反對屠鯨行為。

日本自身對於捕鯨議題的態度顯然充滿矛盾，《經濟學人》雜誌指出，日本從賞鯨旅遊獲得的收入遠高於需要政府補貼的捕鯨工業。然而，過於激進的反捕鯨人士卻掀起了日本全國上下的防衛心態，以致這項原本該是全球各國關切的海洋危機議題，卻變質成了民族自尊心的問題。長期而言，所有捕鯨船對海洋所造成的威脅，加總起來還不比日本壽司的全球化潮流來得危險。

其他比較不受媒體關注的海中生物——諸如鯊魚、深海魚，還有最迫切的黑鮪魚——不但更有隨時絕跡的可能，而且這樣的悲劇也絕對不亞於鯨魚的絕種。也許這些魚類魅力比不上鯨魚，但面臨的問題卻更加嚴重。

人類形塑自然的成果

「日本人根本沒有意識到黑鮪魚的絕種危機，」伊澤新對我說。伊澤是世界自然基金會日本辦事處的海洋事務負責人。該辦事處位於東京鐵塔附近的一幢大廈裡，我就在他們凌亂的辦公室裡和他見面。伊澤獨特的資歷正好適合這項職務，他是海洋生物學家，擁有沖繩漁業資源管理的碩士學位，曾在一家從菲律賓進口鮪魚的公司服務過，也在那裡親眼目睹了魚翅漁業。（「我實際上看過他們呈報捕撈數量的做法，」他說：「他們高興寫多少，就寫多少。」）他說自己最大的挑戰，就是向日本人傳達停止過度捕撈，但他的同胞卻根本無意聽聞這個問題。

「有些人擔心自己以後可能再也吃不到那麼多的黑鮪魚及其他魚肉，」伊澤說：「但媒體完全不談這些動物日漸稀少以及捕魚混獲的問題。」他給我看了一份世界自然基金會從事的調查，調查題目是日本消費者買魚的時候會考量哪些因素。百分之八十的受訪者表示自己會考慮價格，同時也有百分之七十二表示會注意產地，百分之三十八會注意產季，但只有百分之五點五會把該種魚類遭到捕撈所造成的環境衝擊納入考量。

「漁民在我們的歷史當中帶有浪漫英雄的形象，」伊澤解釋道：「捕鯨業在整體漁業產值中所占的百分比雖然很低，漁業省卻聲稱我們如果不保護捕鯨業，就也保護不了其他傳統漁業。」由於世界自然基金會反對過度捕撈的立場太過強硬，所以許多日本人都把該基金會與抨擊捕鯨活動的西方國家一視同仁，認為他們是日本認同的威脅。

「世界自然基金會如果把黑鮪魚列入『避免食用』的名單，消費者就不會信任我們，所以我必須小心拿捏自己的立場。」伊澤喜歡主動選擇自己的戰場：他促使連鎖超市採購經過海洋管理委員會認證的海鮮——只有以合乎環保道德方式捕捉的海鮮，才能獲得這項認證——甚至還說服了連鎖商店販售海洋管理委員會認證的雪蟹和赤鰈。

日本文化觀察家唐納・瑞奇（Donald Richie）寫道：「日本人認為自己善於適應、改善以及合作。他們仰慕的不是自然的事物，而是人類形塑自然的成果。」伊澤同意日本人確實對科技解決自然危機的能力相當樂觀。而且，日本也的確有改善自然的實際經驗：日本科學家最早育蝦成功，日本航空公司也最早發展出厭氧科技，使得活魚能夠在人工冬眠的狀態下運送到世界各地。二〇〇二年，在和歌山縣的近畿大學，一位名叫熊井英水的科學家成功孵育了黑鮪魚幼苗，這是首次有人在實驗室裡完成這樣的壯舉。

史丹福大學鮪魚研究者布拉克表示，這項發展必須認真看待：「我認為近畿大學能夠培育黑鮪魚是非常令人振奮的事情。想像黑鮪魚在未來能夠以養殖產生，是非常了不起的願景。只要他們能研發出永續的養殖方法，又不會對環境造成汙染，那我絕對舉雙手贊成。」

也許只有靠著養殖，才能終結捕捉黑鮪魚的淘金熱，也才能讓這種令人嘆為觀止的掠食動物在野生環境裡安然生長。東京的百貨公司已經開始販售實驗室孵育的黑鮪魚，價錢只有野生黑鮪魚的三分之二。

伊澤瞭解這種價格差異的原因。「養殖鮪魚的油脂太多了，實在不太好吃。以前吃野生的黑鮪魚腹肉，口感比較特別。」

等一下，我插嘴問道，你也吃黑鮪魚？

「有時候，」他答道：「但我不是每天都吃壽司，吃的時候也都只吃一片黑鮪魚腹肉。」而且，他補充道，只吃野生的。

真有趣，我心想，伊澤在這個致力於拯救黑鮪魚的組織裡工作，卻不反對偶爾吃點黑鮪魚。一旦談到海鮮，日本人的確是個極為另類的民族。

畫清界線

在日本的這兩周危險飲食之旅，可說是充滿了趣味。除了品嚐黑鮪魚腹肉、小鬚鯨、納豆（發酵黃豆，看起來像鼻涕一樣）以及馬肉刺身（充滿嚼勁的生馬肉，嚐起來味道像鯨肉）之外，我也曾在淺草區跪在榻榻米上吞下十幾條泥鰍——這是一種淡水魚，在清酒與味噌調製而成的滷汁裡浸泡得連骨頭都鬆軟可食。（泥鰍吃起來口感柔軟，富含蛋白質，據說有強精壯陽之效。）假如嘗試新食物真的如日本人所言會延長壽命，那麼按照我在走訪日本期間吃過的種種壽司，我的壽命應該總共延長了兩年又十八天。

不過，我也打算把一種重要的食用魚類排除在我的飲食對象之外。這種魚類就是鮪魚，不只是黑鮪魚，而是鮪魚的各個主要物種，無論是罐裝鮪魚，還是經過壽司廚師的巧手料理過的鮪魚生魚片。經過這趟旅程，我發現鮪魚絕對是最不該吃的一種海鮮。

當然，鮪魚這個泛稱其實包含了許多種魚類，很容易引起混淆。鮪魚和近似鮪魚的魚種就至少有五十種之多，更別提鯖魚科裡許多魚類的俗名也都叫做鮪魚。體型較大而且壽命較長的鮪魚包括長鰭鮪、大目鮪、黃鰭鮪，這類魚隻體內的水銀含量通常很高，攝取過多足以導致認知障礙。[14] 黑鮪魚尤其是一種會讓人變笨的大腦食物。一份黑鮪魚肉通常含有超過1ppm（百萬分率）的水銀，約比同樣分量的沙丁魚多出六十倍。我那天早餐吃的那頓黑鮪魚，水銀含量就是我一周安全攝取量的三倍半了。

健康議題還只是問題的開頭而已。各類鮪魚的捕捉方式都相當值得關切。美國鮪魚罐頭上的「無害海豚」標籤並不是良好捕魚行為的保證。在東太平洋，海豚一直都免不了遭到鮪魚罐頭工業的危害。單是二〇〇四年，就有一千四百六十一條海豚死於巾著網漁船的捕撈活動。不過，這已算是大幅改善的結果了。在無害海豚標籤出現之前，海豚遭害的數量經常達數十萬之多。儘管如此，和捕捉鮪魚最常見的延繩釣法比較起來，巾著網的危害又算是小得多了。鯊魚、劍旗魚、海鳥、烏龜都經常誤觸延繩釣漁船的魚鉤而因此死亡。根據永續海鮮組織的說法，唯有以曳繩釣或手釣絲捕捉的鮪魚、而且最好是捕自北美洲西岸，才是合乎道德的食用對象。

然而，我們哪時候看過鮪魚罐頭上標示罐中鮪魚的捕捉方式？歐洲和北美的鮪魚罐頭廠商甚至也不必向消費者揭露罐中使用的魚類。北美洲的鮪魚罐頭雖然會標示罐中飽和脂肪的含量，卻不會註明罐裡的魚捕自哪一座海洋。在市面上販售的各種鮪魚當中，只有非延繩釣法捕捉的鰹魚（販售名稱為「淡鮪魚」），因為水銀含量低，而且在海中的數量又相對豐富，才算得上是有益健康又合乎永續需求的食用選擇。

我實在不願這麼做，但除非鮪魚產業開始標示鮪魚的來源地與捕捉方式，否則我將和鮪魚畫清界線。

放生河豚

我抵達日本之後，許多水中生物都因我的口腹之欲而死。在東京之旅的最後一天下午，我決定給魚兒報復的機會。我接受了一項邀約，打算品嚐惡名遠播而且含有劇毒的河豚。

河豚含有河豚毒素，這種毒素近似箭毒，只要一毫克即可讓三十名成人喪命。在東京的八百家河豚餐廳裡，顧客享用著香煎河豚魚排，搭配由烤河豚鰭調味的清酒，經過政府認證的廚師則小心翼翼地丟棄有毒的河豚肉，就像處理著醫療廢棄物一樣。儘管如此，每年還是都會發生數起因食用河豚而中毒死亡的意外事件，尤其是堅持一定要吃河豚內臟的漁民。在吃河豚而亡的人物當中，最有名的是歌舞伎演員坂東三津五郎（八代目）。他要求京都一家餐廳的老闆為他送上四份魚肝，結果因此中毒身亡。該名廚師因此遭到吊照八年的處分。

河豚中毒通常在進食後二十分鐘發作，症狀包括口乾舌燥、視力模糊，以及全身肌肉癱瘓，含肺部肌肉在內。中毒者會慢慢窒息，眼睜睜看著自己死於這種愚蠢的口腹之欲。

金子是東京海產批發商協會會長，有一天早晨曾經為我充當築地市場的導遊，後來邀請我參加河豚追思會。築地市場的河豚批發商每年都會齊集一堂，向他們為了生活而不得不宰殺的那些河豚致祭。在築地市場的海膽拍賣會堂，我深深一鞠躬，並且送了金子君一瓶香檳，感謝他邀請我來。我們在兩張椅子上坐了下來，身邊滿是足蹬橡膠靴的督察員以及佩戴塑膠胸章的拍賣商。他們的老闆西裝筆挺，滔滔不絕地講述著海鮮批發業的甘苦無常。最後，一個頭戴金冠的神道教教士走向講臺後方一隻漂浮在水族箱裡的河豚，點燃一根蠟燭，搖了搖鈴，然後開始誦禱。

當然，追思會後緊接著就是一頓河豚自助大餐。

我站在一張長桌前，看著桌上豐盛的握壽司、生魚片，以及煮熟的河豚肉。我一面朝著周邊的人微笑，一面湊集了一頓具有中毒危險的午餐。香煎河豚肉呈現白色，邊緣微微捲曲，就像煎過的鱒魚。河豚生魚片切得很薄，排列成花朵的形狀，猶如生肉康乃馨。生魚熟魚我都拿了幾片，然後又夾了許多比較傳統的壽司。會堂裡的其他兩百人，都早已大口吃著河豚肉、大口喝著朝日啤酒了。我沒看到有人倒在地上抽搐。（也沒有人假裝這麼做。河豚餐廳廚師最討厭的惡作劇，就是鬆手拋下筷子，猛力撕抓著胸前。）我聳了聳肩，咬下了第一口河豚肉。

就海魚而言，河豚的味道實在是淡得出人意料。河豚生魚片吃起來頗有嚼勁，口感約介於鯉魚和魷魚之間。煎過的河豚肉吃起來有點像是河鱸，沒什麼特別吸引人之處。不過，我口裡卻出現了一種意料之外的感覺：用完餐點之後，我的舌頭竟然感到一陣刺痛。我微微發慌，向我的翻譯告知了這個現象，他於是把我帶到了正在忙著吃河豚的河豚批發商協會會長面前。他聽我述說了我所遇到的困境，卻哈哈大笑了起來。他說，舌頭上的麻痺感受是河豚外皮和魚鰭上殘留的微量毒素所造成的，不但無害，也是完全正常的現象。

我雖然還不是完全安心，但至少情緒平靜了下來。這時候，幾個裝著活河豚的塑膠水箱由推車載著穿越築地市場空蕩蕩的走道，我則隨著其他人跟在推車後面，身後又跟了幾隻流浪貓。走出市場之後，我們在隅田川的水泥河畔停下腳步。一名身穿黑色套裝的市場主管把一瓶清酒倒進河裡，又丟下幾團米飯。教士和侍祭助手在一旁誦經，那名主管則是從水箱裡舀起一尾河豚拋進河裡。接著，所有人都上前做出同樣的舉動，頓時只見河豚紛飛。

我不確定這麼做對這些魚兒來說算不算是好事。隅田川是條嚴重汙染的河流。我從岸邊探眼望向混濁的河水，看到了一個空罐子漂浮在水面上，海鷗更趁著這些河豚剛跌入水裡、還在頭昏腦脹的狀態下，紛紛俯衝下來飽餐一頓。一名身材粗壯的傢伙把手上的河豚當成橄欖球一樣過肩拋擲而出，於是那尾魚也就翻滾著畫過半空中。儘管如此，我還是忍不住要解放至少一尾河豚；只要把牠們拋進水裡，好歹牠們還有機會游到東京灣去。我挑了一尾中等體型的河豚，用雙掌捧著牠那滑溜溜的腹部。這尾魚比我預期的還重，兩顆渾圓漆黑的眼睛仰望著我，看起來就像神奇寶貝一樣可愛，而且還沒有神奇寶貝那種惹人厭的尖叫聲。我走到河邊，看著手上的河豚張著長方形的嘴巴奮力呼吸。

日本人雖然可能是全世界對於海鮮最貪食無饜的民族，對黑鮪魚和捕鯨行為的矛盾態度也可能讓西方人為之震驚，但這個社會與海鮮的關係既然如此複雜古老，必然有值得讚揚之處。我看過魚販在前往市場的途中到波除稻荷神社前鞠躬致敬，也看到了壽司供應商協會在市場入口的石頭上所刻的文字：「我們以美味的壽司滿足了許多人類，但也必須停下腳步，弔祭魚兒的靈魂。」

西方人很少對自己所吃的海洋生物表達出這樣的敬意。有誰看過天主教的主教或猶太教的祭司向市場裡的庸鰈靈魂請求原諒？

此外，不少徵象也顯示日本人已經愈來愈意識到海洋的危機了。隨著二〇〇六年大西洋與地中海在黑鮪魚季慘況的報導傳揚開來，沃爾瑪旗下的西友超市——日本最大的零售商之一——也宣布將在兩百多家分店停止販售歐洲捕捉的黑鮪魚。有些壽司廚師則是以鹿肉和馬肉取代黑鮪魚腹肉。接著，日本又做出一項出人意料的決定，在二〇〇七年主動把該國在東大西洋的黑鮪魚捕撈配額減少百分之二十三。日本坦承該國在二〇〇五年的南方鮪捕撈量超出限額一千八百噸——澳洲調查發現日本在十年間暗藏了價值高達七十二億美元的黑鮪魚——並且同意從二〇〇七年起把捕撈限額減半。

世人一旦開始正視海洋的危機，日本人提出解決方案的速度也相當明快。他們必須如此：因為海鮮對日本而言實在是太重要了。

我輕撫手上的河豚，然後盡量輕柔地讓牠滑進暗灰色的水裡，看著牠迅速消失在隅田川的水面下。

我最後一次瞥見牠的時候，牠正朝著太平洋的方向前進。

14

一罐一百七十公克重的長鰭鮪罐頭，通常以「白鮪魚」的名稱販賣，目前這種魚的捕撈量已超出美國環保署的限額達百分之三十。體型較小而且壽命較短的鰹魚則是比較好的選擇：這種魚的罐頭通常以「淡鮪魚」的名稱販售，其捕撈量僅達環保署限額的百分之六十。

CHAPTER 9

規模經濟

英屬哥倫比亞｜烤鮭魚

我這趟旅程走到這個階段，已經聽過了支持養殖漁業的各種論點。

水產養殖的推廣人士指出，我們根本不必擔心海鮮的未來。在科技的發展下，我們早已生活在一個充滿廉價蛋白質的美麗新世界裡了。

舉例來說，鮭魚以前是富人才享受得到的美食，但經過養殖之後，現在鮭魚已成為美國最普及的一種海鮮，僅次於蝦和罐裝鮪魚。美國有兩千三百萬人至少每個月都會吃一次鮭魚。在英國，養殖鮭魚的價值經常跌破一公斤一英鎊，比雞價還低。鮭魚的奧米加三脂肪酸含量高，飽和脂肪含量低，過去原本是季節性的美食，現在已成為上百萬份機上餐點當中，除了牛肉與雞肉之外的第三選擇了。

比較樂觀的說法是，漁民這種舊時代的海上狩獵採集者，已經被一種較為先進的角色取代，也就是海洋管理的新時代象徵：水產養殖業者。根據聯合國的統計，現在世人所吃的海鮮有百分之四十三都是養殖產品，養殖業在過去三十年來也以每年百分之九的驚人速度成長。全世界的水產養殖產品預計將在二〇一〇年超越牛肉產量。

當初許多悲觀人士預言人口成長將超越土地的糧食生產力，結果一九六〇年代的綠色革命駁倒了他們的說法；現在的藍色革命也將徹底發揮海洋的潛力，為預計在二〇二五年成長到八十億的人口，穩定供應高品質的海洋蛋白質。此外，水產養殖還有一項重大的附帶利益，也就是許多最重要的野生海洋食用生物——包括鮭魚、鮪魚、蝦、鱈魚、庸鰈——都將因此免於絕種的命運。畢竟，既然可以飼養，又何必出海獵補呢？

不過，正如加拿大西岸居民所逐漸發現的，這種主張只有一個問題：水產養殖業者聲稱自己將拯救海洋，實際上卻掏空了海洋的資源。

深入水產養殖場

「我是第二代的養殖漁民，」約翰．霍德說：「對我來說，這不只是一項職業，而是一項事業。我對自己的工作深感自豪。」

我們站在鮭魚內灣（Salmon Inlet）一座養殖場的水上金屬走道上。鮭魚內灣是加拿大太平洋岸上許多細長峽灣的其中之一，位於溫哥華西北方，開車要一個小時，接著還得搭四十五分鐘的渡船。我周身雖是天堂般的美景，今天的天氣卻是一片陰沉——雲霧像羊毛一樣糾纏在山壁上的樅樹枝葉裡，湍急的冬雨毫不停歇地傾落在以陽光為名的海岸。霍德穿著迷彩休閒褲和格子圖案的夾克，負責管理三座鮭魚養殖場的每日運作，包括我們現在所在的這座養殖場。站在他身邊的賈斯汀．亨利擁有水產養殖的碩士學位，負責督導鮭魚的成長過程，從孵育場裡的魚苗一路監管到這些鮭魚被送到加工廠裡為止。

第九區距離岸邊幾百公尺，是英屬哥倫比亞沿岸典型的養殖場。這裡有幾間鐵皮搭建的員工宿舍、一間堆滿了一噸裝飼料的倉庫，以及幾間辦公室。這些建築物旁邊則有一打網籠，每個長二十公尺，以六個為一列排成兩列。金屬走道靠著塑膠浮筒漂浮在水面上，圍繞在網籠的周圍。這裡的景象看起來就像是有人把六座網球場直接搬到了清淨的峽灣裡。網籠延伸至水面下三十公尺處，由水泥錨具固定在水底。這些網籠的容量大得嚇人，每個籠子可以容納六萬條魚。第九區算是小型養殖場，只養了二十萬條鮭魚。如果是大型養殖場，飼養的魚隻數量可能超過一百萬。

「戴上偏光眼鏡可以看得清楚一點，」霍德說，一面遞給我一副圓弧形太陽眼鏡。水面的反光一被太陽眼鏡過濾掉，我的眼前隨即出現數千條大西洋鮭魚閃閃發光的銀色魚背。牠們的行動充滿了緊張焦慮感，在空間受限的網籠裡，天生要奮力前進的鮭魚只能瘋狂般地衝撞著彼此。每隔一陣子就有一條魚躍出水面，彷彿再也受不了自己生存的環境。

第九區的鮭魚已有二十八個月大，重約三公斤，但還要三個月才會達到理想的六公斤重。要讓這些鮭魚及時長到應有的大小，就必須不斷餵食，而餵食飼料正是養殖場員工的主要職責。霍德身材粗壯，屬於第一民族[15]的加拿大原住民，二十出頭的他在養殖場員工裡似乎年齡最長，因為其他人看起來都只有大學生的年紀。他用一只塑膠戽斗舀起一堆褐色飼料球，手腕一抖，把飼料撒在水上，籠裡的鮭魚隨即爭相搶食。他一面餵食，眼睛卻不斷盯著一部黑白螢幕，畫面上播放著網籠底部一具監視器拍攝的仰角畫面。一旦有太多飼料沉落到監視器的鏡頭前，就表示魚隻已不再進食，這時他就可接著餵食下一籠的魚。

「魚吃的量如果真的太大，我們就會用自動餵食器，」霍德說。這種機器看起來像是人工造雪機，不到一分半鐘就可以把一噸的飼料全部撒完。大型農場一天就可能用掉價值兩萬美元的飼料。

我問他們怎麼處理鮭魚養殖場底部的廢棄物，包括魚的排泄物以及從網籠裡掉出來的飼料。（根據生物學家的說法，這樣大小的養殖場所產生的排泄物，數量相當於具六萬五千人口的都市未經處理的汙水。）「人類的汙水和魚的廢棄物不能相提並論啦！」霍德反駁道：「魚的排泄物是惰性的含碳物質。鮭魚是冷血動物，牠們沒有人類糞便裡的那些細菌。」我問到用於消除疾病和寄生蟲的抗生素與殺蟲劑，亨利隨即接口回答：「這座養殖場沒有沉澱物的問題，溪霞內灣（Sechelt Inlet）非常深，底部是堅硬的岩石，而且水流很快。我們每年都會做沉澱物抽樣檢查，這裡根本沒有沉澱物。」（由此可知這裡的廢棄物可能沉積在灣裡的其他地區，希望不是在我坐船來時看到的那些沿海的干貝與牡蠣養殖場。）

我問他們怎麼驅趕掠食動物。大家都知道，集中飼養這麼多魚可能吸引各種動物的覬覦，包括灰熊乃至虎鯨。前一年，英屬哥倫比亞的鮭魚養殖業者射殺了七十八頭斑海豹，多年來更已殺害了三百五十隻北海獅，這種動物剛受到加拿大的瀕絕野生動物監督委員會列為特別關注對象。二〇〇七年，溫哥華島西岸有五十一隻加州海獅困於一具三層構造的網籠裡，溺水而死。「我們這裡連一把來福槍都沒有，」亨利答道：「我們有鳥網阻擋海鷗和渡鴉，晚上則會啟動電網防止掠食動物。牠們遭遇過電擊之後，就再也不敢回來了。」那會不會有魚逃脫呢？科學家指稱養殖鮭魚會把疾病傳染給野生鮭魚，甚至霸占野生鮭魚的產卵地。

「我們偶爾會掉個幾條魚，」亨利坦承道：「可是情況已經比以前好很多了。我覺得這整個產業近來的狀況都不錯。政府規定改變了，網子也比以前強韌得多。」（在亨利的背後，我就看到了網子上一個像盤子一樣大的破洞，用網眼更細的網子補了起來。走道的另一端還有兩個穿戴著潛水器材的人員，準備下水修補破洞。）

我滿心好奇，想聽聽業人士對這個產業經常遭到的批判如何回應，所以也就不停發問。飼料裡如果沒有添加人工色素，養殖鮭魚的肉色就會呈現噁心的灰色或是令人食不下嚥的黃色。我問道，這樣的添加物不是對健康有害嗎？

亨利對此也侃侃而答：「我們使用一種叫做蝦紅素的類胡蘿蔔素色素。紅鮭魚吃磷蝦就會攝取到這種色素。我們在飼料裡面添加的是同樣的色素，只不過是人工合成的而已，就像人不吃柳橙而透過藥丸攝取維他命C一樣。」

霍德用手從飼料袋裡舀起滿滿一掌心的飼料。每顆飼料球寬七公釐，呈圓柱狀，是經過高溫處理與擠壓成形的褐色粗粒飼料。「這些飼料一點問題都沒有，就只是蛋白質而已。」他說：「你可以吃吃看。」我咬了一口，差點反胃作嘔。那飼料的味道讓我想起一罐走味的鯷魚罐頭裡的油脂，又腐臭又噁心。我趕緊把飼料吐在手上，沒有吞下去。

「沒錯，」霍德咧嘴一笑：「不怎麼好吃。這是給魚吃，不是給人吃的。」

我提起近來的一篇報導，聲稱養殖鮭魚含有許多毒素，一個月最好不要吃超過一次。霍德一臉激憤。「我一周吃養殖鮭魚三到四次！我甚至不買野生海鮮，因為我覺得現在過度捕撈的情形太嚴重了。我還曾經因為餐廳不供應養殖海鮮，就直接走人了。」他說他爸爸養殖鱒魚和鮭魚已有三十年之久，所以捍衛這項家族產業是他的天性。

擔任水產養殖技師的亨利同意他的論點。「野生鮭魚體內所含的汙染物確實稍微少一點，可是如果客觀來看，養殖鮭魚體內的多氯聯苯和戴奧辛含量其實很低，根本不值一提。這些化學物質在牛肉裡面的含量還比較高呢。我有個四歲半的兒子，我也是常常讓他吃養殖鮭魚。」

人工色素、養殖魚隻逃脫、汙染、毒素——看起來，媒體上討論的各項令人憂心的議題，都在這項產業的控制之下。站在第九區的走道上，鮭魚養殖業的批評人士似乎與實際上在海岸居住工作的民眾嚴重脫節。對於霍德與亨利這樣的人來說，鮭魚養殖場不但提供了穩定的職業，也供應了價格低廉的晚餐。

「農畜業不可能完全不對環境造成衝擊，」亨利在載我回岸上的途中坦承道。「重點是要確定衝擊程度能夠控制在可接受的範圍內。我認為我們的產業在這方面做得還不錯。」

直到不久之前，霍德與亨利都還是目標海產公司（Target Marine Products）的員工，這是英屬哥倫比亞僅存一家仍由加拿大人經營的大型鮭魚養殖公司。不過，在我前來採訪的前一周，一家挪威公司買下了這座養殖場，成為該公司在英屬哥倫比亞沿岸的第十七座養殖場。現在，加拿大西岸的鮭魚養殖業幾乎全歸三家歐洲跨國公司所有了。

亨利在海豚灣（Porpoise Bay）讓我下船之後，我剛好遇到第九區的新老闆，他正準備爬上一架水上飛機的浮筒，即將飛往溫哥華島。佩爾．葛里格在挪威一家創立於一八八四年的家族企業裡擔任海鮮部門的執行董事。水產養殖只是這家跨國公司眾多經營項目的其中一項，葛里格集團（Grieg Group）也是世界上數一數二的船東與船舶經紀公司。

幾個小時前，在目標海產公司的孵育場辦公室裡，我曾和葛里格簡短交談過。他說他到加拿大是為了查看一下他剛買下的幾座鮭魚養殖場。現年四十幾歲的他，有著北歐人的淡藍色眼珠，握手的力道相當強勁。他顯然相當享受這趟加拿大野地之旅，對於葛里格集團在加拿大西岸的前景深感樂觀。

他指向牆上一幅英屬哥倫比亞省酷似挪威峽灣的海岸地圖，眼裡閃爍著興奮的光芒對我說：「英屬哥倫比亞目前每年只生產七萬噸的大西洋鮭魚，你們大可以有更高的產量。你們這裡的產量可以和挪威一樣多，甚至超過挪威。你們應該把目標設定在每年至少生產一百萬噸！」

挪威共有八百五十座鮭魚養殖場，目前每年可生產四十五萬噸的養殖鮭魚。英屬哥倫比亞如果要達到一百萬噸的產量，那麼從北緯四十九度到阿拉斯加狹地的每條主要河流、海灣及海峽都必須為網籠所占據。像第九區這樣的一座養殖場，在廣大的加拿大荒野中看起來也許不算什麼，但數百座這種養殖場加總起來的衝擊又是完全另一回事。

霍德與亨利沒有提到養殖場可能造成的若干衝擊。在挪威，鮭魚養殖導致水媒疾病肆虐以及刻意造成的河流毒化，並且導致原生鮭魚近乎絕跡。許多人認為，就是因為這些問題，挪威的養殖業才會轉移到加拿大發展——他們摧殘了自己的海岸線之後，只好再另覓處女地繼續發展。

工業規模的水產養殖不但不會讓野生魚類獲得安然生存的機會，而且還會給予致命的一擊，導致牠們就此滅絕。有些人認為，在第九區以北五百公里之處，這種命運已經降臨在野生太平洋鮭魚身上了。

魚中之王淪為廉價肉罐頭

「鮭魚」是多種魚類的泛稱，這點從牠們擁有的各種不同名稱即可看得出來。大多數的鮭魚都是溯河產卵的魚類：首先在淡水裡孵化，稱為「alevin」（仔鮭）；擺脫卵囊之後稱為「fry」或「parr」（稚鮭）；接著大幅度轉化為能夠在鹹水裡生存的「smolt」（亞成鮭）；最後，牠們會再回到淡水產卵，然後死亡，而且通常是回到自己當初誕生的河流。（比其他同伴早一年從事產卵活動的雄性太平洋鮭魚稱為「jack」；大西洋鮭魚每十隻當中有一隻能夠活到二度產卵，這樣的鮭魚稱為「kelt」；滿一歲的大西洋鮭魚在十九世紀中葉之前一直被認為是另一個不同物種，所以又稱為「grilse」。）兩千萬年前，地球上原本只有一種鮭魚。不過，北極海降溫之後，這種原始魚類的棲息地從此一分為二，所以也就演變成兩種不同屬的動物：一種是屬名為「*Oncorhynchus*」的太平洋鮭魚，另一種是屬名為「*Salmo*」的大西洋鮭魚。後來一次次的冰河作用又導致太平洋鮭魚衍生出十一個不同種類：王鮭、狗鮭、銀鮭、粉紅鮭、紅鮭、陸封紅鮭（這種鮭魚生長在內陸湖泊裡），以及切喉鱒、金鱒、阿帕契鉤吻鱒，還有亞洲近親紅點鮭與虹鱒。學名為「*Oncorhynchus rastrosus*」的劍齒鮭則早已絕種，這種怪物般的魚隻可長到一百六十公斤重。

歐洲的河流曾經充滿了鮭魚。現存最古老的鮭魚畫像，是法國佩里戈爾地區一座洞穴裡的大西洋鮭魚壁畫，已有兩萬五千年的歷史，目前這座洞穴的所在處距離海岸一百六十公里遠。凱撒手下的士兵曾在當今的倫敦市中心捕捉鮭魚，英國的鮭魚河流自從獅心王理查的時代以來也都陸續受到規範。傳統上，只要有人建造水壩或是其他類似的攔水設施，都必須留下一個三歲大豬隻通得過的洞口——稱為「國王的洞口」——好讓鮭魚能夠通過。不過，隨著工業革命來臨，工廠開始把廢水排入河流裡，鮭魚也就逐漸銷聲匿跡。據說英王喬治四世為了吃到泰晤士河的最後一條鮭魚，不惜花費一基尼（約等於一磅）。到了一八五〇年代，鮭魚已成了一種奢華菜餚——差不多像當今上海的魚翅湯一樣昂貴——以致盜補情形普遍可見。到了二十世紀中葉，鮭魚在德國、比利時與荷蘭已經絕跡，在其他西歐國家也都幾乎不見蹤影。現在，只有愛爾蘭、冰島、挪威、蘇格蘭等地還可見到豐富的鮭魚，這些地區全都是瀕臨大西洋的北方國家，而且都擁有蜿蜒崎嶇的海岸線。

五月花號在鱈魚角下錨之前，北美洲東部沿海的鮭魚數量原本有一千兩百萬條。加拿大的米拉米琪河（Miramichi River）更是魚滿為患，魚隻躍出水面的聲響使得早期的法國墾殖民整夜難眠。不過，磨坊水壩與過度捕撈導致當地的鮭魚數量迅速衰減。到了一八四六年，新英格蘭的鮭魚已出現商業性絕種的狀況。孵育場雖然在過去一百四十年來野放了一億兩千萬條亞成鮭，鮭魚卻從此不再返回美國東北部。在緬因州，只有佩諾布斯科特河（Penobscot River）還可看到每年幾百條野生鮭魚洄游產卵。今天，從挪威到新英格蘭，野生的大西洋鮭魚只剩下不到五十萬條。在紐布朗斯克的許多河流裡，洄游產卵的大西洋鮭魚有百分之八十都是從養殖場裡逃脫的養殖鮭魚。

幸好太平洋鮭魚的狀況則是好得多，因為如果沒有鮭魚這種關鍵物種，太平洋西北部將會貧乏得多。上一次冰河期的冰河退卻之後，北美洲西岸變得一片貧瘠，毫無生氣。冰河期間，鮭魚在氣候條件穩定的沿岸環境裡存活了下來。冰河期結束後，大量的鮭魚溯行河流而上，多達數百萬條的魚隻就此死在內陸，而且常常是距離海洋數百公里的內陸。這些腐敗的魚體為植物提供了生長所需的養分。英屬哥倫比亞那片由錫達卡雲杉、紅柏與黃杉等千年樹木構成的溫帶雨林，就是這群洄游魚類的腐敗屍體所帶來的結果。（另一方面，森林複雜的水文作用也為鮭魚提供產卵所需的碎石；樹頂為河流散播了養分，使得仔鮭得以生長。這也就是為什麼在鮭魚河流沿岸伐木，經常會導致鮭魚徹底消失。）

鮭魚是北太平洋豐富的生物資源得以傳入陸地的媒介。磷蝦與浮游生物產生的大量養分，都是因此才得以由陸地分享。即便到了今天，在英屬哥倫比亞山谷底部的森林，也有三分之一的氮是源自海洋；而鮭魚河流沿岸的樹木，其生長速度更是內陸樹木的三倍。阿拉斯加棕熊所攝取的碳與氮，也有百分之九十來自鮭魚。整個食物鏈都仰賴鮭魚，就連鹿也會吃鮭魚產卵之後死亡的屍體。落磯山脈的石山羊細胞裡也含有鮭魚的氮。

歐洲人來臨之後，太平洋鮭魚在海洋裡就備受漁民的騷擾，河裡的產卵地也日漸稀少。一八六〇年代的淘金熱帶來了水力採礦的做法，用高壓水柱衝開砂礫層，產生的沉積物阻塞了鮭魚產卵的河流，結果導致加州境內的鮭魚洄游現象完全消失。水壩也阻絕了哥倫比亞河的鮭魚大洄游潮。（近年來令人欣慰的發展，則是在哈德遜河的鰣魚再次出現之後，沙加緬度河的紅鮭魚也因為廢棄水壩的拆除而復育成功。）政府為了重振日漸凋零的鮭魚洄游潮而設立孵育場，但孵育而出的魚隻卻與野生魚群互相競爭，導致基因庫遭到破壞，反而導致野生的鮭魚數量更加衰減。

在歐洲人出現之前，美洲原住民的捕魚活動雖然效率極高──西北沿岸的原住民每年捕捉五萬七千噸的鮭魚──他們卻直覺懂得最大永續產量的原則，從不會讓生物質量降低到原有程度的一半以下，因此也就能夠確保鮭魚洄游潮持續不斷，而且鮭魚數量甚至還會逐年增加。到了二十世紀末，儘管有政府官僚的監督，但加拿大與美國部分鮭魚河流的洄游魚群，卻還是有高達百分之九十遭到漁民捕撈一空。最近的估計指出，太平洋西北部河流的洄游鮭魚只剩下歷史高點的百分之七。從加州到英屬哥倫比亞，已有兩百三十二種鮭魚絕跡。只有阿拉斯加因為在一九二四年規定漁民以漁網捕撈的鮭魚必須放生百分之五十，才能保有健全的鮭魚洄游潮至今。

在我孩提時代的溫哥華，只要提到鮭魚，就一定是野生的太平洋鮭魚。我們一個鄰居擁有一艘鮭魚曳繩釣漁船，他在一九六〇年代開始捕魚的時候，英屬哥倫比亞沿岸共有一百家鮭魚加工廠，販賣漁獲給這些工廠的小型漁船則多達七千艘。等到他在二十世紀末退休的時候，漁船只剩下三千艘，加工廠更只有僅存的五、六家。由於新科技的出現，現在少數船隻即可在短短幾天的時間內捕到一整年限額的漁獲量。野生鮭魚的數量雖然愈來愈稀少，失業的漁民也愈來愈多，鮭魚的價格卻是愈來愈便宜。我母親記得一九八〇年代，她在超市買的紅鮭魚排要價二十美元，而且那十年間的鮭魚批發價都差不多在一磅九美元上下。二〇〇七年底，喜互惠超市（Safeway）零售鮭魚排的價格是一磅五點九九美元。

這段期間發生了什麼事？原來是水產養殖來到了西岸。

鮭魚曾經是魚中之王，第一民族把這種魚當成財神膜拜，英國王室對這種魚垂涎不已，現在卻變成了廉價的海底肉罐頭。這種現象有個簡單的解釋：也就是大西洋鮭魚的入侵。

大西洋鮭魚入侵太平洋

最早的鮭魚養殖漁民其實立意良善。一九六〇年代，由於過度捕撈、酸雨、水壩興建過多，以及人類的過度開發，大西洋鮭魚不再返回北歐河流產卵。與其把僅存的野生魚群捕撈殆盡，養殖漁民決定自己培育鮭魚。在丹麥鱒魚養殖業的成功典範激勵之下，挪威人於是認定峽灣會是理想的水產養殖地區，因為峽灣周圍有高山的屏障，同時又有含氧量豐富的冷水持續流入。

他們從一開始就遇到了不少問題。當初挪威為了增加本地的鱒魚數量而從瑞典引進鱒魚幼魚，結果養殖的大西洋鮭魚卻因此感染了可怕的三代蟲。這種寄生蟲會附著在宿主的嘴上，分泌一種溶解魚鱗與皮膚的消化酶。不久後，這種寄生蟲也感染了野生鮭魚。最後，政府決定在二十四條河流裡大量傾倒魚藤精——也就是印度的養蝦場用來清理池水的那種化學藥劑——消滅河流裡的所有動物。（現在，這種寄生蟲又重新出現在當初遭到感染的其中幾條河流裡了。）癤瘡病這種會導致魚隻身上長滿藍色膿瘡的疾病，也在一九九二年出現於五百五十座養殖場，進而擴散到七十四條河流。

不僅如此，多達數百萬條的鮭魚，都因為養殖籠具在暴風雨中損壞而逃脫。在一次逃脫事件裡，六十三萬條養殖鮭魚流入大海，數量比世界上僅存的野生大西洋鮭魚還多。自此之後，養殖鮭魚的特徵就混入了基因庫：在挪威的某些河流裡，高達百分之八十的鮭魚都是源自養殖場。這種現象是一大問題，因為成長快速的養殖鮭魚會霸占野生鮭魚的產卵地，卻又只能產下不會孵化的畸形卵。在首創現代鮭魚養殖業的挪威，目前已有八座峽灣禁止設置養殖場，以免僅存的野生鮭魚就此徹底消失。

挪威的養殖漁民也開始適應新的規定，有些是把養殖場的分布距離拉大，並且重新裝配設施；另外有些人則是把目標轉向其他國家的海岸。在美國西岸，由於美國人相當謹慎，所以華盛頓州只核可了少數幾座養殖場，阿拉斯加更是因為當地經濟仰賴野生漁業，而對鮭魚養殖場採取絕不容忍的政策。（不過，他們倒是允許鮭魚牧養業，每年約有一百五十萬條魚在籠子裡接受飼養，長到足夠的大小之後再進行野放。）蘇格蘭早就經歷過養殖魚逃脫以及疾病感染的問題，尤其是在西岸的海湖。只有加拿大看起來正好適合挪威人進駐。

「我們（在挪威）對品質與環境問題的要求非常嚴格，」一九九〇年挪威國會議員利勒通（Jon Lilletun）向一個加拿大委員會提出說明：「所以有些養殖漁民才會轉移到加拿大。他們說：『我們需要比較大的養殖場，我們要到可以這麼做的地方去。』」

在英屬哥倫比亞，滿懷理想的小型養殖業者在一九七〇年代開始經營小型鮭魚養殖場，這些人包括醫生、嬉皮，甚至還有一個綠色和平組織的創始人。這些先驅人士面臨了許多問題：由於陽光海岸的海水較為溫暖——我參訪的第九區就位於這裡——所以有不少養殖場都徹底毀在掠食動物、疾病以及夏季藻華等問題上。真正的危機發生在一九八九年，裕仁天皇在那年去世，許多日本人為表哀悼而暫停食用鮭魚及其他奢華食品，導致一個重大市場突然消失。於是，挪威因為過度生產而造就了三萬噸的冷凍鮭魚，北歐人稱之為「鮭魚山」。全世界的批發價下跌百分之四十，英屬哥倫比亞的養殖漁民因此付不出貸款。於是，挪威與荷蘭的廠商趁機大舉侵入加拿大西岸，向數十名瀕臨破產的養殖漁民買下了養殖場。

這些歐洲廠商在加拿大的蜜月期相當短暫。一九九五年，中間偏左的省政府宣告不得再設置新的養殖場，因此這些歐洲企業只好在既有的籠子裡塞進更多魚，以致原本設定養殖二十五萬條魚的養殖場，現在竟塞進了五倍之多的魚隻。最後，這些廠商對於在加拿大無法繼續擴張規模深感沮喪，於是又把目標轉向南半球。自從一九九〇年代以來，鮭魚養殖業在智利大為盛行，該國的海岸線極長，又位於溫帶海域，而且環保規範寬鬆，勞工也願意接受一周四十八小時、周薪三十三美元的工作條件。此外，智利國內也沒有野生鮭魚。（不過，在養殖場進駐之後，安地斯山脈的河流已出現了許多逃脫的養殖鮭魚。）最大的問題在於地理位置：智利首都聖地牙哥的機場距離邁阿密國際機場極為遙遠，所以飛機燃料的成本也必須計入魚排價格裡。相較之下，加拿大的鮭魚就可以由拖車運往美國。智利目前雖是全球最大的鮭魚生產國，每年出口的鮭魚價值十七億美元，但英屬哥倫比亞省由於新上任的政府對企業較為友善，撤銷了設立新養殖場的禁令，因此當地的鮭魚養殖業也再度恢復了活力。到了二〇〇二年，英屬哥倫比亞又重新成為鮭魚養殖業的熱門地點。

一九八〇年代末期，英屬哥倫比亞共有五十家水產養殖公司，大多數都由當地人經營。二十年後，這些加拿大人的企業，只剩下溫哥華島一家專營有機鮭魚的小公司還在經營。二〇〇六年，挪威的龐仕集團（Pan Fish）以十六億美元購併其主要競爭對手——荷蘭的泰高公司（Nutreco），從此成為全世界最大的鮭魚養殖公司。這家總部位於奧斯陸的跨國公司現在更名為耕海漁業集團（Marine Harvest），在英屬哥倫比亞共有七十座養殖場。當地最大的競爭對手是擁有三十家養殖場的主流公司（Mainstream）。主流公司與世界最大的魚飼料製造商艾華士公司（Ewos），都屬於瑟馬克集團（Cermaq；公司名稱意為「穀物與海產養殖」）的子公司，該集團最大的股東為挪威政府。剛買下第九區的葛里格集團是這個業界的新進企業，在英屬哥倫比亞共擁有十七座養殖場。往後十年，省政府預計每年核准十座新的養殖場，屆時全省的養殖場數量將會倍增。

集中養殖場的所有權對歐洲企業相當有利。這項每年三億兩千萬美元的產業在全球上完全掌握在前述的三家企業手中，於是他們也就能夠垂直整合以及進一步削減成本，舉例而言，主流公司採用艾華士公司生產的飼料餵食鮭魚，並且利用瑟馬克集團本身的貨車運往市場。主流公司在英屬哥倫比亞的養殖場大多位於格里夸灣（Clayoquot Sound），這裡是聯合國教科文組織的生物圈保留區，生長著地球上若干最巨大的老熟樹木。現在，你如果花兩天的時間划著獨木舟深入太平洋岸的雨林，映入眼簾的恐怕會是挪威政府經營的鮭魚養殖場，其中的自動餵食器嘈雜不休地對著上百萬條大西洋鮭魚噴撒著飼料。

這其中最大的謎，就是英屬哥倫比亞究竟能夠從鮭魚養殖當中得到什麼好處。利潤都匯往奧斯陸的銀行帳戶，授權金低得可笑，那些公司總裁又不必向加拿大繳交所得稅。養殖場提供的工作機會不但非常少，而且期間也不長——員工主要都是青少年以及二十歲出頭的人士。此外，隨著這項產業自動化的程度愈來愈高，工作機會對比鮭魚產量也將愈來愈低。

然而，擁抱鮭魚養殖場所可能對英屬哥倫比亞省造成的損害，已經愈來愈明確可見——該省僅存的野生鮭魚產量，恐將就此徹底消失。

游擊式科學研究

布勞頓群島（Broughton Archipelago）看起來完全不像是會出現二十一世紀工業活動的地方，大概也是你最不希望見到這種活動的地方。我搭著堪稱加拿大西岸勞役馬的海狸型水上飛機，從溫哥華島的東北端起飛，不禁意識到英屬哥倫比亞的荒野可以有多麼美麗：布勞頓群島看起來像是被拋撒在海面上的拼圖片，其間滿是蜿蜒的水道和鋸齒狀的海灣。我們朝著白雪皚皚的山頭飛去，我又不禁想到當地的經濟有多麼仰賴開採自然資源所帶來的現成利益：山坡上的樹林可見到一道道砍伐過後的痕跡，彷彿被人用巨型推剪削過一般。

這架海狸型水上飛機正在進行補給作業，必須依序降落於幾個人煙稀少的地點。在蘇利文灣這個由幾座水上住宅所構成的小社區，一頭海獅從水裡探出圓圓的頭顱，看著我們卸下一箱箱的水管和木瓦；在東塞摩的伐木營地，白頭鷹立於樹頂睨視著我們；飛機從京科姆灣上低空飛過，驚嚇了一群野牛，然後降落在河面上，隨即有兩個查瓦坦努原住民駕著機動船前來接收信件；飛機駕駛在奈特灣上傾側機身，指向一群騰躍在水面上的太平洋斑紋海豚。布勞頓群島是海獺與大藍鷺的家鄉，過去還曾有一群大翅鯨和虎鯨常駐於此，這裡是加拿大西岸生物多樣性最豐富的一個地區。一九六〇年代，太平洋鮭魚充斥於此處的一百四十四條河流裡，現在，只剩下六條河流還看得到鮭魚的蹤跡。

我在吉爾福德島（Gilford Island）下了飛機。一艘機動船駛到飛機的浮筒邊，自稱游擊科學家的亞莉山德拉．摩頓（Alexandra Morton）迎接我上船。她是個性情和善的中年海洋生物學家，出身新英格蘭，剛踏入這行的時候是在聖地牙哥水族館研究虎鯨。她當初為了研究野生虎鯨而來到布勞頓群島，在這裡買下一幢水上住宅，也成立了自己的家庭。然後，鮭魚養殖漁民也隨之出現。

「我在一九八四年來到這裡，鮭魚養殖場是三年後出現的。」摩頓說：「我當時覺得他們這種做法很不錯，所以張開雙臂歡迎他們。我還告訴他們說，如果他們有任何女眷想要瞭解孩子上學和購物的問題，我都很樂意幫忙。」不過，養殖漁民後來開始利用音波干擾裝置驅走掠食動物，就此毀了摩頓研究虎鯨的夢想，於是她對鮭魚養殖場的態度也就轉趨保留。

「我第一次聽到干擾器的聲音，是戴著耳機，連接著水裡的麥克風。我一打開錄音器材，馬上『哇！』的一聲把耳機扯了下來。那聲音真的很大。」那種水下噪音製造儀器會持續發出像蟋蟀一樣的聲音，聲量震耳欲聾，藉此嚇走海豹、海獅以及海獺。（這種儀器後來已遭到禁用。）問題是，這種噪音也把原本棲息於當地的虎鯨嚇跑了。「一群接一群的虎鯨來到這裡，聽到這種噪音，就再也不敢回來了。」摩頓只能暗自納悶著自己這個鯨魚研究者在沒有鯨魚的情況下該怎麼辦。

我們駕船來到艾德蒙爵士灣（Sir Edmond Bay）。這座由常綠喬木環繞的小海灣，原本應該充滿了恬靜的田園氣息，但是海灣中央卻有一座鮭魚養殖場，經營者為主流公司，也就是挪威政府主導的那家跨國企業。養殖場的主要建築上架設了許多接收衛星訊號的小耳朵。一部發電機維持了電腦和自動餵食器的運作，一具喇叭則廣播著當天的宣布事項。艾德蒙爵士灣原本是摩頓一名鄰居最喜愛的捕蝦地點，但在養殖場出現之後，他的捕蝦籠就再也得不到收穫，只見得到一層混雜了腐爛飼料與糞便的黃色汙泥。

野生蝦消失了，但現在艾德蒙爵士灣裡卻有一百萬條大西洋鮭魚，而且近乎成熟，即將可以送去加工處理了。這還只不過是眾多養殖場的其中一座而已。官方雖然把布勞頓群島畫為省立公園，卻有二十六座像這樣的養殖場散布在其中的海灣與水道裡。葛里格集團在最近才剛獲得營業許可。

「在這裡，整個產業完全採取強取豪奪的經營手段，」摩頓說：「我的鄰居都是老漁民，政府也向他們徵詢了養殖場設置地點的意見。他們拿了一份地圖給我們看，上面以綠色、黃色，還有紅色畫分區域，並說紅色區域連申請都不接受。六個月後，紅色區域的養殖場卻比其他地方還多！我一個鄰居是鱈魚漁民，他對我說：『亞莉，實在太奇怪了。我捕魚的每個重點地區都出現了一座養殖場！』」

當地人認為這些養殖場把疾病傳染給了野生魚類。在他們的記憶當中，這是布勞頓群島的銀鮭首次出現長滿膿瘡的現象。養殖場在水裡大量投擲飼料，多餘的養分也導致毒藻嚴重蔓延。漁民抓到的底棲魚類，身上滿是傷痕與腫瘤。他們發現雙線鰈和大菱鮃的眼睛上都長出了像棕櫚樹一樣的增生物。第一民族人士搭建蚌園養殖蛤蜊已有數百年乃至上千年的歷史，更是發現了一種令人深感不安的變化：鮭魚養殖場附近的海灘都覆蓋了一層深及膝部的黑泥，而且散發出排水溝的惡臭。

「在養殖場出現之前，這裡本來有很多健全的蛤蜊海灘，」納姆吉斯第一民族酋長克蘭默（Bill Cranmer）說。他的族人聲稱布勞頓群島屬於他們的傳統領地。「我們現在發現鮭魚養殖場附近所產的蛤蜊都呈現深褐色，而且還微帶黑色，根本不能吃。」

更糟糕的是，養殖場所帶來的大西洋鮭魚也不肯安分待在籠子裡。摩頓檢視了當地漁民的漁船，發現他們在六周的期間捕到了一萬八百二十六條從養殖場裡逃脫的鮭魚。她在《阿拉斯加漁業研究期刊》發表解剖結果，指出其中百分之十四的魚隻胃裡有蝦子、鯡魚及刺背魚的消化殘跡，可見這些鮭魚已在野地裡生存了好幾周。

儘管有疾病、汙染以及魚隻逃脫的問題，摩頓說她其實也還願意接受這些養殖場，問題是它們也帶來了海水魚虱。

一天，她家附近一間釣魚小屋裡的一名蘇格蘭遊客問她：「你們遇到海水魚虱的問題了沒？」他解釋說，鮭魚養殖場開始進駐蘇格蘭之後，野生魚類身上就開始出現大量的海水魚虱。在布勞頓群島、他在剛釣到的一些魚身上，也同樣發現了這種寄生蟲。摩頓一驚之下，隨即用抄網撈起了幾條亞成鮭，結果發現牠們的眼珠和魚鰭基部都泛著血絲。許多魚身上都可以見到數十個褐色斑點——全都是海水魚虱。粉紅鮭原本有著火箭形狀的銀色魚體，但這些遭到寄生蟲附著的魚隻都瘦弱不已，顯得一副有氣無力的模樣。

摩頓遞給我一個小玻璃瓶，裡面保存了一條五公分長的粉紅鮭亞成鮭，身上至少有二十個辣椒子大小的斑點，每個斑點都是一隻海水魚虱。海水魚虱以宿主魚身上的黏液和魚鱗為食，成蟲的模樣就像是迷你馬蹄蟹，差不多和圖釘一樣大，母蟲身後還會拖著一排排白色的卵。鮭魚成魚即使受到數十隻海水魚虱寄生也還是存活得下來，但幼魚則會因此喪失活力，不久即告死亡。

一隻斑海豹把頭探出水面，看著摩頓把一面細眼網撒出船外。今天她要捕撈海水魚虱。直覺告訴她，這個季節的海水比較清澈，所以應該很容易找到漂浮在水中的海水魚虱幼蟲，尤其在鮭魚養殖場附近，她懷疑幼蟲數量會更多。（這就是她所謂的「游擊式科學研究」：她的研究結果雖然都發表在同儕評鑑的期刊裡，但她經常都是獨力從事研究，沒有任何機構的支援。）

每年三月，太平洋鮭魚中體型最小的粉紅鮭就會從當地的河流游入海裡，數量通常多達好幾百萬。粉紅鮭非常脆弱，牠們的魚鱗不像其他鮭魚還有一層保護膜，所以牠們游向大海之前，首先會到布勞頓群島這片養分豐富的水域裡讓自己成長得更為茁壯。然而，自從鮭魚養殖場出現之後，牠們生命中的第一年卻都必須和數千萬條感染了海水魚虱的大西洋鮭魚為伍。

「牠們就像小蝌蚪一樣，」摩頓說：「數量很多，黑壓壓地整片都是，彷彿整條河裡滿滿都是這些勇敢的小魚。牠們不但是掠食動物的食物，死掉之後腐爛分解的屍體更是整個生態體系的養分來源。我認為粉紅鮭就像是非洲的牛羚或是大西洋的鯡魚，是一種神聖的物種，是上天為了餵養眾生而降生在世界上的動物。就算遭到大量捕撈，牠們也還是生存得下來。牠們只要有地方產卵，能夠游到海洋去，就能存活下來。」二〇〇〇年，共有兩百萬條粉紅鮭在布勞頓群島的河流裡產卵。由於粉紅鮭的洄游周期為兩年，所以政府機構的科學家預計二〇〇二年將有大量洄游的盛景，數量可能多達三百六十萬。結果洄游的粉紅鮭只有十四萬七千條——魚群凋亡的比例高達百分之九十七。

鮭魚養殖產業完全否認這種情形和他們有關，聲稱鮭魚洄游數量減少是自然變異的現象，並指出粉紅鮭的洄游數量在後續幾年又出現了回升。（摩頓認為這純粹是政府強迫四座養殖場暫時關閉的結果，因為那四座養殖場都位在粉紅鮭洄游路線上的關鍵地點。）不隸屬於政府的科學家大多認為海水魚虱是一大禍因，在粉紅鮭游近養殖場的時候大量寄生在魚隻身上。一項研究發現，鮭魚養殖場附近的海水魚虱數量多達其他海域的三萬三千倍，以致感染率比正常環境高出七十三倍。而且，海水魚虱異常繁多的情形，甚至可見於距離養殖場遠達三十公里的外海。

「海水魚虱會導致魚隻死亡，這點毋庸置疑，」愛爾蘭中央漁業局前局長派迪・賈根（Paddy Gargan）在加拿大永續水產養殖委員會上作證指出：「鮭魚養殖業對愛爾蘭、蘇格蘭與挪威的野生鮭魚和犬牙石首魚都造成了嚴重的衝擊。挪威有人發表論文指出，百分之九十五的幼鮭都在遷徙途中因為感染海水魚虱而死亡。」實際上，愛爾蘭的犬牙石首魚是鮭魚的近親，在海水魚虱的為害下差點絕種，直到鮭魚養殖場被迫改變管理作為之後，才在最近逐漸恢復數量。現在，愛爾蘭為了避免海水魚虱的禍害，政府的科學家每年都會檢查養殖場達十四次之多。在英屬哥倫比亞，督察員每年通常只實地查驗一次，其他時間則交由養殖業者自行監控。

防治海水魚虱的藥劑，對環境的衝擊也不亞於海水魚虱對野生鮭魚的危害。海水魚虱首度大量出現的時候，養殖漁民使用了一種強力殺蟲劑，就像牧人用於殺死壁蝨的洗羊液，但這種殺蟲劑後來已受到禁用。加拿大目前唯一允許的殺蟲劑品牌是「殺立死」（Slice），屬於因滅汀藥劑。嚴格來說殺立死雖然還未受到核可（連製造商本身也把這項產品列為「海洋毒劑」），但獸醫卻可取得緊急使用的許可，在鮭魚飼料裡添加這種毒藥。殺立死的藥效能夠破壞無脊椎動物的神經系統，但如果在大鼠或狗兒身上大量施用，也會導致顫抖、脊椎與大腦退化，以及肌肉萎縮。這種藥劑已證實可殺死磷蝦、蝦、蟹及其他甲殼類動物。紐布朗斯克一家龍蝦養殖場的老闆表示，鄰近的鮭魚養殖場用藥毒殺海水魚虱之後，他也損失了四點五噸的龍蝦。現在，殺立死的「緊急」許可，發放的標準就和抗生素一樣寬鬆。

摩頓在船艙裡的桌面上攤開了一張皺巴巴的地圖。英屬哥倫比亞沿岸的每一座鮭魚養殖場所在處都貼了一張紅色貼紙。溫哥華島以東的內灣水域布滿了紅色貼紙。

「溫哥華島和加拿大本土構成一個漏斗狀的水道，英屬哥倫比亞三分之一的鮭魚都會經過這裡，游往菲沙河（Fraser River），」她對我說：「這一帶滿滿都是鮭魚養殖場，所以洄游的鮭魚就像是游過一道濾網，養殖場裡的各種東西——無論是細菌、海水魚虱，還是其他有的沒的——都會傳到這些魚兒身上。」

換句話說，在世界僅存的一大野生鮭魚群的主要洄游路徑上，英屬哥倫比亞政府竟然同意業者設立一座座的養殖場。在摩頓生動的描述裡，這些養殖場根本就是海水魚虱牧場。

「對於鮭魚病菌來說，」她苦笑道：「這絕對是冰河消退以來最棒的發展。」

鮭魚的養殖過程

養殖鮭魚做成的魚排，就像雞塊或工廠養殖的豬隻所做出的培根，都是工業農業的產品，在生產過程中的每個步驟都暴露於化學藥劑之下。在世界各地所養殖的將近兩億條鮭魚當中，絕大多數都是挪威四十個原始魚群的後代，而且經過基因篩選，所以個性特別溫馴。英屬哥倫比亞的養殖鮭魚則可能都是生長速度較快的摩威鮭魚，以耕海漁業集團的創始人摩威可（Thor Mowinckel）命名。

養殖鮭魚的一生始於孵育場。孵育場的工作人員把母魚開膛剖肚，擠出體內一萬四千顆左右的魚卵，然後和公魚的精子混在一起。魚卵很容易感染疾病，所以必須浸泡在「卵碘」（Ovadine）這種以碘為基礎的消毒劑裡，消除所有病毒或細菌，再以福馬林清洗，以便去除真菌。福馬林是一種以甲醛為基礎的防腐劑，被世界衛生組織列為「已知人類致癌物」。不過，福馬林又比孔雀綠來得好。長久以來，孔雀綠曾是業界標準的殺真菌劑，但在一九九二年發現可能導致肝腫瘤及先天性缺陷，於是在加拿大開始禁用。然而，這種藥劑在智利與中國的養殖漁業中仍然普遍可見。儘管加拿大早已實施禁令，二〇〇五年英屬哥倫比亞的史托特海上養殖場（Stolt Sea Farm），卻還是有三十一萬條鮭魚被加拿大食品安全檢驗局檢測出孔雀綠。《溫哥華太陽報》報導指出，這家公司現已由耕海漁業集團買下，對於該項檢驗結果的因應方法，就是把產品銷往檢驗沒那麼嚴格的日本。

孵育場和室內大麻培育場一樣，都會利用人工燈光提高生長速度。燈光的開關模擬冬、夏循環，但是周期較短，所以稚鮭長成亞成鮭的時間還不到野生魚隻所需時間的一半。然後，這些小魚又必須移到更大的水箱，並且一一注射疫苗，以預防牠們在鹹水環境中可能面對的疾病。

小魚差不多長到八十五公克重，就完成了銀化的過程（也就是讓鮭魚能夠生活於鹹水中的生理變化），這時就必須用平底船把牠們慢慢拖到像第九區那樣的網籠裡，繼續飼養增肥，達到可以販賣的大小為止。業者經常利用水下燈光讓魚隻以為是夏季，也就是牠們進食量最大的季節。燈光通常會吸引鯡魚，而且鯡魚體型又小，所以能夠在網眼中鑽進鑽出。這些自由來去的魚隻很可能是疾病媒介，科學家擔心牠們會感染鮭魚身上的病原體，再散播於野生環境裡。

為了防止淡菜、海草與藻類生長，網籠的網子都塗上一層防汙漆。這種漆含有劇毒，原本的用途是漆在船殼上以避免藤壺附著。多年來，業界的標準做法都是塗上一種含有錫成分的油漆，造成鄰近水域裡的貝類無法繁殖，並且出現生長異常。一九八〇年代這種漆遭禁之後，含銅的福列嘉塗劑（Flexgard）隨即取而代之。這種塗劑的罐子上標示著骷髏頭的圖案，而且還有一個警告標籤：「對水生生物有毒。」每隔幾個月，網上的防汙漆就會龜裂脫落，必須重新上漆。許多人質疑這樣的毒劑是否適合用於食用魚的生存環境中，二〇〇七年的一項研究也記錄了蘇格蘭一座鮭魚養殖場的沉積物含有濃度極高的鋅、銅與鎘，主要都是來自防汙漆。

三十個月後，鮭魚一旦成長到五、六公斤重，就可以送上市場了。成熟的鮭魚由特別改造的船隻拖至加工廠，然後以氣動擊昏器震死，或是倒進含有二氧化碳的水箱，減緩新陳代謝，以免魚隻在處理過程中活蹦亂跳。切除了鰓、放完了血，這些鮭魚就被放進自動切片機，剔除脊骨和魚鰭，做出兩片可上市販售的無骨魚排。（如果是整條魚送上市場，則是單純切除頭部，再清掉內臟。）

加工完畢後，這些鮭魚則由卡車與渡船運至溫哥華。英屬哥倫比亞的養殖鮭魚，有百分之八十九都是由卡車或飛機運到美國。

早上還在鮭魚內灣游著水的魚兒，第二天晚上六點可能就成了洛杉磯的盤中美食，上面淋著雪莉酒芒果醬，搭配一杯夏多內葡萄酒。

擁擠過度

加拿大西岸最大的鮭魚養殖場擁有一百三十萬條魚，密度達每立方碼二十二磅——也就是說鮭魚的擁擠度可能還高於工廠化農場裡的籠養雞。以聚集密度而言，就好像是把孟買所有的貧民窟都搬到英屬哥倫比亞一樣。

把這麼多魚集中在一個地區所帶來的環境衝擊，是各方激烈爭論的議題。批評人士指稱魚的糞便以及多餘的飼料在腐化過程中會消耗氧氣，以致蝦、鰻、海膽、海星都無法生存。英屬哥倫比亞省政府反對這樣的說法，在官方的水產養殖網站上指出：「潛水員檢視養殖場底下的環境，發現通常有大量生物活躍於此，原因是養殖場提供了豐富的有機物質。」生物學家同意鮭魚養殖場底下確實有生物存在，但通常只有單一物種——也就是海毛蟲這種毫無商業價值的原始生物，因為這種生物能夠存活於低氧環境中。

即便是養殖場的支持者，也不得不承認一件事：鮭魚養殖場就像人口過多的都市，經常成為疾病的溫床。在二〇〇一至二〇〇三年間，傳染性造血組織壞死病毒出現大規模傳染，稚鮭感染即不免死亡，成魚感染則會導致脊骨畸形。（共有三十六座養殖場遭到影響，其中有些必須隔離，員工的靴子與工作服都放火燒毀，還必須以直升機空投補給品給養殖場員工。）二〇〇三年，養殖場遭到癤瘡病與細菌性腎病的侵襲，迫使養殖漁民增加飼料裡的抗生素添加量。現在，英屬哥倫比亞的養殖鮭魚，每五條就有一條感染庫道蟲病這種頗為猛惡的疾病：這種疾病的肇因是一種與水母有關的寄生蟲，在魚隻生前檢測不出來，但魚隻一旦死亡，這種寄生蟲就會溶解魚體的肌肉組織。感染了庫道蟲病的鮭魚一旦剖開，魚肉就會像果凍一樣流出來。

死鮭魚的處置問題曾造成鮭魚養殖業界的公關大災難。曾有一艘平底船載運了一百六十萬條死於傳染性造血組織壞死病的亞成鮭，結果第一民族團體拒絕這艘船隻進港，當地報紙更是在頭版刊登了鮭魚屍體滿溢而出的照片，業者還得淋上甲酸以遏阻蛆蟲生長。（後來，這些腐敗的魚屍統統製成肥料。）葛里格集團旗下的一座養殖場曾因毒藻大幅增生而導致鮭魚大量死亡，結果由於養殖場承擔不了魚屍的重量，加拿大漁業及海洋部只好緊急許可該養殖場把二十五萬條死魚傾倒在公海裡。不過，綿延達三公里長的大西洋鮭魚死屍在不久之後就遭到夏季洋流沖回岸邊，成了烏鴉與海鷗的食物。當地原住民為此憤怒不已，因為害怕感染疾病，他們只得放棄享用海鷗蛋這種季節性美食。

鮭魚養殖場如果與世隔絕，疾病也許就不構成問題。但實際上，鮭魚養殖場卻是漏洞百出。自從鮭魚養殖業進入英屬哥倫比亞以來，逃脫的鮭魚據信至少已有一百五十萬條。

鮭魚養殖業者堅稱逃脫魚隻已不再是問題。他們表示，就算養殖鮭魚逃出了網籠外，在野生環境裡也必然會立即遭到海獺或海豹所獵食。而且，就算僥倖游入了河流，這些鮭魚也沒辦法產卵。此外，業者聲稱大西洋鮭魚和太平洋鮭魚既是不同物種，對太平洋鮭魚的基因完整性就不構成威脅。

近來，鮭魚養殖業者也提出令人振奮的新統計數據：二〇〇四年逃脫的鮭魚雖然多達四萬三千八百九十五條，次年卻僅有六十四條。

「這些數字根本是假的，」維多利亞大學生態學家沃普（John Volpe）這麼告訴我：「他們說的是有提報的逃脫數量。養殖業者號稱每七十五萬條魚當中只有一條逃脫；但在世界各地，包括挪威、智利和英國，實際上的平均逃脫比例都是三百分之一。」（事實上，光是二〇〇六年，挪威的養殖場共有將近一百萬條鮭魚和鱒魚逃脫了出去。）「要不是加拿大人是全世界最頂呱呱的鮭魚養殖漁民，不然就是我們的通報制度不太健全。多年來，我和許多在養殖場裡工作的潛水員談過，他們都說網籠的破洞根本補不完。」

沃普握有逃脫現象的第一手證據。他和自己的研究生親自潛入水底，結果發現七十七條河流裡都見得到大西洋鮭魚的蹤跡，亦即溫哥華島的每個主要流域都無可倖免。沃普認為，就算沒有疾病的問題，這些逃脫的大西洋鮭魚也會對野生的太平洋鮭魚造成重大衝擊。鋼頭鱒遭受的威脅尤其嚴峻——這種魚是鮭魚的近親，也是釣客的熱門捕捉對象。

「大西洋鮭魚和鋼頭鱒都是體型很大而且游水速度很快的魚類，也喜歡在同樣的河流裡產卵，」沃普說：「鋼頭鱒在英屬哥倫比亞的狀況並不好，所以鋼頭鱒母魚如果和大西洋鮭魚一起產卵，結果就是卵會被全被吃光，對於迫切需要這些卵以繁衍後代的鋼頭鱒魚來說是場災難。」沃普認為最大的問題在於資源貧乏的河流裡所出現的資源競爭。逃脫的大西洋鮭魚一旦達到一定數量，將會徹底霸占原生魚類所需的食物與棲地。

沃普的研究也反駁了養殖業界聲稱大西洋鮭魚無法在野生環境中繁殖的說法。「我們在三條河裡抓到了野生的大西洋鮭魚，其中兩條河的鮭魚甚至已有多重世代，這顯然不是偶然發生的單一事件。」

沃普和他的研究團隊正準備展開一項野心龐大的研究，探索野生大西洋鮭魚的分布狀況。原來，逃脫的養殖鮭魚早已逐漸往北擴散，阿拉斯加的漁民就曾在白令海捕到數以百計的大西洋鮭魚。

另一方面，養殖業界也開始實驗基因轉殖魚隻，把鮭魚的ＤＮＡ與美洲綿鳚的抗凍基因結合，促使鮭魚全年不斷分泌生長激素。這麼做的好處非常明顯：經過基因轉殖的鮭魚，不到一年即可成長到可以販售的大小，而不必等到原本的三十個月。保育人士對此驚恐不已，因為這種快速生長的「科學怪魚」如果逃脫養殖場而進入野生環境裡，在伴侶和棲地的競爭上都可能擊敗野生魚類。一名科學家預測，基因轉殖鮭魚可將數量多出千倍的野生魚群逼至絕種的下場，而且是在不到四十代的時間內。

在某些技術官僚眼中，野生魚類徹底消失可能只不過是歷史上的一段小插曲而已。科學家為了讓從事長程宇宙飛行的太空人能夠攝取足夠的蛋白質，已經研發出在實驗室裡培植魚肉的技術。他們利用魚蛋白當作觸發劑，浸泡在培養而來的脂肪當中，魚肉就會由此生長出來，從而形成一片片人工培育的魚排，而且不必去骨。

既然科學家在實驗室裡就可以直接培養出魚肉，誰還需要野生魚類呢？

賠本生意

鮭魚養殖場是離岸飼育場，能夠將褐色飼料球轉變為可食用的粉紅色魚肉。飼料裡的所有成分，最後也會進入我們體內，而且濃度通常更高。這些褐色飼料的主要供應者是兩家飼料生產商，占有百分之八十的鮭魚飼料市場，其中一家是挪威政府主導的艾華士公司，另一家則是荷蘭的史克雷汀公司（Skretting）。在英屬哥倫比亞沿岸的鮭魚養殖場裡，都可看到這兩家公司的飼料一袋袋堆疊在貨板上（丟棄的飼料袋也常常出現在遙遠的海灘上）。這些飼料都是一噸重的包裝，外袋上的標示簡潔明瞭，列出每一顆飼料球中粗蛋白質、脂肪與纖維的百分比，並且註明梣木、水分以及維他命的添加量。

其中最大的問題在於粗蛋白質這種成分的含量。在野生環境裡，鮭魚是食物鏈當中的頂級掠食者，在一生的不同周期中分別仰賴浮游生物、磷蝦、魷魚以及小魚為食。然而，工業化水產養殖卻是把陸地動物比較令人不敢恭維的副產品拿來餵食鮭魚。鮭魚飼料含有「禽肉粉」，也就是以家禽的腸子、未發育的蛋、噴霧乾燥的血粉以及脖子和腳爪製成工業產品。按照業界的術語，這些都是屬於加工之後剩餘的「非食用部位」。無法消化的羽毛通常水解製成羽毛粉；雞糞雖然可能含有大量絛蟲、沙門氏菌及砷，卻也是鮭魚飼料的一種關鍵原料。化製產業經常誇稱，雞隻一旦到了他們手上，除了啼聲無法利用之外，全身上下的其他東西都絕對不會浪費。

不過，鮭魚飼料裡的蛋白質主要還是來自魚粉和魚油。如同我在葡萄牙所得知的，世界各地的漁民皆可捕捉到大量的沙丁魚、鯷魚、藍鱈，以及其他可供人類食用的小魚。不同於人類養殖的牛、羊等食用牲畜，鮭魚是肉食動物。約三千萬噸的野生魚類——差不多是全球魚類捕撈量的三分之一——都用於製作魚粉和魚油，其中三百一十萬至四百九十萬噸之間的數量都直接用在鮭魚養殖業。養殖鮭魚就像是用牛肉和豬肉餵食老虎和獅子，再把這些猛獸宰殺來製作漢堡肉。

鮭魚養殖業者堅稱他們現在使用的野生蛋白質已經遠少於過去。早期的飼料換肉率約為二比一，也就是說一條鮭魚在一生中必須吃下兩磅飼料才能增加一磅的體重。現在，飼料生產商在飼料裡添加了比較多的蔬菜油——通常是基因改造的菜籽油——於是換肉率也就下降到了一點二比一。（順帶一提，在飼料裡添加更多蔬菜油會減損鮭魚的營養價值。由於養殖鮭魚吃的食物裡魚油含量較少，因此其體內的奧米加三脂肪酸含量也遠低於野生鮭魚。）不過，這樣的數字其實有誤導之嫌，因為這種比例指的是飼料球的重量，而不是生產飼料所需使用的野生魚類數量。飼料商史克雷汀公司坦承必須消耗二點四五磅的野生魚類，才能換得一磅的鮭魚肉；分析家認為平均值應是接近於三點九磅。鮭魚雖然只占了全球養殖海鮮的一小部分，卻吃掉了水產養殖業裡百分之十五的魚粉以及百分之五十一的魚油。

抓小魚餵大魚，終將減少全世界的蛋白質淨額。養殖業界的樂觀預測如果實現，全世界的養殖鮭魚確實在二〇一〇年倍增達到兩百萬噸，那麼鯷魚、玉筋魚及其他海洋食物鏈底層的魚類，將可能在不久之後出現災難性的凋亡現象。

鮭魚飼料裡危害最大的成分，是磷蝦這種甲殼類動物。這種體型微小、外型像蝦、身體呈半透明狀的無脊椎動物，是海洋裡的關鍵物種，能夠過濾其他生物無法處理的浮游植物，也能夠把大氣二氧化碳封存在其糞便當中，沉積於海底。在南極洲周圍的南大洋，磷蝦的生物質量已出現遽減，原因是全球暖化縮減了海冰面積。海冰是浮游生物的棲息地，而浮游生物則是磷蝦賴以生存的食物來源。問題是，來自六個不同國家的巨型船隻又在此大量捕撈磷蝦，例如挪威的「海上傳奇」號，每年可捕撈十二萬噸的磷蝦。美國西岸雖已禁止磷蝦漁業，英屬哥倫比亞每年卻仍有五百噸的捕撈額度。磷蝦的主要消費者是水產養殖業，飼料球外都會包覆一層磷蝦以吸引魚兒吞食。養殖漁業的需求如果增加，將可能對磷蝦造成嚴重衝擊，而海洋裡的各種大小生物，從祕魯鯷魚到企鵝乃至藍鯨，也將就此喪失一大食物來源。

「如果是像亞洲那樣養殖草食性的水產生物，例如吳郭魚、牡蠣、鯉魚，對全世界的海鮮淨額就有增加的效果。」英屬哥倫比亞大學漁業科學家丹尼爾．保利在他的辦公室裡對我說：「可是西方只要談到水產養殖，就是鮭魚、黑鮪魚、鰻魚。這種養殖業飼養的都是肉食動物。我們用廉價魚類餵食這些肉食魚類，生產奢侈品。」

有些水產養殖對環境有益，例如在切薩皮克灣養殖牡蠣，就不但可清理水質，還可將浮游生物轉變為可供人類食用的海鮮。但鮭魚養殖顯然不屬於其中之一。

毒素集中營

鮭魚養殖業不但有害海洋，吃養殖鮭魚更可能有礙健康。舉例而言，我們應避免吃智利鮭魚做成的壽司、北歐式醃漬鮭魚以及魚生鮓。在南美洲，鮭魚的小魚都是飼養在淡水湖泊，而不是孵育場裡，所以在移至網籠之前常會遭到當地的魚類傳染寄生蟲。近來，巴西就追蹤了幾起人類感染條蟲的病例，結果發現原因都是食用來自智利的生鮭魚。就正面而言，鮭魚因為壽命不長，所以水銀含量也低。不過，好消息也就僅止於此。如果不是因為添加人工色素，養殖鮭魚的肉看起來將會是讓人倒盡胃口的灰色、黃色，或卡其色。

野生鮭魚的肉之所以呈粉紅色，原因是牠們食用的磷蝦和蝦子含有蝦紅素與角黃素等有機色素。鮭魚養殖場則是把利用藻類或酵母製成的人工色素直接添加在飼料當中。製藥大廠霍夫曼—羅氏公司（Hoffman-La Roche）製作了一份便於參考的演色表，就像五金行裡用來挑選油漆顏色的色票一樣，稱為「鮭染」（SalmoFan），可讓養殖業者挑選鮭魚的肉色，包括淡粉紅（二十號）以及亮橘紅色（三十四號）。就像帶我參觀鮭魚養殖場的霍德與亨利所說的，這些色素都是化學性質與自然色素相近的同分異構物，在美國的健康食品商店裡甚至當成營養補充品販賣。不過，英國早已在一九八七年下令禁止販售含有角黃素的仿曬藥片，原因是這種色素容易累積在視網膜裡，兒童的眼睛尤其易於受害。由於這項顧慮，歐盟近來也把動物飼料裡允許的角黃素添加量降低了三倍。二〇〇三年，華盛頓州的消費者在一場訴訟中獲勝，迫使喜互惠超市及另外兩家連鎖超市在全國販售的養殖鮭魚產品上標示「添加色素」的字樣。

人工色素只是問題的開端而已。鮭魚一旦感染細菌，養殖業者就會在飼料裡添加抗生素及其他藥物以控制疫情。在二〇〇三年的傳染病流行期間，英屬哥倫比亞的鮭魚飼料加進了二十五噸的抗生素。使用抗生素之後，必須先等待一段時間才能收成，以免魚體內仍有抗生素殘留。不過，加拿大食品安全檢驗局卻一再於鮭魚體內發現抗生素殘跡，根據估計，每年市場上都有許多養殖鮭魚的抗生素殘留濃度超過加拿大衛生部建議的標準，其中來自英屬哥倫比亞的鮭魚可能有四百噸，來自紐布朗斯克的更多達一千噸。對於體質敏感的人，小量的抗生素也可能引發嚴重的過敏反應。

最令人憂心的是，印地安納大學教授希特斯（Ronald Hites）領導的一群研究人員發表了一系列的論文——其中第一篇於二〇〇四年刊登在《科學》這本重量級同儕評鑑期刊上——探討養殖鮭魚體內的工業毒素。他們在愛丁堡至西雅圖之間各地的商店裡購買了總計兩噸的鮭魚，分析之後發現養殖鮭魚體內所含的持久性有機汙染物是野生鮭魚的十倍之多。這些汙染物都是人類所知最為劇毒的化學物質，包括燃煤設施與精鍊場排放的戴奧辛（其中又以橙色落葉劑最為惡名昭彰），還有油漆、殺蟲劑乃至無碳複寫紙內所含的多氯聯苯。這些汙染物雖然自從一九七〇年代就已遭禁，卻仍然一再出現於我們所吃的食物當中。這些物質全都是疑似致癌物，而且大多數都會導致行為、生長以及學習方面的障礙。

希特斯和他的團隊引用美國環保署的標準指出，由於鮭魚飼料裡的持久性有機汙染物含量相當高，因此「絕大多數的養殖鮭魚，食用量都不應超過每月一餐。」至於蘇格蘭的鮭魚，他們則是建議一年食用不要超過三次，以免提高罹癌風險。

這些研究結果獲得新聞報導之後，全球的鮭魚銷售量隨即驟跌一百一十公噸，鮭魚養殖業界也因此趕緊進行損害控制。偉達公關公司（Hill & Knowlton）是一家總部設於紐約的企業，曾為安隆、三哩島核災事件以及菸草研究中心粉飾形象，而英屬哥倫比亞的鮭魚養殖協會就在這家公司的指導下，指控該篇論文的作者採用了錯誤的標準——他們指稱應該採取食品藥物管理署的基準才恰當，而這項基準允許的毒素含量高出了四十倍之多。共同作者大衛·卡本特（David Carpenter）指出該項基準自從一九八四年以來就不曾修訂過，對養殖業者的質疑如此答覆：「我認為食品藥物管理署的基準根本無法保護人類的健康。」養殖業界只好忍氣吞聲，企盼大眾終將忘卻這份報告。

食品安全作家奈索（Marion Nestle）指出，如果一定要買養殖鮭魚，至少要烤或煮到魚體裡的汁液流光為止，再把外皮去掉。她在《優質飲食的採購策略》（*What to Eat*）裡寫道，只要這麼做，即可去掉大部分帶有毒素的油脂，從而排除半數的多氯聯苯。（不過，與其一頓飯吃得戰戰兢兢，也許還不如乾脆改吃別種魚。）

假如「有機」一詞真的名副其實，那麼有機養殖鮭魚應該是個不錯的選擇。北美洲的養殖鮭魚沒有加拿大衛生部或美國農業部的認證：鮭魚就算餵食抗生素與色素，並且在一個籠子裡塞進六萬條飼養，也還是可以稱為「有機」。歐洲的標準則比較嚴格：舉例而言，英國土壤協會規定，只有為了人類食用而捕捉的魚，在加工過程中切除的廢棄部位，才是合格的有機鮭魚飼料，而且不得添加角黃素等人工色素；但是，養殖業者還是可以使用農畜藥物治療魚隻的疾病，包括防治海水魚虱的強效藥物。

就目前而言，野生的太平洋鮭魚大概是最安全的選擇。（記住，你在商店裡看到的鮭魚如果標示著「大西洋鮭魚」，大概就可以確定是養殖鮭魚，因為現在野生的大西洋鮭魚差不多就和黑鮪魚一樣稀有。）雖然許多野生太平洋鮭魚的洄游潮都已不復過去的盛況，但英屬哥倫比亞有些漁場的經營管理倒是合乎永續標準。紅鮭和粉紅鮭在食物鏈裡的位階比較低，持久性有機汙染物的含量比較少，所以是比較好的選擇。來自阿拉斯加漁場的鮭魚也不錯，超市裡大多數的罐裝鮭魚都來自北緯五十五度以北。問題是，海鮮產業層出不窮的錯誤標示行為，也常見於野生鮭魚上。《消費者報導》雜誌調查全美各地的超市，結果發現百分之五十六的鮭魚排——販售價格最高可達一磅十五點六二美元——雖然標示為野生鮭魚，實際上卻是來自養殖場。

我個人是再也沒辦法面對養殖鮭魚了。現在，我只要看到這種人字紋路的魚肉，間雜著柔軟黏稠的油脂（其中含有不少世界上最可怕的毒素），就不禁作嘔。

所幸，在溫哥華這座英屬哥倫比亞的最大城，廚師都是永續海鮮運動的先鋒。藍水咖啡館是溫哥華耶魯鎮（Yaletown）的一家海鮮餐廳，位於一幢老舊的磚造倉庫裡。我到這裡來品嚐帕布斯特（Frank Pabst）的「無名英雄」餐點。這位廚師全力支持永續海鮮，特別把過去被視為雜魚或餌魚的海鮮擺上主角地位。當天的餐點包括巨藻上的鯡魚卵、芝麻水母沙拉，以及微煮過的鯖魚搭配皺葉甘藍與甜菜。餐廳會把收入的一部分捐給溫哥華水族館的「明智海洋」計畫，提倡向食物鏈底層靠攏的飲食概念。

我正在淋上柚子醋的生海膽與澆上鮮奶油的鯡魚這兩道菜餚之間猶豫不決，服務生卻慫恿我往食物鏈上層移動，極力推薦當晚的特餐：手釣的「冬春鮭魚」。這個看來矛盾的名稱，指的其實就是洄游時間較晚的王鮭。他說這道菜餚會供應個幾天，料理方式是把整條魚尾烤過之後撒上百里香與奧勒岡，以及一點點的檸檬。我沒有問價錢。我非吃不可。

幾分鐘後，我面前就出現了一條王鮭的魚尾，外皮、骨頭都在。魚肉的顏色不是螢光橙，而是健康的粉紅色；肉質緊實又富有彈性，多汁但不油膩，脂肪量不像大西洋鮭魚那樣多得教人反胃。這條魚和養殖鮭魚的差別，就像鹿肉和絞牛肉一樣天差地遠。這才是我兒時的滋味，也才是英屬哥倫比亞的真實面貌——我只希望這一刻永遠不要結束。

我都忘了，這才是鮭魚該有的風味。

陸上養殖

由最糟糕的一面來看，鮭魚養殖場就像是海上的養豬場，把大量的汙染物和寄生蟲排入海裡。不過，在我訪談過的人士當中，卻沒幾個人真正反對養殖漁業的概念，即便是對當前養殖業界批判最力的人士也是一樣，大多數人都只是覺得可以有更好的做法而已。

只要改變幾項經營手段，即可大幅減少養殖業的負面衝擊。鮭魚飼料製造商其實不必把目標鎖定在小型的餌料魚身上，而可以改用在全球漁業中遭到丟棄的兩千八百萬噸混獲魚隻，以及人類食用魚類加工之後剩下的殘餘。降低養殖密度則可減少使用抗生素以及防治寄生蟲的藥物。這些作業方式在蘇格蘭的有機鱒魚養殖場都早已成為標準做法，卻一再遭到養殖業界的忽視，只因為這麼做會導致成本提高。北美洲鮭魚養殖業的基本概念，就是要持續供應廉價的魚肉。

在前往陽光海岸參觀第九區之前，我走訪了一座鮭魚孵育場。老闆剛把自己的鮭魚養殖場賣給了挪威人，但想要帶我參觀仍然屬於他的孵育場。在一座陰暗的飛機庫裡，我們沿著梯子爬上一條空中走道，走到巨大的圓形水槽上方。這些水槽頂部都沒有加蓋，我們腳底下可以見到數百條活化石在水中游動，如同鯊魚一般，其中許多魚隻都超過一百八十公分長。這些是鱘魚，一種在兩億年來幾無變化的魚類。鱘魚身體極長，沒有魚鱗，但背部有一道突出的鱗甲，就像恐龍一樣，嘴邊還有四根觸鬚，以便在汙濁的河底探尋食物。孵育場老闆養殖這些魚是為了取得魚子，預計可賣到一盎司六十美元的價格。他的夢想是在二〇一〇年的溫哥華冬季奧運會開幕儀式上供應養殖鱘魚的魚子醬。

「我們採用這種技術已經有七年的時間，我很喜歡，」孵育場老闆對我說：「這種做法可以讓我們擁有充分的控制。差不多百分之九十七的水都是循環使用，沒吃完的飼料和糞便都流入化糞池，所以不會排到海裡。化糞池裡的廢物最後會送到汙水處理場。流出去的水先去除二氧化碳，打入過度飽和的氧，然後再流回水槽裡。」

這裡距離海岸有幾百公尺遠，孵育場內共有兩千條這種大型動物。每個水槽看起來似乎都可飼養二十倍之多的鮭魚。

這座孵育場採用了封閉系統，而且這種系統早就可見於各式各樣的水產養殖，例如法國養殖的大菱鮃、墨西哥沙漠養殖的蝦、日本養殖的黑鮪魚。水產養殖業界聲稱用這種水槽養殖鮭魚成本太高，但我眼前就是一個活生生的例子：運作健全，而且因為效率良好而為經營者省下了不少錢。專家估計認為，長期而言，採取這種陸上封閉養殖系統只會讓鮭魚的價格提高百分之三十。

如果這麼做可以讓我們在二十年後仍然吃得到野生王鮭，那麼我很樂意多付這樣的價錢。

呆子也看得出來

許多人對此百思不得其解：養殖鮭魚既然有這麼多的爭議，加拿大政府與英屬哥倫比亞省政府為什麼還要力挺這項產業？鮭魚養殖業只為該省居民提供了一千九百個直接工作機會，對該省的經濟也只貢獻了差不多八千七百萬美元。相較之下，海釣運動業不但雇用了四千七百人，還為當地帶來一億三千四百萬美元的收入。況且，伴隨水產養殖而來的海水魚虱甚至可能消滅海釣運動所需的魚類。

也許，對於掌權者而言，加拿大西岸的野生鮭魚是個令人頭痛的問題吧。至少鮭魚漁民確實是如此。比利．普羅特就是個例子。他是個漁民，在布勞頓群島已經居住了五十年。他爸爸是來自蘇格蘭的移民，在普羅特小時候落水溺斃。他母親於是開始買賣海鮮為生，帶他住在一間水上住宅，在兩岸四處拖行，跟著漁船而走。普羅特四歲就愛上了魚兒，當時他常坐在海灘上，鼻孔以下全沒入水裡，觀察著魚兒在水面下的活動。他十七歲就買下了自己的第一艘曳繩釣漁船，捕撈量不久就領先了其他漁船。現在，年過七十的他是個滿懷保育思想的漁民，也是立場堅定而且廣受敬重的兩岸捍衛者。

「老天，我看起來一定像是個糟老頭。」我在比利博物館外幫普羅特拍了張照，他一面低頭看著自己身上只扣上半數鈕扣的厚夾克，一面這麼說著。比利博物館是一座木屋，裡面滿是貿易珠、舊瓶子、海豹牙，以及其他各式各樣從海灘上撿來的東西。在碼頭上，普羅特帶我參觀了「曙海號」，這是一艘經歷了四十五個寒暑的曳繩釣漁船，藍白相間的船身相當好看，船上複雜的索具則可用於拖行魚餌和魚鉤，以便捕捉鮭魚及其他魚類。

普羅特一生目睹了人類的許多愚行。他在一九五〇年代初看著捕鯨人來到布勞頓群島，一一射殺常駐於當地的大翅鯨；而他小時候還常常划船跟在這些鯨魚身邊，撫摸牠們的身體。幾年後，他又看著林務署的飛機在當地上空來回飛行整整一個星期，對著地面噴灑了上萬公升的DDT殺蟲劑，完全無視於河裡正有許多幼鮭正順流游下；事後不久，他就看到許多人在河畔清運著一車又一車的死鮭魚。他曾經目睹像英屬哥倫比亞包裝廠（B.C. Packers）這樣的大公司在水下利用水銀燈引誘鯡魚，然後以巾著網撈起數以億計的這種餌料魚，甚至整批洄游的幼鮭也都因此遭殃。他還記得有一年，聯邦政府依照前一年異常之大的捕撈量，而把紅鮭的捕撈限額設為一百七十萬尾，結果八百艘漁船因此爭相競逐著這種早已不復存在的魚。後來，他為了在當地河流復育銀鮭而成立一座孵育場，卻發現自己野放的鮭魚都感染了當時在鮭魚養殖場裡嚴重肆虐的癤瘡病，以致身上長滿了膿瘡。

他邀我到他家去。他住處的屋頂以鐵皮搭成，暖氣則由木材壁爐與太陽能板供應，屋內處處可見粗厚的橫樑與木板，使用的木材包括赤楊、樅木、紫杉、紅柏、黃檜等。普羅特在圓形的大餐桌前坐了下來，開始講述起原本數量繁多的野生鮭魚為什麼會淪落到今天這種狀況。

「原因很多，」他說：「伐木破壞了牠們的棲地，還有又大又深的巾著網，任由曳繩釣漁船在溫哥華島西岸捕捉過量的鮭魚。鮭魚就是這麼完蛋的。」養殖場是壓垮駱駝的最後一根稻草。「現在，英屬哥倫比亞沿岸有一千七百萬條大西洋鮭魚，整個冬季都不斷孕育著海水魚虱。呆子也看得出這個問題很大。」鮭魚養殖場出現之前，他捕到大條的王鮭可以賣到一磅四點六美元的價錢。現在，野生鮭魚的價錢已跌到了一點六美元。在世界各地，由於廉價的養殖鮭魚廣為普及，以致高品質的野生鮭魚已幾乎沒有市場。普羅特指出，養殖魚和野生魚看起來大同小異，價格卻可相差三倍，這樣有誰會願意買野生鮭魚呢？

他女兒就住在隔壁，房子是他幫忙蓋的。她在一座鮭魚養殖場工作了九年。普羅特說他女兒脾氣很硬，如果看到員工把菸蒂丟進網籠裡，就會強迫他們用網子撈起來；發現他們上網看太多色情網站，也會強迫他們關掉電腦。

「員工不太喜歡她，可是她養出來的魚都很不錯。不過，後來養殖場開始在網籠裡塞進太多魚，她就辭職了——因為魚隻在這種情況下很容易感染疾病和寄生蟲。這很有道理。老天爺，籠子底部的那些魚根本是活在自己的糞便裡面，網籠裡等於有一團三十公尺深的穢物在水裡攪拌著。」

我向普羅特提及我看到的鱘魚水槽，然後問他認不認為這種做法能夠適用在鮭魚養殖上。

「我認為我們一定要有水產養殖場，這點是毫無疑問的，因為海裡的魚根本不夠供應全世界那麼多的人口。如果在陸地上用水泥或鋁製的封閉水槽養殖，應該也行得通。剛開始要花點錢，但長期來講，營運成本一定會便宜得多。只要政府規定養殖場只能設立於陸地上，馬上就可以達成這樣的改變。」

最少最少，普羅特說，鮭魚養殖場的距離不該太近。布勞頓群島共有二十七座養殖場，這樣的數量實在太多了。加拿大政府應該學習挪威政府的做法：當初挪威的養殖場發生嚴重的寄生蟲害之後，政府即規定養殖場之間的距離必須拉開，並且禁止把養殖場設置在野生鮭魚的洄游路徑上。

那麼，我問他，加拿大政府為什麼沒有這麼做？

「老天爺，我認為他們根本是想讓野生鮭魚消失，」他說：「鮭魚一旦不見了，他們就可以伐木，可以採礦，可以在河流上蓋水壩，想怎樣就怎樣。要不然，我實在想不出還有什麼理由可以解釋他們目前的這種作為。大多數的商業漁民也都這麼認為。」

這是在英屬哥倫比亞沿岸經常可以聽到的說法。受保護的鮭魚河流在這個省分裡可謂無所不在，像毛細管一樣遍布於當地的每個生態體系裡。這些河流據說阻礙了石油與礦產的探勘，還有伐木活動，甚至是菲沙河的水壩建造計畫。如果順利興建水壩，省政府將可藉由販售電力給美國而獲得數十億美元的收入。這個政府如果真的眼光夠遠，算計夠精，確實可能採取提倡鮭魚養殖的長期政策，藉此消滅野生鮭魚。

也許就是這個原因，該省的自由黨才會長年來獲得鮭魚養殖企業這麼多的選舉捐獻；而當初撤銷新養殖場設置禁令的那名部長，也才會因為官商勾結的醜聞而辭職下臺——根據指控，在史托特海上養殖場因鮭魚逃脫問題而即將遭到調查的前夕，那名部長就事先把消息洩漏給了該公司。此外，也可能就是這個原因，水產養殖的研究與補助才會在近年來獲得一億一千萬美元的挹注，而唯一能夠阻止伐木公司破壞鮭魚河流的棲地監控與管制措施，在二〇〇五年卻只取得六十萬美元的經費。（漁業及海洋部針對英屬哥倫比亞和育空地區全境只編列了六名全職監管人員，等於每人必須負責巡邏二十四萬平方公里的面積。）

也正是這個原因，資助野生鮭魚棲地復育以及魚群增殖的英屬哥倫比亞漁業更新組織，才會在自由黨政府重新上臺後遭到廢除。最後，更是由於這個原因，在粉紅鮭洄游潮出現衰竭現象之後，漁業及海洋部前來調查海水魚虱問題的團隊才會遲到三周、使用工具把魚身上的寄生蟲直接去除，並且在距離養殖場數公里之遠的地方捕撈魚隻進行檢查。他們雖然只檢查了七條魚，卻還是大言不慚地宣稱海水魚虱在布勞頓群島並不構成問題。

當然，這只是一種推測而已。關切野生鮭魚和海岸生態的人，以及仰賴捕魚為生的漁民，都真心希望這項推測不會是真的。

我對普羅特說，我以後是絕對不吃養殖鮭魚了。接著我又問他自己吃不吃。他直盯盯地看著我，說：「我寧可去撿雞屎。」

15 編註：第一民族（First Nations），是現今在加拿大境內數個北美洲原住民的通稱，法定與印地安人同義，但未包括因紐特人（Inuit）和梅堤斯人（Métis）。

CHAPTER 10

速食VS.漫漁

新斯科細亞省｜魚條

魯倫堡（Lunenburg）的街道上滿是往昔船長遺留下來的維多利亞式宅邸，宏偉典雅又維護得整潔如新，海濱則矗立著一座座顏色鮮豔的木構倉庫，景觀優美如畫，至今仍是新斯科細亞省典型的漁業城鎮。魯倫堡創立於一七五三年，是日耳曼移民潮的產物，和美國賓州的日耳曼移民屬於同一批。這座城鎮因為與麻州格勞斯特長久以來的競爭而著名。多年來，這兩座漁港都爭相派出造型優美的帆船前往大灘找尋鱈魚，而美加兩國帆船之間的競賽，例如「亨利福特號」與「藍鼻號」的較勁，都早已成了航海史上的傳奇。魯倫堡在一九三〇年代以前繁忙不已，一座座工廠不斷把鱈魚加工成鹹魚，銷往葡萄牙、西班牙以及加勒比海。

現在，這裡的港口只剩下零星幾艘漁船，而且捕的都是食物鏈底層的生物，例如干貝，或者鯖魚和鯡魚等小魚。港口裡停泊著一艘藍鼻號的複製品——加拿大的一角硬幣上也有這艘雙桅帆船的圖案——上面蓋著防水布，等待著夏季遊客季節的到來。

距離魯倫堡海濱數公里處，高竿食品公司（High Liner）的工廠單獨座落於海灣裡，成了早年漁獲量巔峰的遺跡。在一九六〇年代中期的全盛期間，這家公司的名稱還叫做「國家海產」，擁有五十二艘漁船與七千名員工，子公司遍布阿根廷、澳洲、葡萄牙與美國等地。魯倫堡這座工廠於一九六三年六月七日動工，在當時是美洲最大的海鮮加工廠。完工之後，由二十艘拖網船供應漁獲，每年的加工量可達三萬六千噸。大西洋的鱈魚、庸鰈以及黑線鱈，由漁船載運到工廠的碼頭之後，即紛紛被丟到鋁製輸送帶，再由堆高機以每小時二十噸的速度運上加工生產線，製成冷凍魚排或魚條。然後，這些產品再送上卡車或加拿大國鐵的車廂，運往遠處的市場。

「大西洋鱈魚是主要的捕撈魚類，當時的捕撈量估計有五十萬噸，」該公司事業開發部副總裁懷納特對我說：「那時候的鱈魚看起來無窮無盡，現在卻都沒了。」

我問他，他們的鱈魚有多少仍來自當地海域？

「少得很，」懷納特說：「鱈魚有極少數來自紐芬蘭，黑線鱈有些來自新斯科細亞省，但主要都來自俄國以北的巴倫支海。」

高竿食品公司把大西洋的大魚捕光之後，現已背棄了當初奉為衣食父母的這片海洋。過去十年來，這家公司把旗下的漁船全部賣掉，現在都由貨櫃船從國外運來未加工的魚貨，再由貨櫃車送到工廠，加工完畢後由卡車運往市場。高竿公司從阿拉斯加採購野生的太平洋鮭魚，從智利採購養殖的大西洋鮭魚。他們從越南的養殖場採購原生於湄公河的波沙魚，並且向印尼的養殖場採購吳郭魚，製作魚條所用的狹鱈則來自阿拉斯加以西的白令海。現在，雖然高竿公司附近的斯科細亞陸棚上干貝產業相當興盛，該公司的干貝卻主要採購自亞洲與南美的養殖場。這家公司過去捕撈北大西洋的海鮮，再銷售到世界各地，現在則是採購世界各地的海鮮，加工之後再銷售到北美洲的各大超市裡。

「勞力密集的工作，例如把鮭魚插成一串，現在都交由中國去做，」懷納特解釋道：「為什麼要送到中國去？因為那裡的勞動力很便宜。」中國那些龐大的工廠雇用了數以萬計的員工，而且工資只有加拿大勞工的十分之一。

我到高竿公司參觀，室內只聽到油炸鍋與冷凍庫的轟轟聲響，早班員工則忙著處理一批船長牌檸檬胡椒烤魚排。冷凍的吳郭魚在中國就已經加工處理成一片片的魚排，送到這裡之後，則是解凍、烤熟、塗上醬汁，然後再次冷凍。兩名頭戴髮網的中年婦女坐在輸送帶前方的板凳上，手裡拿著像是大筷子的木棒，把黏附在一起的魚排分開。在另外一個房間裡，準備賣到美國的裹粉鱈魚排循著螺旋狀的滑道一一落進塑膠袋裡。幾個身穿白色外套的技術人員四處巡視，檢查油鍋裡的油量。除此之外，整條生產線幾乎是完全自動化。在已開發國家裡，海鮮加工業已不再提供大量的工作機會。高竿公司在世界各地直接雇用的員工只有六百人，還不到當初全盛期的十分之一。

現在，高竿公司生產魚條所使用的狹鱈，都由白令海上的加工船在捕撈之後就直接去骨切好並且冷凍起來。這些魚貨由卡車載運著穿越加拿大，送達高竿公司的時候已是一塊塊冷凍魚肉，外皮與脂肪都早已去除。等到這座加工廠把這些魚肉鋸成長方形，裹上麵糊和麵包粉，並且放入鍋裡油炸的時候，這些魚肉早已跋涉了七千公里的距離。在最糟糕的情況下，養殖於智利沿岸的鮭魚可能先由貨櫃船運往中國大連去骨切片，然後再次跨越太平洋送到溫哥華。接著，由卡車載運到魯倫堡加工包裝，再運往銷售地點。假如產品最後是在聖地牙哥的超市出售，那麼這條鮭魚就整整跋涉了三萬六千公里，將近地球的周長。

高竿船長是該公司的標誌，在每一盒冷凍魚肉的盒子上都印有這個拖網漁船船長的圖案，藍眼大鬍，身上穿著套頭毛衣。（在漁業俚語中，所謂的「high liner」〔高竿〕，指的是一位船長捕魚的量非常多。）加拿大超市販售的冷凍魚，幾乎半數都是高竿公司的產品。在美國，高竿公司也僅次於格勞斯特的戈頓（Gortons of Gloucester）——現在這家企業的母公司是日本水產公司（Nippon Suisan），乃是日本數一數二的海產廠商。高竿的冷凍加工海鮮產品，是沃爾瑪百貨裡的第一品牌；該公司生產的小漁夫魚條，在西雅圖乃至墨西哥市的超市裡都可買得到。

我向懷納特請教了他們公司那位代表人物的身分。

「他就是高竿船長啊！」他答道：「在海鮮業這種全球化的產業裡，企業一定要打出真人的形象，讓消費者能夠認同。」高竿船長和漁夫戈頓以及英國的貝爾塞船長一樣，都不是有血有肉的真實人物，而是廣告主管發想而來的產物。

當初高竿公司擁有漁船的時候，每艘拖網船都有一位真正的船長負責掌舵。他們理著平頭，鬍鬚刮得乾乾淨淨，有著像吉斯拉森、輝分以及米契爾這樣的名字。第二次世界大戰後，原本由雙桅帆船相互競爭的手釣帆船漁業，根本敵不過國家海產公司那些四十五公尺長的柴油動力拖網船。這些拖網船把大西洋的魚類資源掃蕩一空，以致藍鼻號及其姊妹船隻從此再也無用武之地，只能成為供遊客參觀的過往殘跡。

駕駛雙桅帆船捕魚，是非常勞力密集的工作，卻因此為紐芬蘭至鱈魚角之間的居民提供了數以千計的工作機會，魯倫堡及其他海港也因此得以保持活躍，而不至於淪為夏季遊客驚鴻一瞥的渡假景點。然而，新出現的拖網船實在太有效率，先是打垮了帆船，接著又消滅了大西洋鱈魚。

鱈魚一旦消失，高竿公司也就不再需要那些船長了。最後留下來的，只有在冷凍魚條包裝盒上咧嘴而笑的那個老船長。

暢銷全球的魚條

我在這趟採訪之旅當中，都特意只吃當地捕撈的海鮮。不過，對大部分消費者而言，海鮮已不再是從鄰近水域捕撈而來的新鮮食品，而是冷凍庫裡的商品，外形呈條狀或餅狀，看起來一點也不像海洋裡的生物。現在大多數人吃的海鮮，已是純粹的工業產品。

海鮮能夠成為大眾的食品，是科技的功勞。一九一二年，一名古怪的布魯克林人舉家搬到加拿大北極圈內拉布拉多省的泥濘灣（Muddy Bay）。這個人名叫克拉倫斯．貝爾塞，因為再也無法忍受紐約的低廉工資，而搬遷到北極圈裡捕獵毛皮。他沒有預期到加拿大的冬季如此漫長，為了餵飽太太和他們的幼子，於是四處向當地人求教。一個名叫勒斯布里吉的冰釣高手教他把剛捕到的魚泡在冰點低於淡水的鹹水裡。如此一來，魚隻就會立即結凍，而且就算幾周後再解凍，也能夠保持新鮮。貝爾塞利用同樣的做法保存小甘藍菜，在嬰兒浴盆裡裝滿了鹹水，還在浴室的浴缸裡冷凍了整整一缸的梭魚，惹得他太太氣憤不已。食物如果緩慢結凍，通常會形成長冰晶，解凍時會破壞纖維，導致食物化為糊狀。不過，急速冷凍可以避免冰晶形成，因此貝爾塞把魚解凍之後，發現模樣和口感都與鮮魚幾乎沒有差別。

他後來又舉家搬遷到格勞斯特漁港，創立了綜合海味公司。格勞斯特這座麻州城鎮和魯倫堡一樣，也是因生產鹹鱈魚而發達。不過，切魚片機在一九二一年引進格勞斯特，導致鹹魚銷路逐漸變差。貝爾塞後來發現把食物壓在金屬片之間又可加快急速冷凍的速度，於是把這道祕方連同自己的公司一起賣給波斯塔姆公司（Postum）。波斯塔姆公司接手之後，把貝爾塞的公司改名為通用食品公司（General Foods）。

新式急速冷凍技術與切魚片機結合之後，隨即為美國人帶來了一種新主食：冷凍魚排。一九五三年，通用食品公司的貝爾塞部門推出了一項新產品：裹上麵包粉的魚條。一包十根裝的魚條要價四十九美分，只要加熱十二分鐘即可食用。不久之後，美國人每年即可吃掉十一億根魚條。（魚條在一九五五年引進英國，號稱是「享用美味魚肉的全新方式，料理省時省力，再也不怕腥味」。）魚條代表了科技的勝利，成功戰勝海鮮這種最容易腐敗的食物。魚條只要保持冷凍，可保鮮達數月之久，也能夠運到世界上的各個角落。不過，這種把魚肉包裹在油膩麵糊裡的新技術，也把原本健康低脂的蛋白質來源變成了高膽固醇與高飽和脂肪的速食。

這項新技術把急速冷凍的魚肉帶進了平民百姓的家中。同樣重要的是，這項技術也把世界各地的海鮮帶進了美國的購物中心與美食街裡，從而開啟了海鮮的新時代：速食魚的時代。

追蹤海鮮的來源

二〇〇五年，美國人吃掉了五百二十萬噸海鮮，其中百分之八十六都自國外進口，而且絕大部分都採取冷凍運送，就像我在高竿加工廠看到的原料一樣，由貨櫃船與連結車從遙遠的海洋運來。把這些食品送到消費者的餐桌上，需要消耗非常大量的化石燃料。根據估計，把四點五公斤的養殖鮭魚送到消費者手上，需要消耗二十三公升的柴油。

美國的海鮮有百分之五十都是在餐廳裡吃掉的，每年銷售額達四百七十億美元，而其中大多數又是消費於速食或中型餐廳——例如老喬的螃蟹屋、海滋客餐廳、麥許海鮮、魚骨頭燒烤、阿甘餐廳，全都是在美國各地的市郊互別苗頭的海鮮專賣餐館。這裡頭最成功的是「家庭式」海鮮連鎖餐廳紅龍蝦，在美國與加拿大共有六百八十家門市，雇有六萬三千名員工，顧客多達一億四千五百萬人，二〇〇六年的營業額高達二十五億八千萬美元。這家連鎖餐廳號稱讓美國中產階級初識炸魷魚圈和雪蟹的美味，並以吃到飽的蝦、蟹特餐聞名，現已成為北美洲最大的海鮮終端採購者。

紅龍蝦餐廳門市的門口都設有龍蝦螯造形的鑄鐵門把，裝飾著直立的划艇與帆船模型，店內的水族箱養著活生生的「海龍蝦」，裝潢上到處可見活蹦亂跳的甲殼動物圖案，菜單上也印著燈塔和捕蝦船的圖案，可見這家餐廳顯然是想成為新英格蘭海鮮餐館的放大版。實際上，第一家紅龍蝦門市在一九六八年開設於佛羅里達州的湖地城（Lakeland），距離海岸八十公里遠。現在，這家連鎖餐廳的總部更是設於內陸的奧蘭多。至於龍蝦業發達的緬因州，反倒完全沒有紅龍蝦的門市。

紅龍蝦的採購預算只有極小部分花在美國漁民身上，店內供應的海鮮來自全球各地。紅龍蝦餐廳的母公司達頓集團每年採購四萬五千噸海鮮，金額約為七點五億美元。而且，這家公司並不仰賴美國本地的進口商，而是直接向海外供應商採購海鮮——包括羅納德海鮮（Ronald's Seafood）這家位於巴哈馬的龍蝦小型批發商，也包括泰聯冷凍食品這家年營業額達七億美元、在曼谷股市上市的冷凍蝦及鮪魚罐頭企業。達頓集團的總部設在奧蘭多，採購部門位於新加坡，採購海鮮的來源遍及三十個不同國家。

在波士頓的一場貿易展上，一名路易斯安那州的捕蝦船長挺身指控紅龍蝦連鎖餐廳的廣告有誤導消費者之嫌：「紅龍蝦想要欺騙顧客，讓他們以為自己吃的是當地捕的蝦子。」他向該連鎖店的主管提出抱怨，指稱自己對於紅龍蝦餐廳裡掛著捕蝦船海報深覺反感。他同行的船隻都已遭到銀行收回，只因為他們競爭不過連鎖餐廳供應的廉價養殖蝦。「他們要是對自己採購的那些養蝦場這麼自豪，」他接著說道：「就應該在餐廳裡掛上養殖場員工在養蝦池畔工作的海報嘛。可是沒有，一家都沒有。」

我看過印度的養蝦池，絕對沒有一家餐廳會想要讓顧客看到那種稻田凋蔽以及村民染病的畫面。在海鮮全球化的世界裡，你要是認真追蹤自己盤裡海鮮的來源，恐怕不免追蹤到某些醜惡至極的地方。厄瓜多是連鎖餐廳那些廉價蝦子的一大來源國，當地百分之七十的紅樹林都為了開闢養蝦池而遭到砍除，摧毀了傳統漁業社群的生計。泰國是冷凍蝦的另一個供應大國，也曾遭美國捕蝦漁民指控在加工廠裡使用童工。

在許多連鎖餐廳所供應的各種甲殼類動物裡，最令人憂心的是原生於尼加拉瓜與宏都拉斯沿海的龍蝦。那裡的潛水漁業以嚴苛的工作條件而知名。潛水員多是當地原住民的米斯基托人，只有老舊的水肺器材，也沒受過什麼訓練，所以經常罹患因壓力變化導致的病症：包括脊髓損傷、神經末梢損壞，以及潛水夫病（一種極度痛苦的減壓疾病，由血液中的氮氣泡所引起）造成的癱瘓。每年都有五百名以上的米斯基托人潛水員罹患潛水夫病，全都是為了捕捉廉價龍蝦而造成的結果。

由此可見，我們確實應該弄明白自己所吃的海鮮來自何處。不過，這樣的做法絕對不利於海鮮產業。為了揭開海鮮來源的神祕面紗，二〇〇五年美國政府立法強制海鮮標示原產地。然而，由於國家漁業協會這類海鮮貿易組織提出強烈反對，聲稱這麼做將導致高昂的文書作業成本，所以這道法律只適用於超市販售的海鮮。加工海鮮食品，例如裹上麵糊以及煮過的蝦子（這類產品在雜貨店販賣的蝦子當中占了一半），則不受限制。原產地標示法也不適用於小型企業或餐廳，所以像紅龍蝦這樣的連鎖餐廳並沒有義務向顧客告知其所供應的海鮮來自何處。

二〇〇六年，在倫敦的一場蝦研討會上，達頓集團的海鮮採購副總裁熱切談及消費者愈來愈重視海鮮對健康的裨益。他提出許多圖表，預測美國的海鮮需求量到了二〇二五年將增加四十五萬噸。他指出，海鮮產業如果能夠把全球的蝦消費量提高到每人九百公克，即可為這項產品創造出六百三十萬噸的需求。他的結論是：「我們未來的成長機會非常大。」

的確，根據聯合國的統計數據，隨著人口不斷成長，到了二〇一五年全世界將額外需要一萬一千噸的養殖海鮮。我們如果希望這些海鮮至少有一部分能夠在合乎永續以及道德需求的情況下產生，那麼消費者就必須開始熟悉我在這趟旅程上已經習於提出的一個基本問題：

這條魚究竟是從哪裡來的？

而且還要拒絕對方以「我不確定」敷衍你。

麥香魚以及海鮮認證標準

並非所有大眾市場的海鮮都來自不永續的魚群，例如麥當勞的麥香魚就是個出人意料的例子。

麥香魚的發明人格羅恩（Lou Groen）在辛辛那堤一個居民篤信天主教的區域擁有一家麥當勞門市。他發現，每逢四旬齋及周五，顧客就會流失到主打魚肉漢堡的「大孩子」速食連鎖店。一九六二年，格羅恩向麥當勞總裁克洛克（Ray Kroc）展示了他自己發明的魚肉餅。當時克洛克一心想推出的是「夏威夷堡」，在冷麵包上擺上一片鳳梨和一片乳酪，因此堅持魚堡必須和夏威夷堡並列出售。不出意料，格羅恩搭配自製塔塔醬的麥香魚銷售量遠遠超越夏威夷堡。他唯一必須改變的，就是把昂貴的庸鰈改成比較便宜的鱈魚，從而使得售價二十五美分的麥香魚有利可圖。後來，紐芬蘭沿海的鱈魚捕撈量愈來愈少，導致鱈魚的價格愈來愈貴，麥當勞於是又改用狹鱈。

狹鱈是一種六十至九十公分長的群聚魚類，由龐大的加工拖網漁船捕撈於阿拉斯加附近的白令海。

魚隻捕上船之後，就去骨切片，去除油脂與外皮，只留下白皙的魚肉，冷凍成一塊塊七點五公斤重的肉塊，而且這一切作業通常就在魚隻捕上船後幾分鐘內完成。然後，冷凍的狹鱈肉塊再賣給加工廠，例如紐芬蘭的國際漁品公司或是格勞斯特的戈頓公司，鋸成一片片的肉餅（所以一片肉餅可能含有不只一條魚的肉），再裹上麵包粉油炸。麥當勞每年在北美洲賣出三億個麥香魚漢堡，其中百分之九十都是使用阿拉斯加狹鱈。此外，阿比、牛奶皇后、漢堡王等速食餐廳的魚堡也都以阿拉斯加狹鱈為主要原料。

麥當勞挑選狹鱈是相當明智的舉動。捕撈阿拉斯加狹鱈是美國規模最大的漁業，而且數量至今也仍然非常充裕。豐收的時候，狹鱈的年捕撈量可占全球漁獲量的百分之八。狹鱈和沙丁魚一樣，屬於海水中層的魚群，所以捕撈狹鱈不必動用破壞力強大的底拖網。而且，海洋管理委員會這個全世界最具公信力的漁業認證組織，也認定阿拉斯加狹鱈漁業合乎永續標準。

海洋管理委員會的藍白標籤在英國早已廣為海鮮消費者所熟悉，因為馬莎百貨、維特羅斯超市以及其他零售商所販賣的海鮮，大部分都來自於該委員會認證的漁業。不過，這個標籤在北美還不普及。海洋管理委員會創立於一九九七年，是消費食品品牌大廠聯合利華（旗下的食品公司包括貝爾塞與康寶）與世界自然基金會合作催生的組織，成立後即獨立運作至今。海洋管理委員會的認證準則相當值得稱許：一項漁業若要獲得認證，就不能耗竭魚群，不能傷害生態系統的整體結構、或是破壞當地的生物多樣性，也不能違反國際法或國際標準。截至二〇〇八年一月為止，全世界獲得該委員會認證為合乎永續標準的漁業共有二十六項，規模小的如英國康瓦耳的手釣鯖魚漁業，大的則有阿拉斯加的野生鮭魚及狹鱈漁業。

在環保人士眼中，海洋管理委員會頗具爭議性。有些人指稱該委員會的認證並不要求設立海洋保護區或禁捕區，而生物學家都一致認為設立這類區域是確保長期永續性及生物多樣性的關鍵要素。紐西蘭的藍尖尾無鬚鱈魚漁業（這種名叫「hoki」的魚也是速食漢堡魚肉的另一種選擇）雖然不合乎該國漁業法案的標準，卻也獲得了海洋管理委員會的認證。有些環保人士質疑該委員會對阿拉斯加狹鱈漁業的認證，因為他們認為該項漁業導致瀕臨絕種的北海獅數量又進一步減少。

值得注意的是，麥當勞卻從來不曾在廣告中宣揚麥香魚採用了永續捕撈的狹鱈。據說原因是麥當勞不願意支付海洋管理委員會的環保標章使用費。

說來奇怪，在北美洲推動永續海鮮的不是消費者，而是一家零售商，並且還不只是隨隨便便的一家零售商。二〇〇六年，沃爾瑪宣稱將在未來五年內盡量只賣海洋管理委員會認證的海鮮，從而使得該委員會的知名度大為提升。藉著這家全球最大的零售商的力量，環保人士希望海鮮產業將可因此轉變。至少，沃爾瑪絕對會對海洋管理委員會造成影響，雖然可能不是變得更好。批評者指出，沃爾瑪過去彰顯社會責任的舉動都只是空口說白話，終究敵不過該公司的中心哲學：「追求低價，永遠不變。」舉例而言，該公司在一九八〇年代期間宣誓只賣「美國製」的產品，結果不僅店內商品絕大部分來自國外，而且還有許多產品出自血汗工廠。批評人士也擔心利益衝突的問題將導致海洋管理委員會降低認證標準。（委員會在二〇〇六年獲得一百八十萬美元的補助款，其倫敦辦公室原本還拒絕向我透露款項金額，因為捐贈者即為沃爾頓家族基金會，即沃爾瑪創辦人捐助成立的私人慈善機構。）最激烈的批評者指控該委員會的認證制度其實是種粉飾形象的做法：許多海鮮雖然來自遭到損害的生態體系，卻仍可輕易獲得該委員會的認證標章，於是海鮮產業即可藉此擺脫破壞環境的指控。

養殖海鮮也開始出現類似的認證制度。獲得紅龍蝦支持的全球養殖聯盟，總部設於聖路易，對世界各地通過認證的魚、蝦養殖場發放「最佳養殖實踐」標章。不過，紅樹林請願運動人士以及其他環保人士都批評全球養殖聯盟沒有把當地社群納入認證過程中的諮詢對象，不但允許養殖場建立在重要的鹽沼上，也缺乏實際可行的紅樹林復育計畫。

二〇〇八年一月，經過四年的作業之後，全世界只有四十三座養殖場獲得全球養殖聯盟的認證。這項數字有什麼意義呢？以孟加拉為例，這個國家擁有五萬座養蝦場，卻還排不上全世界前五大蝦子出口國。（另一方面，全球的野生捕撈魚類也只有百分之六獲得海洋管理委員會的認證。）有些批評人士認為這種認證制度恐怕會成為「藍色革命」的形象粉飾工具，其認證標章僅可妝點海鮮零售商的形象，卻無助於改變廠商的營運作為。

「全球養殖聯盟的計畫是業界為了自己而創造出來的產物，」世界自然基金會的傑森．克雷（Jason Clay）指出：「其中的主要投資者就是達頓集團、卜蜂水產，以及若干養蝦大廠。這就像是叫狐狸看守雞舍一樣。」

克雷是世界自然基金會保育中心的副會長，從一九九九年開始倡議發展獨立的水產養殖認證制度，也促使業界為鮭魚、吳郭魚、鯰魚、蝦子以及其他各種能夠養殖的海鮮合作制定標準。

「大家都知道，」他說：「制定標準和執行標準的不能是同一個單位。」標準一旦獲得各方認同，克雷就打算退出，而把認證作業交由海洋管理委員會或其他獨立組織執行。第一種受到認證的海鮮，可能會是養殖鯰魚。不過，在這種可靠的環保標章普及之前，海鮮愛好者——尤其是北美的海鮮愛好者——還是只能在充滿疑慮的海鮮當中無所適從。

海洋生物多樣性的流失

既然大部分的海鮮都標示不清、生產方式不符永續標準，而且又恐怕有毒，那麼乾脆不吃海鮮不就得了嗎？也許吧。但我比較偏好的做法是：深入瞭解，然後明智挑選。我在旅途中遇到的每個生態學家和漁業科學家，都說他們自己還是吃海鮮，但是會謹慎挑選食用的對象。

在新斯科細亞省，我特別向一名專家確認我在道德飲食這項議題上所獲致的若干結論。海洋生態學家沃姆曾與歐洲及美國的十三名同僚合作進行研究，並且執筆撰寫了二〇〇六年發表於《科學》期刊的論文，預測全世界各大漁場將在往後四十年間面臨崩潰。他任職於哈立法克斯的戴豪斯大學，曾在同儕評鑑期刊裡發表一系列論文，詳細列出生物多樣性衰減對海洋造成的衝擊。沃姆和他已故的同事麥爾斯，也最早指出黑鮪魚、劍旗魚及鯊魚等大型掠食魚類出現全球魚群崩潰的現象。

我在戴豪斯大學的生物館與沃姆及其妻洛慈（Heike Lotze）見面。他們兩人都是德國人，卻愛上了加拿大，也在加拿大愛上了對方。他們兩人相當引人注目：沃姆身材瘦長，一頭鬈髮，話語輕柔；洛慈則是高䠷優雅，有著一頭褐色長髮。洛慈的專長是歷史研究，她對海岸地區的研究──包括切薩皮克灣這樣的大型河口地──揭露了全球海洋生物多樣性的流失狀況。

「我們蒐集了八百份論文與研究的資料，」洛慈解釋道：「也觀察了十二座河口地與沿岸海域，檢視了聯合國糧農組織的紀錄、沉積物岩心，乃至上千年前的考古資料，結果發現生物多樣性的變化其實始於十九世紀，也就是漁業開始朝向工業化發展的時候。」自從一九五〇年以來，在受到人類利用的魚類及無脊椎動物當中，有百分之二十九都已捕撈至僅剩原本數量的百分之十。若把觀察的時間範圍擴大為一千年，則可發現受到人類利用的海洋生物有百分之三十八已經出現數量崩潰的現象，其中有百分之七，包括了青大眼梭鱸、北海獅以及白鱀豚，更是陷入了絕種的困境。這篇論文以簡明的數字指出了人類在地球上的擴張對海洋生物造成的衝擊有多大，並因為是第一個利用目前的生物多樣性流失現象來預測未來，所以受到媒體的矚目。

「我一面監考，一面在筆電上分析這些數字，」沃姆說：「分析結果出來之後，我只覺得一陣沮喪。那一刻真的令我難忘。」他看到了「一條不斷向下的曲線」，顯示世界各個漁場將在二〇四八年崩潰。

不過，儘管有這麼多負面的資料，沃姆和洛慈卻坦承他們並沒有停止吃海鮮。就讀研究所期間，沃姆住在新斯科細亞省一座漁村的小木屋裡，鄰居都是螃蟹及龍蝦漁民。他就在那段期間愛上了北大西洋的海鮮。

洛慈還有事得先走，但我說服了沃姆陪我走訪大多數人購買海鮮的地方：超級市場。

超市海鮮歷險記

我們開車前往大西洋超級商店，這是加拿大最大的雜貨連鎖商拉布羅公司（Loblaw's）旗下的超市，不但占地廣大，室內天花板還特別挑高。

店裡的海鮮區擺放著十幾座冰櫃與冷凍櫃，另外一面櫃臺上則鋪著碎冰，陳列了各種魚排以及全魚。沃姆從一座冰櫃裡拿出一盒燻鮭魚。

「『採用天然硬木煙燻而成，』」他唸出包裝上的字樣：「你的目光會受到『天然』這兩個字所吸引，可是這包產品用的是紐布朗斯克芬地灣（Bay of Fundy）的鮭魚，而那裡的原生鮭魚幾乎已經絕跡，也被列入瀕絕物種名單當中了。所以，這裡面用的一定是養殖鮭魚，可是包裝上完全沒有標示。」他指向一盒來自英屬哥倫比亞的煙燻紅鮭，上面標示著「野生」。

「野生魚是一大賣點，所以包裝上如果沒有『野生』的字樣，大概就可以認定是養殖場的產品。我和一個養殖漁民談過他們在養殖鮭魚和鱒魚身上使用的人工色素；他說食品色素全由一家公司壟斷，價錢貴得嚇人，差不多占生產成本的百分之二十到三十。」

我們在走道上散步，沃姆只要看到有什麼東西引起他的注意，就順便評論一番。

針對一盒標示「帝王蟹」的商品：

「你看成分標示，內容物其實是阿拉斯加狹鱈、水、麵粉、角叉藻膠、人工調味料以及一點點的蟹肉，可是廠商還是把它叫做帝王蟹。這一整區都是假蟹肉。這種東西如果放在沙拉裡，我絕對不吃，加工的成分太重了。」

針對一盒魚條：

「『由碎魚肉排製成。』這裡寫了狹鱈、鱈魚、黑線鱈、大洋鱸——裡面的魚肉可能是其中任何一種。包裝上也印著『加拿大出產』，可是這些魚可能都是送到中國加工。我這輩子從沒吃過魚條，連魚條吃起來是什麼味道都不知道。」

針對一包鹹鱈魚：

「我曾經到德國一座老人之家演講。他們記得在第二次世界大戰結束後，魚原本是窮人的食物，那時候大家就只吃得起魚而已。他們還以為自己現在吃的鱈魚是幼鱈，所以一條魚只夠一個人吃。以前，一條鱈魚可以餵飽一整個美式足球隊。」

針對鮪魚罐頭區：

「我最看不慣的就是海鮮的行銷方式。吃魚，一定要記得魚是野生動物，而且要知道自己吃的魚從哪裡來。可是你看這個罐頭：他們把鮪魚叫做『海底雞』。這完全偏離事實，鮪魚實際上是海中之狼。我絕對不吃罐頭鮪魚。」

沃姆注意到了鮮魚櫃臺上的商品。「這是紅笛鯛，一磅九點八九美元。先生，請問一下，」他向一名身穿圍裙、頭戴小帽的店員問道：「這條紅笛鯛是從哪裡捕來的？」

「我不確定，」那名員工說，一面看著插在碎冰裡的塑膠標示牌。

「是從佛羅里達州捕來的嗎？」沃姆問。

「大概吧……。」

沃姆低聲對我說道：「紅笛鯛在墨西哥灣快瀕臨絕種了。」

「那你們的海鱸是哪裡來的呢？」

「我只知道不是本地的。」

沃姆猜想是布蘭吉諾，也許是在地中海養殖的。

「你們今天有什麼鮪魚？」沃姆繼續問道。那名員工說是黑鮪魚，價格原本一磅十九美元，打折之後十六點九九美元。

沃姆驚訝地吹了一聲口哨。即便在哈立法克斯，超市裡竟然也買得到日本人最迷戀的魚、這種海洋裡嚴重瀕臨絕種的生物。

「黑鮪魚也有本地捕撈的，」沃姆對我說：「可是這個季節應該是來自其他地方。」再一次，那名員工還是不知道那條魚是哪裡捕來的。

「好吧，這裡差不多看完了，」沃姆說。

我們轉身離開，什麼都沒買。我問沃姆，這裡有沒有什麼東西是他可能會買的？

他指向冷凍庫裡一包玫瑰色的小蝦。

「我只吃這種蝦，北方長額蝦。這種蝦的漁民正在尋求海洋管理委員會的認證，因為他們雖然用拖網捕蝦，卻很少有混獲的狀況，而且因為是在泥濘的海底，所以對海床的傷害也比較小。就蝦子而言，大概沒有比這種蝦子更好的了。」

「我如果想吃鮭魚，」他接著說，一面帶著我走回陳列魚罐頭的那條走道。「就吃罐裝的阿拉斯加野生紅鮭，這是獲得海洋管理委員會認證的漁業。你也可以知道鮭魚是從哪裡捕的，因為罐子上就有印：『鮭魚，美國阿拉斯加。』」

「這是吳郭魚，」他說，拿起一包冷凍魚排。「我很喜歡吳郭魚，這是種很好的魚，以養殖為主，但是養在陸地上的池塘裡，所以不會汙染海洋環境，而且餵食的食物不會以魚粉為主。鱒魚雖然是肉食魚類，卻也是養在陸上的池塘裡，所以一樣幾乎沒有汙染。」

在我們走回車上的途中，沃姆坦承自己從不在超市買海鮮，而是喜歡到當地一家漁民的合作商店採買，因為在那裡可以買到剛從漁船上卸下來的鮮魚。有時候，他也會特地到當地的農夫市場，因為那裡有名波蘭婦女，她賣的奶油醬鮭魚美味至極。沃姆說，新斯科細亞省沿海的鮭魚仍然相當豐富。

「我必須知道自己吃的魚是從哪裡來的，所以我喜歡直接向漁民買魚。」

在那家超市裡，我們經歷了英國與日本以外的海鮮消費者都不免遭遇的狀況：產品標示不清，員工所知也極為有限，以致各種必要的資訊都付之闕如。

沃姆坦承他對實際上竟然如此糟糕的情況感到意外。加拿大與美國不像歐洲，並不要求海鮮必須標示是野生或養殖的產品；也不像日本，零售商不需標示架上的海鮮是否為當季產品，也不必註明是鮮魚還是經過冷凍。美國雖然要求海鮮零售商標示生產國，但這項資訊卻無法讓人得知自己所買的海鮮是捕撈自哪一座海洋。我在高竿加工廠看到那些準備銷往美國的冷凍鱈魚，包裝上都標示著「加拿大出產」，但實際上的捕撈地點卻很可能是在俄國以北的巴倫支海。

沃姆表示，北美的海鮮消費者很難依照環境道德原則進行採買。他認為標示法必須訂立得更完善才行。

在這一天的最後，沃姆和我選擇到哈立法克斯港的一家海鮮餐廳用餐。我們翻開菜單，不約而同地抽出了海鮮選擇卡。（沃姆參與了海鮮選擇卡的編製工作，這和蒙特瑞灣水族館的水產監控卡一樣，只不過是加拿大的版本。）這天晚上的特餐有充斥化學藥劑的養殖鮭魚、遭到過度捕撈的大西洋庸鰈，以及底拖網捕撈的干貝——沃姆翻看著菜單，愈看愈沮喪，幾乎打算只點一份洋薊心包羊奶乳酪餡的開胃菜，結果突然注意到一道義大利麵，於是問了服務生能不能把這道餐點裡的干貝和鮭魚去掉。

「您是說只要龍蝦嗎？」服務生問。「沒問題，」同時瞥了沃姆一眼，「可是龍蝦分量不會多很多喔。」

「我吃本地的龍蝦，」沃姆解釋道：「這項漁業很特別，一百五十年來一直維持著小小的規模以及永續的發展狀態。」

服務生端上了沃姆的義大利麵，上面妝點著幾片龍蝦肉。（至少看起來像是龍蝦肉，實際上也有可能根本是鮟鱇魚肉。）我們在東岸這座大海港的道德海鮮之旅實在令人失望。我問沃姆，既然沒有強力的法律要求明確標示，海鮮愛好者該怎麼辦呢？

「多問，」他答道，一面叉起餐盤裡的麵條。「到哪裡都要多問問題，這是唯一的方法。我們必須清楚瞭解自己吃的海鮮。我們買其他產品不都是這樣嗎？我們會看成分表，選擇有益環境、有益自己健康和孩童健康的產品。我們對海鮮也必須採取同樣的標準。」

慢漁生活

我站在哈立法克斯以南的一座海灣，望著上千個五顏六色的浮標，每個浮標都代表了一只龍蝦籠。這時我心裡想的並不是下一頓海鮮餐點會來自何處。經過一年半的採訪之旅後，我回想起了在旅程上遇見的那些討海人：切薩皮克灣的飛魚船船長、北海的底拖網漁民、葡萄牙一艘沙丁魚漁船上的船員、印度洋沿岸歷經災難的海灘漁民，還有北太平洋一名立場堅定的曳繩釣鮭魚漁夫。正如帶我參觀孔卡諾漁港的那位導遊所說的，漁民是「日常生活中僅存的冒險家」，在這個以農田與農民為主的世界裡，是碩果僅存的全職獵人。這些漁民提醒了我們，在過去那個航行技術與天氣變化限制了人類捕魚能力的時代，人類曾與看似資源無窮的海洋和諧共處。

在生態體系凋蔽而且漁業工業化的今天，世界各地那些仍然靠著捕魚為生的兩億人口，將會面臨什麼樣的命運呢？實際上，當今的漁業所雇用的員工並不會減少。尤其是已開發國家的漁業，其員工規模其實還有非常大的成長空間。

在人類和魚類這場單方面的軍備競賽裡，我們早已動用了威力等同於中子彈的各種武器：底拖網足以摧毀海底山，延繩釣法可拖行長達數十公里的魚鉤，龐大的巾著網足可撈起半打洛杉磯級的核子潛艇。捕魚科技已發展到太過強大的地步：現在的船長可使用杜邦公司研發的半透明單絲釣魚線、利用側掃聲納設備繪製出來的等高線地圖，還可用都卜勒雷達偵測出海中生物聚集在溫水層的哪個區域。

目前的解決方案也許不在於研發更大、更有效率的船隻，而是從該物種滅絕的懸崖邊緣及時回頭，重拾、重振舊日的技術。刻意將效率降低也許不合乎我們追求進步的概念，但這種做法在人類歷史上並不陌生，而且當下也正發生在。

切薩皮克灣就是一個例子。許久以前，馬里蘭州的討海人決定只用風帆動力的飛魚船捕撈牡蠣，為野生牡蠣留下生存空間。相較於其他海洋，地中海的漁業資源雖顯貧乏，至今卻仍然持續為十萬名小船漁民提供生計來源，並且由此衍生出多采多姿的海鮮美食。在北大西洋，雖然只要一群潛水員即可在短短幾周的時間內輕易抓光海灣裡所有的龍蝦，資深漁民卻同意沿用龍蝦籠這種耗時又簡陋的方式。在印度，社運人士科謝里告訴了我當地漁民的組織行動，目的就是為了抗拒足以摧毀沿海社群的外國巨型拖網漁船。在新斯科細亞省，劍旗魚漁民也保留了充滿冒險性的魚叉漁業，而不願改採效率高出許多的網捕或延繩釣法。水產養殖愈往自動化發展，所需雇用的員工就愈少；巨型拖網漁船的效率不斷提升，也會導致每公斤漁獲量的雇用人數日益減少。我們的政策、補助以及罰則，應以促成真正的永續性為目標，讓漁業得以養活人類社群，同時也維繫海洋的生機。

近來，政府政策都把焦點放在減少漁民人數。然而，藉由除役及報廢漁船以降低漁業的過量捕撈，卻是一種目光短淺的錯誤策略——沒有一個政治人物敢公然把鱈魚漁民一輩子賴以為生的拖網船報廢掉。（況且，除役漁船的下場經常是賣到開發中國家，所以過度捕撈的問題只不過是轉移到另一座遙遠的海洋而已。）要終結捕魚船隊及其獵物之間強弱嚴重失衡的現象，其實有比較簡單的方法：只要別再浮濫補助漁業就行了。世界各國的政府至今仍然不斷付錢讓漁民購置新船隻，我在佩尼席曾搭著一艘下水才一年的葡萄牙沙丁魚漁船出海，在孔卡諾漁港也參觀了一艘全新的鮪魚拖網船——這兩艘船隻都是以歐洲納稅人的錢所建造的，其中葡萄牙那艘漁船獲得的補貼更將近一百萬歐元。英屬哥倫比亞大學漁業中心的蘇梅拉（Ussif Rashid Sumaila）指出，世界各國每年在漁民身上支出三百四十億美元，就只為了讓他們維持討海生活。在那筆金額當中，至少有兩百億都是蘇梅拉口中所謂的「惡性」補助，也就是直接用於支付燃料費以及建造新船隻。他認為，世界上過度捕撈的漁獲量與政府補助漁民的金額恰成正比。一旦消除這些人為資助，讓捕魚回歸自由市場機制，那麼目前那種揮霍至極的公海底拖網漁業以及在非洲外海作業的遠洋船隊，就不再有利可圖。蘇梅拉認為政府可以繼續給予漁民「良性」補助，為他們提供失業救濟、在職訓練，甚至把老舊的拖網漁船沉落海底做為人工魚礁，但惡性補助一定要取消。納稅人絕對不該被迫把自己的納稅錢用於資助摧殘海洋的行為。只要政府別讓漁業界白吃白喝，那麼航越半個地球去捕撈瀕臨絕種的魚類就不再符合經濟效益，危害最大的過度捕撈行為也就可望減少。二〇〇七年，一百二十五名科學家共同簽署一份信件，敦促世界貿易組織減少對全球漁船的補助。

在漁業中心，丹尼爾・保利說他和他的同事希望推動「慢漁」運動，就像起源於義大利的「慢食」運動一樣，促使漁船減少捕撈量，降低捕魚速度，要求政府把資助對象集中在以小船捕魚的沿海漁民，而不是坐擁工業漁船的大型企業。

他指出：「我們支持小規模漁業，不應該是出自小漁民對抗天候與大企業的浪漫想像。」他堅決表示，小規模漁業之所以應該獲得支持，「原因是科學證據證明了一般人直覺的推測，亦即地方漁民只要擁有當地水域的捕魚特許權，通常會避免耗竭當地的漁業資源，外國漁船則不會有維繫資源永續性的動機。」

從這個觀點來看，小規模漁業就不再是缺乏制度與效率的前工業時代殘跡，而是靈巧又充滿效率，不但能夠迅速因應海洋資源的增減，捕魚所耗用的燃料也遠少於工業化漁業。「慢漁」不會帶來龐大的財富，卻可讓許多人過著安適的生活。此外，這種漁業也可維繫沿海社群的生機。在這個陸地邊界的健全愈來愈受關注的時代，沿海社群存續所帶來的效益絕不可謂不大。

我認為「慢漁」運動的潛力完全不遜於美食運動。畢竟，自從我踏上這趟採訪之旅以來，我所尋求的就是慢漁的產品。

小型漁船把剛捕到的新鮮沙丁魚載回港口，讓人在大西洋海岸上現烤現吃，就是慢漁生活的體現。漁民把沒人要買的醜陋岩魚（連同茴香、洋芋，以及一小杯茴香酒）煮成馬賽魚湯，也是慢漁生活的體現。慢漁重視的不是海鮮的品種，而是海鮮的生產過程。慢漁使用漁籠或釣線，絕不用流網或底拖網。慢漁捕到的通常是食物鏈底層的生物，對生態體系影響不大，但美味毫不打折。慢漁的產品可以是一條油滋滋的燻鯡魚，讓人一面享用，一面眺望著北海漁港的景色；也可以是一只貝隆生蠔，從養殖處撈起即成盤中美食，剩下的貝殼再拋回海裡，供其他牡蠣苗附著生長。慢漁就是像喀拉拉邦的中國漁網，需要六、七個人用盡全力才能拉起網中的漁獲。慢漁漁民願意投入長時間捕魚，靠著捕魚的收入買下房子，成立家庭，並且把這種慢漁生活傳承給自己的孩子。

我望向海灣上的防波堤，兩名老人正坐在堤上垂釣。我在世界各地都看過這樣的釣客，擎著釣竿在水邊消磨時間，盼著魚鉤上的魚餌能夠引來海裡所剩無幾的魚兒。

這時我才想到，最緩慢的慢漁活動，就是自己捉魚——雖然有時候魚兒上鉤的速度也可能很快。

結論

相較於人類面臨的其他艱困挑戰——無論是愛滋病在非洲的蔓延、人為的全球暖化，還是石油的耗竭——漁業的危機其實不難化解。解決漁業問題不需要研發新藥物，不需要複雜的碳封存技術，也不需要開發新能源。實際上，漁業科學家與生態學家對於究竟該採取哪些措施，已經愈來愈有共識。

當務之急

脆弱的海底山是海洋中碩果僅存的生物多樣性的庇護所，要避免海底山遭到摧殘，公海上的底拖網漁業就必須受到禁止。不斷擴散的入侵物種正逐漸把原本多采多姿的生態體系化為同質性的環境，要遏阻這項趨勢，就必須強制貨船在海上更換壓艙水，而不能在環境脆弱的潟湖、港口以及河口灣。要限制過度捕撈的現象，混獲魚類就不該丟棄，而應該加以利用。歐洲與亞洲國家不能再因為非洲國家的政府積弱不振，就趁機劫掠非洲沿海的資源。此外，我們也必須利用《瀕臨絕種野生動植物國際貿易公約》等國際機制，保護黑鮪魚和鯊魚這類食物鏈頂層的魚類，尤其是人類都還不完全瞭解這類物種控制海洋食物網的方式。

為了遏止海盜式的捕魚行為，則必須讓執法單位擁有最先進的衛星科技、足夠馬力的船隻，並以高薪阻絕貪賄問題；各國必須以外交壓力關閉非法漁獲的轉運港；國際法也必須針對浮濫的權宜船籍現象進行修法。漁撈限額不能再交由政治人物及漁業人員訂定，政府也必須授權由真正獨立的委員會根據可靠的科學證據管理漁業事務。食品安全主管機關必須有足夠的資源監督海鮮，也必須有權禁止廠商販售一再違反食品安全標準的國內外商品。

最後，民眾必須認真思考這一點：任由工業化水產養殖在自家後院運作，究竟有什麼好處？為了飼養鮭魚和蝦子而大肆掠奪磷蝦和鯷魚等海洋資源，很可能導致海洋生態體系崩潰。國際金融機構絕不能再繼續資助第三世界的肉食魚類養殖業。

決策者其實一夕之間就可以達成這些變革，目前唯一的阻礙就是缺乏政治決心。可惜，海洋面對的其他問題卻沒有這麼容易解決。都市廢水、農業逕流、酸化作用以及溫度提高都是長期存在的問題，已造成死亡海域、珊瑚礁白化以及河口地毒化等現象。根據估計，截至目前為止人類排放於大氣中的碳，海洋需花費十萬年的時間才吸收得完。因應這類問題需要長期的行動，而要展開這種行動，就必須大幅改變我們看待海洋的態度。

漁業批判者丹尼爾．保利指出：「我們現在就像是把海洋看成一座不必付錢的超市。」海洋不但為我們供應了日常所需，還為我們的城市充當排水溝，又被重工業當成垃圾場。現在，海洋已經快要容納不下人類的廢棄物了。

保利認為，我們可以先從設立海洋保留區（又稱為海洋保護區）做起，就像陸地上的國家公園一樣。當前的狀況是到處都可以捕魚，只有極少數區域有所限制（通常只限制漁具或是捕魚季節）。

美國雖然在夏威夷群島西北方畫定了一塊面積相當於德國的海洋保留區，也計畫在加州沿海設立二十九處海洋保留區，但沿岸海域受到保護的區域只有百分之一，陸地上的保護區則有百分之十。加拿大的沿岸海域雖有百分之五畫為保護區，但其中三分之二卻都幾乎無人執法。世界自然基金會希望全世界有百分之二十的海洋能在二〇二〇年之前畫為禁捕區，保利也支持這項行動。全球的陸地目前有百分之十二畫為保護區，海洋則只有千分之六。

「在陸地上，我們都認為只有在特別指定的打獵區域才能打獵，」保利對我說：「我們也應該這麼對待漁場：海洋基本上應該禁止開發，只有少數指定區域可以開放捕魚。」與其授予大型捕魚公司捕撈配額而造成海洋私有化，我們應該開始把海洋視為公共信託的資產，而不是自由競爭的最後疆界，可供所有人恣意掠奪其中的資源。

在各種因應海洋危機的建議方案當中，增設海洋保留區是最有潛力的一項。既有的少數保留區早已產生驚人的正面效果，不但成為魚類和無脊椎動物的繁殖場，其中的豐富資源通常也會裨益鄰近區域。更重要的是，海洋保留區的前景非常看好。政治人物如果支持設立保留區，也許會得罪少數漁民，但卻會有更多人支持這種舉動，慶幸自己和後代子孫都因此得以瞥見海洋原本的面貌——在捕魚活動造成環境基準線下降之前的面貌。南非已承諾將該國海域的百分之二十畫為保護區；在設立了大量海洋保留區的紐西蘭，漁民更是早已成為保留區的強力支持者。

沃姆那篇預測世界各大漁場將於二〇四八年崩潰的論文雖然引起了許多關注，但媒體卻沒有提及論文裡的積極面。沃姆和他的同事發現，畫為禁捕區和海洋保留區的海域，生物多樣性逆勢提升了百分之二十三。而且，這種恢復成果是短短幾年內即可見到的現象。

換句話說，只要我們給予海洋稍微喘息的空間，未來還是充滿希望。

必須公開的資訊

海鮮選擇卡與環保標章雖然是絕佳的工具，卻只是開端而已。有一種極為有效的措施，不但可讓消費者獲得促成改變的力量，而且也非常容易落實：決策者只要強制目前慣於隱匿資訊的海鮮產業做到透明化即可。消費者如果不知道自己吃的海鮮來自何處，就永遠不可能做出明智的決定。

別的不提，至少歐洲與北美的海鮮產品標示標準應該效法日本。超市必須向顧客告知架上的海鮮是野生或養殖產品，是否經過醃漬、冷凍，還是剛捕撈的鮮魚。最重要的是，必須標示海鮮的捕撈地點（如果是養殖產品，則標示養殖地）。產品包裝上應該註明捕捉方式，例如採用手釣、漁籠，或是拖網。也應該明示物種名稱。（「低脂」不是鮪魚品種，「魚條」也不是分類學的名稱。）當然，海鮮廠商絕對不會揭露強制規定以外的資訊，原因很簡單：關注海洋問題的消費者可能會拒絕購買在東太平洋捕撈的長鰭鮪魚，因為那裡的巾著網經常把海龜和熱帶魚也都一併撈起；此外，這樣的消費者如果知道架上的鱈魚來自海盜猖獗的巴倫支海，也一定會立即轉身走開。野生海鮮已有海洋管理委員會的環保標章可供選購參考，但養殖海鮮也同樣需要有可靠的獨立機構加以認證。

從過去的經驗來看，只要有利可圖，零售商其實完全有能力標示商品的來源地。我在不列塔尼買到的那罐沙丁魚罐頭，上蓋就標示了捕撈的船隻名稱；我只花了三十秒上網搜尋，就找到了那艘漁船的圖片（也得以確認其所捕撈的魚群合乎永續標準）。歐洲海域早已採用了精細的標示技術，正如我在倫敦比靈斯門市場的鱈魚外箱上所看到的，拖網漁船都配備有一種叫做「海蹤」（Seatrace）的電腦系統，負責標示每一箱魚類或貝類，註明捕撈的日期與時間、品名與重量，還有捕撈的地點。這麼詳細的資訊也必須出現在超市的貨架上。

倘若人們繼續習慣於標示不清的海鮮、如果服務生和魚販都不知道他們供應的海鮮來自何處，那麼再多的海鮮選擇卡和公民宣導運動也救不了海洋。

明智的選擇

改變我們的飲食對象真的能夠對海洋有所助益嗎？

答案是肯定的，而且確實如此。

對我來說，已無法接受在無知的狀況下選購海鮮。我發現了太多的例子，只要認真追蹤盤中海鮮的來源，找出當初捕撈這條魚的魚鉤或漁網——或是飼養這條魚的養殖池——映入眼簾的就是一片殘敗荒涼的景象：紐約的烤鮟鱇魚，可以追蹤到被底拖網刮削成一片爛泥的大西洋海床；上海的清蒸曲紋唇魚，來自遭到氰化物與炸藥摧殘的珊瑚礁；美國購物中心的爆米蝦，則可以追溯到世界上若干最貧窮的國家，而且是紅樹林凋亡與飲水毒化的罪魁禍首。在世界各地造成這種景象的力量，就是人類的口腹之欲。許多深具破壞力的產業皆由此而生。

所以，你晚餐選擇吃什麼食物，確實會造成影響：一個明星廚師一旦選擇供應橘棘鯛這樣的深海魚，也會造成影響；一個美食作家盛讚黑鮪魚腹肉是人生中不可多得的美味，卻沒有提及黑鮪魚已瀕臨絕種，同樣會造成影響；一名連鎖超市的採購人員所採購的比目魚和庸鰈，如果來自遭到過度捕撈的魚群，絕對會造成影響。我們購買海鮮如果不用心瞭解商品來源——再把這樣的現象乘以數十億人口，那麼影響就真的非常非常深遠了。

不過，還有一個問題需要回答：海洋的狀況既然已經演變到當前這個地步，有心遵循環境道德的海鮮愛好者還有什麼東西可以吃嗎？

其實有，而且還不少。儘管許多海鮮含有持久性有機汙染物與殘留的抗生素，也可能有足以造成癡呆的水銀以及會累積在視網膜裡的人工色素，而且漁業破壞了海洋食物網，大型掠食性魚類也在人類的捕撈下近乎絕種，但我還是沒有從此戒除海鮮。實際上，我現在一周至少吃四餐海鮮，比我踏上這趟旅程之前還頻繁。我每從飲食清單上刪掉一種海鮮，總不免再加上其他幾種。

這就是海鮮的迷人之處：選擇種類無窮無盡。一如勃艮地葡萄酒與生乳酪，海鮮也需要細細鑑賞，要料理得好也需要高超的廚藝。海鮮裡各種美味胺基酸的組合變化萬千，經過調味與烹煮之後所幻化出的結果更是讓人料想不到。這就是為什麼海鮮料理經常被視為烹飪的最高境界，因為海鮮料理永遠充滿了挑戰，絕不會落入一成不變的窠臼。海鮮愛好者在飽餐之餘，絕不會覺得進食只是例行公事。

吃了一年半的海鮮之後，我現在覺得好得不得了。儘管我有幾個月的時間冒險吃了不少危險的東西，包括在名稱裡有「R」字母的月分大啖牡蠣，乃至享用了一頓劇毒的河豚自助餐，但除了一、兩次稍微腹痛之外，並沒有什麼不良的後果。而且，自從我開始每天吞兩顆精萃的奧米加三脂肪酸魚油錠以來，更覺得自己好像換了一顆新大腦一樣。（也許真是如此：我神經元裡那些原本的奧米加六脂肪酸都已受到高品質的奧米加三脂肪酸取代，不但更有彈性，神經傳導的效果也較佳。）我精力充沛，而且情緒高昂。我身體的感覺也變了，彷彿身上的脂肪與肌肉都重新分配到了比較有用的部位。我走在肉食性的人們之間，只覺得結實又靈巧，就像是在海牛群裡東奔西竄的鮪魚。在我年歲更增之後，也許還會感受到其他效益：奧米加三脂肪酸能夠降低免疫系統的發炎反應，從而減少癌症與心臟病的發生機率；還可預防血塊，降低罹患中風的危險。公衛官員愈來愈支持我的看法：美國心臟協會建議心血管疾病患者每周至少吃兩份魚，尤其是鯖魚、鱒魚、鯡魚及沙丁魚這類油脂豐富的魚類。瑞典的一份研究指出，每周吃兩次沙丁魚的人，罹患前列腺癌的機率比一般人減少百分之五十。現在，英國食品標準局也建議民眾每周吃兩次魚，即使懷孕婦女也不例外。

儘管如此，我吃的海鮮種類卻與過去完全不同。我原本吃的海鮮，有許多都被我畫上了大叉。我現在知道，就算攝取再多的奧米加三脂肪酸，也彌補不了吃下水銀可能造成的神經損害；而劍旗魚、鮪魚、馬頭魚以及石斑這類壽命較長的魚類，體內的水銀含量通常也比較高。我已得知許多工業化養殖的海鮮含有大量的戴奧辛與多氯聯苯，可能提高罹癌風險，所以我不吃從開發中國家進口的鰻魚、蝦、鯰魚等養殖產品。那些地區的養殖場為了提高產量不擇手段，我們又缺乏完善的檢驗措施，所以食用這類海鮮，必然不免吞進不少危險的抗生素與殺蟲劑。

除此之外，我也揚棄了其他不少種類的海鮮，原因是我親眼目睹了人類捕撈這些海洋生物的行為，對地球造成了多大的代價。在我看來，食用底拖網捕撈的橘棘鯛或鮟鱇魚，就像吃叢林肉或猴腦一樣令人作嘔。現在，我只要看到包裝精美、肉色粉嫩的養殖鮭魚，就不禁聯想到滿是海水魚虱的亞成鮭，以及野生王鮭、銀鮭、粉紅鮭等，都可能因為養鮭業的危害而絕種。（基於我在英屬哥倫比亞看到的景象，如果我在長途飛行期間發現機上餐點只有牛肉和鮭魚兩種選擇，那麼我寧可餓肚子。）而且，我以前雖然很愛吃蝦子，現在卻是幾乎碰都不碰。如果是養殖蝦，我耳裡就會響起坦米爾那督那些村民的話聲，陳述著被迫生活在養蝦場旁而因此感染的各種疾病。如果是野生蝦，那麼我腦海中就會浮現數以噸計的混獲魚類——包括魟魚乃至鯊魚——傾倒在拖網船甲板上的影像。

繞了地球一圈，我現在奉行的是底食原則。那些大魚需要喘口氣。我不會再吃食物鏈頂層的魚類，尤其是大型掠食魚類，包括鮪魚、鱈魚、石斑、鯊魚、劍旗魚。在許多地方，這些魚類都已被捕撈到只剩全盛時期的十分之一。放棄這些美食算不上是太大的犧牲，反正我的身體也不需要食物鏈頂層魚類體內所含的那些毒素。繼續吃這些魚類只會促成無可預期的營養階層崩落與物種滅絕，最終導致我們只有花生醬水母三明治可以吃。

所幸，我每棄絕一個食物鏈頂層的物種，總是能夠再加上幾種較為底層的物種。現在，我熱愛沙丁魚，尤其是野生現烤的沙丁魚，或是依古法製作的沙丁魚罐頭，連同牛油一起塗在酸麵包上吃。只要有哪一家餐廳能夠以充滿創意的方式料理海膽、鯖魚，或是魷魚，我就願意特地繞路去吃。在蛤蜊、圓蛤、竹蟶以及淡菜當中，我也發現了一片美味的新天地。我還學到了一項絕佳的生活樂趣：花個幾天的時間蒐羅食材，然後料理出完美的魚湯。此外，我也不必終生不吃炸魚配薯條：線釣的黑線鱈不但是合乎永續標準的選擇，而且我覺得比鱈魚還好吃。我意外發現速食餐廳的魚堡竟然採用合乎永續標準的阿拉斯加狹鱈，也愛上了橡木煙燻鯡魚、白醬鯡魚、以及浸泡清酒的裸蓋魚。現在，我特別愛吃鯷魚和鯖魚這類油脂豐富的魚類，因為這種魚富含奧米加三脂肪酸，又少有毒素。我如果在餐廳的菜單上看到水母沙拉，也必定會點來吃。

不過，老實說，我現在朝思暮想的餐點是：一打貝隆生蠔，撒上一點點胡椒，接著是一尾烹調得恰到好處的大西洋龍蝦，甜美的肉沾上融化的牛油。

當然，食用食物鏈底層的生物是種德行，但其實更是一種享受——所以我才會相當自豪地宣稱自己是底食動物。

附錄

海鮮挑選指南

在海鮮的挑選上，知識就是力量。不過，即便是經驗豐富的買家，選購的時候也還是不免感到困惑。一個物種的捕撈在某個季節也許合乎永續標準，到了其他季節卻可能不然，而且現在養殖的海鮮種類愈來愈多，養殖條件也不完全令人放心。所幸，只要有決心以健康又合乎環境道德的方式海鮮，還是有許多工具可為我們提供輔助。這些工具包括各地印行的海鮮選擇卡（通常一年更新兩次），還有在餐廳或魚市場內可由手機連線瀏覽的網站。

網站

www.seafoodwatch.org（或搜尋「Seafood Watch」〔水產監控〕）

蒙特瑞灣水族館印行的水產監控卡看起來一目瞭然，把美國最常見的海鮮種類分列於三個欄位中：紅色代表「避免食用」，黃色代表「替代選擇」，綠色代表「最佳選擇」。這份水產選擇指南只有皮夾大小，內容依據美國各地區而有所不同，讀者可按照自己的所在地下載列印，或是直接在網站上鍵入海鮮名稱進行搜尋。這個網站經常更新，內容豐富完整，對於各種海鮮的評鑑標準都有詳盡的說明文件，也詳列了各種漁具造成的問題。此外，這個網站也可以透過手機或其他行動裝置瀏覽。

許多廚師雖然聲稱自己供應的是永續海鮮，他們的菜單裡卻可能充滿了問題重重的海鮮種類。蒙特瑞灣水族館的網站經常有廚師的介紹專文，包括瑞克・目南（賭城）、巴爾頓・席維（Barton Seaver；華府）、史都華・布里歐薩（Stuart Brioza；舊金山），以及蜜雪兒・伯恩斯坦（Michelle Bernstein；邁阿密）。這些廚師在追求廚藝之餘，也都真心關懷海洋環境的健全。若要在自家附近找尋海鮮餐廳，可以先到這個網站看看。

www.msc.org（或搜尋「Marine Stewardship Council」〔海洋管理委員會〕）

這個獨立組織評估世界各地的捕撈漁業（即野生而非養殖海鮮），合乎標準者即給予認證。儘管環保人士對某些認證對象有所質疑（尤其是紐西蘭的藍尖尾無鬚鱈和阿拉斯加狹鱈等大規模漁業），但該委員會的環保標章仍是目前最可靠的海鮮選購參考。委員會的網站上介紹了全球二十個永續經營的漁場，採購海鮮也別忘了認明他們的藍白標章，現在也可在沃爾瑪販售的海鮮商品上看得到。

www.fishbase.org（或搜尋「FishBase」〔魚庫〕）

同一種水中生物可能有很多名稱，從而造成選購海鮮的困擾。一個由許多研究機構共同組成的國際團體，因為科學研究的需要而建構了一套可搜尋的資料庫，蒐集了全球三萬種水中生物的資料。讀者如果見到陌生的魚類名稱（例如「squeteague」），只要到這個網站搜尋，即可找出各種俗名與拉丁文學名（「squeteague」就是犬牙石首魚，學名「*Cynoscion regalis*」）。然後，你還可以由此點進介紹網頁，可見到這種魚的概述與照片，還有棲地與生態條件的資料。魚庫的製作團隊還設立了另一個網站，網址為「www.seafoodguide.org」，使用簡易，可在其中找到不同國家的海鮮指南，而且格式適合在手機上瀏覽。

www.iucnredlist.org（或搜尋「World Conservation Union」〔世界保育聯盟〕）

這個保育組織的總部位於瑞士，其網站上可搜尋目前受威脅的水中生物。你喜愛的海鮮如果被列為「VU」（易受害），甚至「EN」（瀕絕）或「CR」（緊急瀕絕），那麼在選購之前請先三思。若想瞭解各種海鮮物種的狀態，都可先到這個網站查詢。

www.gotmercury.org（或搜尋「Got Mercury」〔水銀中毒〕）

這個網站上的計算器可讓你知道自己從海鮮裡吸收了多少水銀。只要輸入你吃的海鮮名稱，還有你的體重以及餐點分量，這個網站就會根據美國環保署的標準，幫你算出本周吸收的水銀量相較於安全限度的百分比。（美國環保署規定海鮮的水銀含量不得超出1ppm（百萬分率），與世界各國相較其實偏高；泰國的標準是美國的一半，英國更只允許0.3ppm。）利用這個計算器可以獲得許多值得注意的資訊：你如果吃一罐一百七十公克重的長鰭鮪罐頭，吸收的水銀量即達當周安全限度的百分之一百三十；但沙丁魚卻可吃上四公斤，相當於三十六個沙丁魚罐頭的重量，才會吸收到同樣的水銀量。

海鮮選購原則

你的居住地如果深處內陸，那麼一定要小心廉價的海鮮。這樣的海鮮很可能是養殖產品，而且在送上餐桌之前可能也經過了好幾次的冷凍與解凍。

不要買遠道而來的海鮮。海鮮商品耗費的運送燃料愈多，就愈不該買。

不要買壽命較長的掠食性魚類（如鯊魚、劍旗魚、智利海鱸、鮪魚），因為這種魚類體內的水銀含量通常最高。

不要買養殖的蝦、鮪魚、鮭魚，以及其他以水中生物飼養的海鮮。這種海鮮通常含有較多的戴奥辛及其他持久性有機汙染物。餵食植物蛋白的海鮮是比較好的選擇，例如吳郭魚、鯉魚、鯰魚。

在北美與歐洲，最好選擇本國養殖的海鮮。（這些國家在添加物、水質以及環境衝擊方面的標準通常比較嚴格。）

可以的話，請選購有機養殖的鮭魚、鱈魚及鱒魚。這種養殖法的養殖密度較低，也比較少添加化學藥劑。

最後一點，請選購鯖魚乃至牡蠣這類食物鏈下層的海鮮。食用食物鏈底層的海鮮不但有益健康，也有利於海洋的長期健全。

面對服務生或魚販所應該提出的問題（應該只要三個問題以內，就足以讓你做出明智的抉擇。）

問題一：請問這條魚是野生還是養殖的？

如果是野生的：

問題二：請問是在哪一座海洋捕撈的？捕撈之後又是在哪個國家的哪個漁港上岸的呢？

問題三：這條魚是用什麼方法捕撈的？（手釣嗎？還是拖網？）

如果是養殖的：

問題二：是本國養殖還是國外進口的？

問題三（如果是國外進口的）：是從哪個國家進口的？

你如果找得到有能力也願意回答這些問題的魚販或餐廳業者，以後就固定向這家業者消費。

捕魚方式大解析

要在海鮮選購上做出明智的抉擇，首先必須知道海鮮的捕捉方式。各種捕魚方式都一定會對環境造成衝擊，而衝擊的程度則取決於使用的漁具。無論是把別針彎折之後拿來當成魚鉤，還是使用足以撈起一幢麗池飯店大樓的底拖網，都各自會對環境產生不同的影響。下列各種捕魚方式的評價大致符合漁民的看法，依據論文〈漁具選擇〉（Shifting Gears）的分類，按照環境衝擊程度由低至高的順序介紹。

優良的捕魚方式

手釣：一條釣魚線綁上一只帶餌魚鉤，大概是環境衝擊最小的捕魚方式。如果釣上來的魚不是自己要的，也可以馬上拋回水裡，而不至於傷及其性命。手釣又稱為竿釣或手釣絲捕魚法，與延繩釣法不同。

曳繩釣：英屬哥倫比亞的漁民比利．普羅特大半生的捕魚生涯，都駕著曙海號這艘美麗的曳繩釣漁船捕捉鮭魚。這種漁船拖行著許多釣繩，經常用於捕捉鬼頭刀、太平洋鮭魚以及長鰭鮪魚。曳繩釣很少會有混獲的情形發生，因為這種捕魚方式和手釣一樣，漁民只要發現上鉤的魚兒種類不對，即可將其從魚鉤上取下，放回海裡。

魚叉和潛水採集法：就避免混獲而言，魚叉是種深富運動性的絕佳方法，是技術高超的漁民用於捕捉鮪魚、劍旗魚及其他大型魚類的方式。徒手潛水及水肺潛水員（例如採集鮑魚或者在沉船周圍捕捉石斑的潛水人）自然也不會有捕錯對象的問題。不過，這類捕魚方式仍有可能遭到濫用：捕鯨船以工業化的魚叉捕殺鯨魚，不少地區的龍蝦及其他無脊椎動物也遭到水肺潛水員捕捉一空。

巾著網：葡萄牙的沙丁魚漁船領袖號，就是一艘巾著網漁船。無論是體型微小的鯷魚還是巨大的鮪魚，這種漁船可利用回音聲納偵測魚群所在處。鎖定目標之後，再以巨大的漁網圍住魚群，很少出現混獲情形。

不過，巾著網漁船如果使用集魚器（通常是裝設著燈標的木條或木框），就沒有避免混獲的效果了。外海的魚隻喜歡聚集在這種漂浮物周圍，所以鮪魚漁船一旦使用集魚器，漁獲量即可比傳統巾著網漁船多出五十倍，但其中經常混雜了鬼蝠魟和幼鮪魚。東太平洋與印度洋的鮪魚漁業都高度仰賴集魚器，所以對鮪魚罐頭最好還是敬而遠之。

但整體而言，巾著網還是工業化漁業最優良的一種捕魚方式，尤其是捕捉鯷魚、沙丁魚、鯡魚等小型群聚魚類的巾著網。

漁籠：漁籠的使用方式是在裡面擺上餌料，沉於水底，並且用線綁著漂浮在水面上的浮標以標示位置。漁籠有大有小，小的像是我在聖瑪格麗特灣看到龍蝦漁民羅恩·哈尼胥所使用的小木籠，只裝得下二三十隻龍蝦；大的則可以像是白令海的巨型金屬「罐」，可同時捕捉數百隻帝王蟹。設計良好的漁籠會有小門讓幼仔逃脫。漁籠的混獲比率相當高，而且一旦因為暴風雨而在水中翻滾或是在海底拖行，即可能對棲地造成破壞。

不怎麼好的捕魚方式

中層拖網：拖網是圓錐形的漁網，由工業漁船拖行捕魚，一次可拖行達數小時之久。就混獲及破壞環境的程度而言，拖網堪稱是最惡劣的漁具。在各種拖網漁具當中，惡性最輕微的是中層拖網（阿拉斯加狹鱈漁業就是採用這種拖網），不會有刮削海底的問題。

延繩釣法：工業漁船會把延繩上的魚鉤一一掛上餌料，然後投入水裡，任其「浸泡」二十個小時之久。延繩可長達九十五公里，可掛載多達三萬個魚鉤。儘管延繩釣法已有所改善，例如以避鳥繩防止海鳥搶食釣餌，但不考量環境衝擊而任意投置的延繩，仍常誤捕數以百計的其他生物，許多革龜就因纏上釣繩而溺斃。表層延繩投置於水面，是世界各地誤殺鯊魚的罪魁禍首。相較之下，底層延繩（綁上鉛錘以沉至海底）長度較短，對鯊魚的衝擊較小，也不至於影響鳥類與哺乳動物。

刺網：地中海漁民克里斯多福・霍茨捕捉馬賽魚湯所需的赤鮋，使用的就是刺網。這是一種半透明的垂直簾幕，以鉛錘沉降於水中，通常今日布網，明日收網。魚兒如果游過網眼，就會遭到網上的刺勾住。就我在地中海所看到的，幾乎任何東西都逃不過刺網的糾纏，所以刺網捕魚的混獲比率通常相當高。根據估計，北大西洋隨時都有八千七百公里的刺網設置於海床上。

拖撈網：韋德・墨菲船長在切薩皮克灣向我示範過一面小拖撈網的用法。那是個鋼框網袋，下緣設有尖齒，隨著船隻拖行而刮削海底。工業船隻拖行大型拖撈網捕撈海底的貝類，已經摧毀了許多海洋生物的脆弱棲地，而且很可能沒有挽回的機會。在干貝漁業的拖撈網摧殘下，北大西洋沿岸海底有許多地區都已淪為一大片的泥濘荒原。

惡劣的捕魚方式

流網，又稱幽靈網：日本魷魚漁民在一九八〇年代期間布於太平洋的流網，彷彿一面面的「殺人牆」，長度可達九十公里，纏捲了為數龐大的鯊魚、鮭魚、海鳥以及鮪魚。雖然一九九二年聯合國頒布禁令，禁止於國際海域使用流網，這種漁網卻沒有從此銷聲匿跡，美國與歐洲還是允許在沿岸海域使用。幽靈網是海洋裡的毒瘤，不但經常纏住船隻的螺旋槳，棄置的幽靈網也仍然不斷危害海中生物。

炸藥與氰化物：這兩者都是摧毀珊瑚礁的頭號工具。漁民利用炸藥或毒物擊昏礁魚，以便撈起之後賣給活魚餐廳。在這種捕魚方式的摧殘下，珊瑚不是炸成粉碎，就是暴露於氰化物之下而在幾周後死亡。亞洲餐廳裡供應的活魚，包括石斑、曲紋唇魚、鸚哥魚及其他熱帶魚，通常都是以這種方式捕捉而來。

底拖網：底拖網在加拿大大西洋區稱為「耙網」，是一種拖行於海底的漁網。在拖網捕魚已有長久歷史的淺水處，使用底拖網也許還算可以接受：因為真正的損害也許早在數十年前就已經造成。幾乎各種拖網的混獲比率都非常高。

至於公海上的底拖網，則是漁業界的大規模毀滅性武器。隨著新科技的發展，現在船隻已能夠在各式各樣的海底環境上拖行門扇重達數噸的拖網，把科學家都還沒機會研究的各種生物捕撈一空。被底拖網撈起的生物，包括壽命一百五十年的橘棘鯛以及長達千年的珊瑚，都是長壽而且再生緩慢的物種。

公海上的底拖網漁船每天摧毀一千五百平方公里的海床。目前在公海上從事底拖網漁業的國家包括冰島、俄羅斯、日本、紐西蘭、西班牙、葡萄牙、丹麥、挪威。聯合國曾在二〇〇六年提案暫時禁止公海上的底拖網捕魚活動，但加拿大、中國與南韓為了保護本國的近岸拖網漁船，全都表態反對這項提案。

海鮮分類表

道德海鮮指南與網站通常把市場和餐廳裡販售的水產品區分為「最佳選擇」、「替代選擇」以及「避免食用」三類。我吃海鮮十年，又花了一年半的時間走遍世界各地的市場和餐廳，對於哪些海鮮合乎永續標準也有了一套自己的看法。以下的分類雖然參考了各大海鮮選購指南，但主要還是我個人的觀點，按照我的食用頻率區分各種常見的海鮮。各個條目末尾的粗體字，表示這種海鮮會有的問題，括號裡的數字則是其平均營養階層——也就是在食物鏈當中的位階，最低為1，最高為5，其判定標準是這種生物的食用對象。營養階層愈高的生物通常過度捕撈的情形愈嚴重，體內含有汙染物的風險也愈高（少數例外）。

絕對不吃

黑鮪魚：黑鮪魚遭到過度捕撈的情形非常嚴重，也已被國際自然保育聯盟列為緊急瀕絕物種。「養殖」黑鮪魚其實是把還來不及生育的野生幼鮪捕來飼養，而且還必須用小魚當飼料。**水銀含量高。**（4.4）

大西洋鱈魚：西大西洋的鱈魚魚群多已崩潰，而且沒有復甦的跡象。加拿大政府已把大西洋鱈魚宣告為瀕絕物種，喬治沙洲（Georges Bank）與緬因灣的鱈魚更被視為必須迫切予以管理的問題。北美超市的冷凍鱈魚，有些來自斯堪的那維亞半島以北的巴倫支海，是非法捕魚活動相當猖獗的區域。替代性的選擇則是價格昂貴的有機養殖鱈魚，來自斯堪的那維亞半島及蘇格蘭的養殖公司。**海盜捕魚活動猖**

獵；常遭底拖網捕撈。（4.3）

大西洋庸鰈：這種深海扁魚的重量可達三百公斤，目前已遭拖網漁船捕撈至絕種邊緣。美國沿海與聖勞倫斯灣的魚群皆已崩潰，國際自然保育聯盟也將庸鰈列為瀕絕物種。水銀含量高；常遭底拖網捕撈。（4.5）

智利海鱸：又稱為小鱗犬牙南極魚。這種長壽深海魚深遭海盜捕魚活動所危害，目前只有一個漁場獲得海洋管理委員會的認證。除非你確知自己所吃的智利海鱸來自南極圈的南喬治亞島海域，並以延繩釣法在冬季捕捉（但你應該不可能知道這麼詳細的資訊），否則對這種海鮮最好敬而遠之。以延繩釣及底拖網捕捉；水銀含量高；海盜捕魚活動猖獗。（4.0）

石斑：石斑在佛羅里達州以西還有墨西哥灣都遭到過度捕撈，美國的石斑漁獲量有四分之三皆來自這兩個海域。（實際上，佛州市面上見到的石斑，大部分都是標示錯誤的無鬚鱈或波沙魚。）這種長壽的珊瑚礁掠食魚類，目前所知共有八十五個品種，遭受過度捕撈的情形特別嚴重，而且體內也經常累積毒素。夏威夷群島西北方的石斑漁場合乎永續標準。以延繩釣法捕捉，水銀含量高。（3.6）

鮟鱇魚：這種魚類在美國沿海遭底拖網過度捕撈的情形極為嚴重。加拿大與紐澤西則有採取刺網捕撈鮟鱇魚的小規模漁業，對海底的傷害較輕。鮟鱇魚也經常以垂釣魚或琵琶魚的名稱販售。以底拖網捕撈。（4.5）

橘棘鯛：這種深海魚的壽命可達一百五十年，深受公海底拖網漁船的過度捕撈，而且這些漁船也一再破壞脆弱而且復原緩慢的海底山。這種魚偶爾可在北美的高級餐廳吃到。澳洲政府在二〇〇六年將其列為受威脅的魚類。水銀含量高；以底拖網捕撈。（4.3）

鯊魚、角鯊：亞洲的魚翅湯市場已導致世界各地的鯊魚嚴重凋零。同樣遭到嚴重過度捕撈的角鯊、可以在超市裡買到，在英國則是以石鮭魚之名販售。鯊魚的生育率很低，而且大型近岸魚種的成長速度頗為緩慢，也需要很長的時間才能達到成熟。**水銀含量高；以延繩釣法捕捉**。（鼠鯊：4.5）

魟魚：魟魚和鯊魚一樣，不但生育數少，也遭到人類的過度捕撈。更糟的是，捕捉魟魚的單船拖網也是對海底破壞力極大的漁具。**以拖網捕捉；水銀含量高**。（滑鰩：3.5）

大鼻鰨：大西洋的比目魚、鰈魚、鰨魚等扁魚，由於在海床上遭到拖網捕撈，目前的狀況都不太樂觀。太平洋的扁魚（包括歐洲鰨與副眉鰈）則沒有過度捕撈的問題。**含有多氯聯苯；以拖網捕捉**。（3.1）

馬頭魚：有些馬頭魚魚群雖然遭到過度捕撈，但之所以該避免食用這種魚類，主要是因其體內含有高量水銀。吃一份一百七十公克重的墨西哥灣馬頭魚，吸收的水銀量即可達到每周安全限度的五點二倍。美國中部大西洋區捕捉的金馬頭是比較好的選擇。**水銀含量高**。（3.4）

看情形決定

鮑魚：世界各地販售的鮑魚，大多數都是盜捕而來。如果要買這種貝類，一定要確知是養殖的產品。加州、法國及新斯科細亞省有鮑魚養殖業。**非法捕撈**。（2.0）

鯷魚：水銀含量低，且富含奧米加三脂肪酸。市面上的鯷魚有罐裝、鹽醃、醋漬，以及浸泡在亞洲醬料裡的發酵產品。鯷魚雖然美味又營養，目前在北大西洋與地中海的數量卻已降至新低。在比斯開灣的漁場重新開放之前，最好不要吃鯷魚。**過度捕撈**。（3.1）

鯰魚：鯰魚為草食魚類，通常是養殖的產品。吃鯰魚，最好挑選美國南部各州養殖的美洲河鯰。市面上販售的波沙魚、虎頭鯊、鯊魚鯰、泰國鯰等亞洲鯰魚，都可能含有汙染物。**含有抗生素**。（3.8）

蛤蜊：養殖蛤蜊和牡蠣一樣是很好的食品，而大多數餐廳供應的蛤蜊也都是養殖產品。不過，罐裝蛤蜊卻常是以拖撈網捕撈，足以對海床造成永久的損害。盡量避免北極海和大西洋的北寄貝。**以拖撈網捕撈**。（2.0）

太平洋鱈魚：太平洋鱈魚是替代大西洋鱈魚的良好選擇。以拖網捕撈的太平洋鱈魚雖然也有少數混獲的問題，但大多數的太平洋鱈魚都是以不容易有混獲的底層延繩捕捉。**以拖網捕撈**。（4.0）

螃蟹：在主要掠食者紛紛消失的情況下，螃蟹目前的數量相當多。俄羅斯的帝王蟹大多賣給連鎖餐廳。**現有過度捕撈的問題**。（藍蟹：2.6）

黑線鱈：美、加兩國以底層延繩與手釣捕捉的黑線鱈是不錯的選擇（在炸魚配薯條餐點中更是鱈魚的極佳替代品）。只可惜，目前大多數的黑線鱈仍以拖網捕撈，混獲比例極高。**以拖網捕撈**。（4.1）

龍蝦：口味鮮甜的大西洋龍蝦通常是不錯的選擇，但在緬因灣有過度捕撈的問題。中美洲的刺龍蝦（或稱岩龍蝦）主要賣給連鎖餐廳，但這種龍蝦不但有過度捕撈的問題，還因為使用的漁具粗劣，導致許多潛水員因此死亡或傷殘。**社會衝擊**。（2.6）

鬼頭刀：又稱飛烏虎，這種體型龐大又色彩鮮豔的魚隻是良好的選擇，以手釣或曳繩釣捕捉的更好。進口的鬼頭刀則仍以混獲量高的延繩釣法捕捉，所以應盡量避免。捕捉鬼頭刀的延繩釣漁船也經常捕到月魚，但這種魚的水銀含量非常高。**以延繩釣法捕捉**。（4.4）

旗魚：相較於鮪魚、劍旗魚等各種受到釣魚運動捕捉的魚類，一般咸認成熟速度快的黑皮旗魚和紅肉旗魚承受捕撈壓力的能力較強。在夏威夷海域以延繩釣法捕捉的黑皮旗魚可以吃，但過度捕撈的大西洋旗魚則應避免。**以延繩釣法捕捉；水銀含量高。**（4.5）

章魚：成長速度快而且繁殖力強的章魚，在夏威夷都是以魚叉或手釣方式捕捉，少有混獲情形。不過，大多數的進口章魚卻都是以破壞力極大的底拖網捕撈。**以拖網捕撈。**（4.1）

岩魚：想在北美煮一碗馬賽魚湯是很難的事情，因為所有近似於地中海赤鮋的岩魚都已遭到拖網過度捕撈。可以接受的一種選擇，是太平洋西北部以手釣捕捉的黑岩魚。**以拖網捕撈。**（黑岩魚：4.4）

鮭魚：工業化養殖的鮭魚（市面上通常以大西洋鮭魚的名稱販售）不但把海水魚虱傳染給野生鮭魚、汙染沿海環境，所吃的飼料還是以野生魚類製成。吃養殖鮭魚也有害身體健康。要吃就吃受到永續捕撈的野生阿拉斯加鮭魚，通常製成罐頭，尤以紅鮭、銀鮭及粉紅鮭為主。英屬哥倫比亞的野生鮭魚則狀況較差。比起工業化養殖鮭魚，有機養殖鮭魚是比較好的選擇。**含有抗生素、多氯聯苯、戴奧辛；環境衝擊。**（紅鮭：3.7）

干貝：市面上的養殖干貝通常是來自亞洲與南美的海灣扇貝，這種干貝通常是不錯的選擇。大西洋干貝（市面上通常稱為巨扇貝）雖然沒有遭到過度捕撈，但抓取這種干貝的拖撈網卻會對海床造成破壞。**以拖撈網捕捉。**（2.0）

蝦：看到進口蝦要特別小心。如果是養殖蝦，則通常經過化學藥劑的處理，而且世界上若干貧窮國家也因為密集的養蝦池而深受汙染之苦。如果是以拖網捕撈的野生蝦，那麼混獲狀況可能非常嚴重。墨西哥在沙漠裡採用封閉系統養殖蝦子，是蝦養殖國當中比較好的榜樣。

一般而言，大型虎蝦或白蝦最好不要吃。來自加拿大與美國北部水域的小型野生蝦，包括北極蝦、粉紅蝦及牡丹蝦，是唯一可靠的選擇；不但數量豐富，混獲情形也已大幅減少。墨西哥灣的捕蝦業仍有高比例的混獲。此外，蝦也是少數膽固醇含量高的海鮮。社會與環境衝擊；混獲情形嚴重；含有抗生素及其他汙染物。（2.6）

笛鯛：遭到過度捕撈的紅笛鯛應該避免。這種魚類不但在美國的笛鯛漁獲量當中占了半數之多，而且主要都捕撈於墨西哥灣。市面上的疾鯛都是以手釣捕捉，狀況也比較好。在太平洋岸，遭到過度捕撈的岩魚（見先前條目）經常誤標示為紅笛鯛。**以延繩釣法捕捉；水銀含量高。**（疾鯛，4.0）

條紋狼鱸：大西洋沿岸的野生魚群經過一九九〇年代的復育，目前數量已達高峰。現在，有些條紋狼鱸也採用不會汙染海洋的封閉水槽養殖。**含有水銀、多氯聯苯。**（4.5）

劍旗魚：進口劍旗魚通常都是以缺乏規範的延繩釣法捕捉，所以應該避免；最好選擇捕自北美洲海域的劍旗魚。劍旗魚在佛羅里達州東岸沿海還有一個手釣絲漁場，在新斯科細亞省則有合乎永續標準的魚叉漁場。加拿大的劍旗魚每五條就有一條是以魚叉捕得。劍旗魚水銀含量非常高。**以延繩釣法捕捉；水銀含量高。**（4.5）

吳郭魚：吳郭魚原生於尼羅河，口味平淡，攝食植物性蛋白質，所以養殖吳郭魚不會減少世界上的動物性蛋白質總量。不過，亞洲養殖的吳郭魚通常經過抗生素、殺蟲劑與一氧化碳的處理。由於雄性吳郭魚可以在比較短的時間內成長到足以販售的重量（母魚則碾碎製成魚粉），因此許多吳郭魚都被注入甲基睪丸酮以造成性別改變。最好選擇美洲養殖的吳郭魚，因為美洲的養殖標準比較嚴格。**含有抗生素及其他汙染物。**（2.0）

鮪魚：市面上見得到的鮪魚有許多種，幾乎每一種都有其問題。罐頭裡的鮪魚通常以混獲量高的延繩釣法或集魚器捕捉。罐裝「白鮪魚」通常是長鰭鮪，水銀含量相當高。罐裝「淡鮪魚」比較好，尤其是鰹魚，因為鰹魚體型小、數量多，水銀含量也較低。黑鮪魚（見先前條目）已瀕臨絕種。大目鮪和黃鰭鮪的數量有減少的趨勢，而且多以延繩釣法捕捉。讀者如果可以確定自己吃的大目鮪或黃鰭鮪是以曳繩釣或手釣方式捕捉，那麼大可安心食用。不過，除非鮪魚罐頭業界開始標示自己販賣的鮪魚品種，否則消費者就必須非常小心。**混獲情形嚴重；水銀含量高。**（長鰭鮪：4.3）

盡量吃沒問題

北極紅點鮭、尖吻鱸：這兩種魚類都採取陸上的封閉系統養殖，不會汙染環境。尖吻鱸的奧米加三脂肪酸含量非常高。（4.3；4.4）

太平洋庸鰈：這種魚的數量目前正達三十年來的高峰，阿拉斯加的底層延繩釣漁業也獲得海洋管理委員會的認證。和遭到過度捕撈的大西洋庸鰈比較起來，太平洋庸鰈是極佳的替代選擇。（4.1）

鯡魚：大西洋鯡魚現在多以中層拖網捕撈，魚群相當健全。鯡魚富含奧米加三脂肪酸，毒素含量低，常見的吃法有燻鯡魚、醃鯡魚捲、所羅門拼盤。（3.2）

水母：看到就吃，吃愈多對海洋愈有益。常見於亞洲料理中，通常做成沙拉或開胃菜。（2.0）

鯖魚：鯖魚成熟速度快，繁殖量也多，而且味道鮮美、油脂豐富，現在已愈來愈受到廚師的喜愛。捕自大西洋的馬加鰆勝過墨西哥灣的鯖魚，因為後者通常含有水銀。（3.6）

烏魚：烏魚通常捕撈於佛羅里達與路易斯安那州沿海，採用小網，少有混獲情形。（2.1）

牡蠣，淡菜：全世界的牡蠣只有百分之五是養殖的。（其他不是以鉗子採集，就是以拖撈網捕

撈。）淡菜與牡蠣可清潔海水，縮減死亡海域的面積，而且養殖過程不必使用化學藥劑。（2.0）

狹鱈：美國的狹鱈漁場位於白令海，皆以中層拖網捕撈，並且獲得海洋管理委員會的認證。狹鱈常被當成仿蟹肉出售，也是速食魚堡及魚條常用的魚類。（3.4）

裸蓋魚：市面上也常稱為黑鱈（但可不同於大西洋上違法捕撈的「黑鱈魚」）。這種肉質柔嫩的太平洋魚類採底層延繩釣法捕捉，不但合乎永續標準，也獲得海洋管理委員會的認證。現在也有養殖的裸蓋魚。（3.8）

沙丁魚：數量豐富的群聚魚類，以浮游生物為食，不但捕撈合乎永續標準，而且富含奧米加三脂肪酸。無論是罐裝沙丁魚還是烤沙丁魚，都是美味營養的餐點。又稱為小鯡魚、黍鯡、皮爾徹德魚。（2.6）

魷魚：由拖網與手釣法捕捉的魷魚並未遭到過度捕撈，但其數量可能隨著海洋環境的變化而增減。就目前來說，倒是可以放心吃炸魷魚圈。（3.4）

鱒魚：美國的虹鱒魚幾乎全是養殖產品，主要養殖於愛達荷州。鱒魚和鮭魚一樣是肉食魚類，可是因為鱒魚養殖在內陸池塘裡，所以對環境幾乎不造成衝擊。（4.4）

藍鱈：只要抓到機會就盡量多吃，因為現在這種魚的用途非常浪費，都被碾碎製成魚粉。其他可吃的餌料魚包括毛鱗魚、祕魯鯷魚以及玉筋魚。這些魚的汙染物含量都很低，裹上麵糊油炸也都很美味。（藍鱈：4.0）

致謝

寫作《海鮮的美味輓歌》一書的構想，始於一艘擱淺在落磯山脈裡的漁船上。我要感謝那艘漁船的船長，薩克屯的Thomas Hayden，他和我分享了他在海上的見聞，並且鼓勵我按照自己的方向前進。

我為了這本書必須在短時間內大量吸收新知，Boris Worm與Heike Lotze、Martin Willison、Daniel Pauly，還有英屬哥倫比亞大學漁業中心的團隊，向我簡要介紹了目前海洋面臨的若干重大問題。特別感謝紐約的Mary Turnipseed和維吉尼亞的Emmett Duffy為我提供的專業評論。

另外還有許多人也都慷慨撥出時間和我分享他們的知識，包括世界野生動物基金會的Sergi Tudela和Benoit Guerin；Harekrishna Debnath、Vandana Shiva、Nimmy Paul、R. Kumar以及印度營養、教育及健康行動協會的團隊；哈伯茲的Laura Harnish；日本的Richard Hosking；維戈的Tim Wyatt；英屬哥倫比亞的Steve Romaine與Wilfram Swartz；布勞頓群島的Billy Proctor；伍茲郝爾的Donald M. Anderson；藍色海洋研究所的Carl Safina；還有鯨豚保育協會的Erich Hoyt。Zat Liu與Crystyl Mo大方地帶我接觸上海美食。Yumi

Terashima和Warren Thayer在東京為我提供了絕佳的口譯服務；特別感謝Katsundo Kaneko在河豚追思會熱情接待我。海底安全協會的Robert Izdepski為我熱切地講述了中美洲龍蝦潛水夫的艱苦生活。還有Lyn Rae與Hillary Butler，非常謝謝你們。

感謝那些讓我長達數月的旅程充滿樂趣的人：倫敦的Di Bligh、上海的Toffler Neimuth、巴黎的Alexandra Limiati與Guillaume Blanchaud，以及東京的Jennifer Menard。我要向Scott Chernoff獻上無盡的謝意。他對日本文化的深入見解、精闢的評論，還有適時提供的報紙頭條，都令我獲益良多。一如以往，特別感謝Paul Grescoe一遍又一遍細細審讀我的作品，不厭其煩地刪改校正。

感謝我的編輯：包括紐約的Colin Dickerman與Kathy Belden、多倫多的Jim Gifford，以及Lorraine Baxter。由於他們的鼓勵支持與專業意見，還有Janet Biehl和Greg Villepique的敏銳眼光，《海鮮的美味輓歌》才得以成書。我也要向經紀人Michelle Tessler道謝及致意，她不但擁有無盡的精力，更以無比的勇氣面對了一盤紐約中央車站牡蠣餐館的貝類。

衷心感謝那些被我纏問不休的漁夫，願意耐心回答我的問題。

如果沒有Audrey Grescoe的協助，這本書一定不可能完成。暱稱斑點獵犬的她，在探究事實與釐清複雜議題上的敬業與熱切，還有出眾的才智，一再讓我嘆為觀止。她不僅擇善固執，也總是能夠適切展現她精明的頭腦，不愧被稱為善於緊追獵物的獵犬。

最後，我要感謝Erin Churchill。在我東遊西蕩的海洋之旅上，她花了許許多多的時間謄寫我的訪談，不時也加上風趣的註解。她的耐心和鼓勵，是我每天的動力來源。沒有她的愛和信心，《海鮮的美味輓歌》絕對不可能誕生。

名詞對照表

東非小沙丁魚	African sardinella	大西洋龍占	Atlantic emperor
阿拉斯加狹鱈	Alaskan pollock	大西洋庸鰈	Atlantic halibut
長鰭鮪	albacore	大鼻鰨	Atlantic sole (*Pegusa lascaris*)
仔鮭	alevin	平滑老板鱝	Barndoor skate
金眼鯛	alfonsino	金梭魚	barracuda
短吻鱷	alligator	尖吻鱸	barramundi
紅點鮭（石川馬蘇大麻哈魚）	amago	波沙魚（低眼無齒巨鯰）	basa
紅甘鰺	amberjack (*Seriola dumerili*)	象鮫	basking shark
美國龍蝦	American lobster	鱸魚	bass
祕魯鯷	anchoveta	海灣扇貝	bay scallop
阿帕契鉤吻鱒	Apache trout	貝隆生蠔	Belon oyster
北極紅點鮭	Arctic char	大目鮪	bigeye
諾亞魁蛤	arkshell (*Arca noae*)	短肢領航鯨	black fish
亞洲鯉	Asian carp	博氏喙鱸	black grouper
亞洲鯰	Asian catfish	黑斑紅鱸	blackened redfish

盲蝦	blind shrimp
盲白蝦	blind white shrimp
藍蟹	blue crab
黑皮旗魚	blue marlin
藍舟形藻	blue navicule
藍蝦	blue shrimp
青大眼梭鱸	blue walleye
藍鯨	blue whale
藍鱈	blue whiting
黑鮪	bluefin tuna
地中海鱸	branzino
菱鮃	brill
鹹水蝦	brine shrimp
黍鯡	brisling
公牛白眼鮫	bull shark
鯧魚	butterfish
太平洋細齒鮭	candlefish
柳葉魚	capelin
角叉藻膠（卡拉膠）	carageenan
鯉	carp
蕨藻	*Caulerpa*
總狀蕨藻	*Caulerpa racemosa*

紫杉葉蕨藻	*Caulerpa taxifolia*
六線黑鱸	chain-gang sea bass
美洲河鯰	channel catfish
夏龐	chapon
櫻桃核蛤	cherrystone clam
智利海鱸＝小鱗犬牙南極魚	Chilean sea bass ＝ Patagonian toothfish
中華絨螯蟹	Chinese mitten crab
白鱀豚	Chinese river dolphin
狗鮭（大麻哈魚）	chum
慈鯛	cichlid
蝦蛄	cigale de mer (slipper lobster = flat lobster)
雪茄鮫	cigar shark
鯡科	Clupeidae family
銀鮭（銀大麻哈魚）	coho salmon
櫛水母	comb jelly
九帶鮨	comber
烏魚	common gray mullet
康吉鰻	conger eel
網茅（互花米草）	cord grass
鸕鷀	cormorant

叉頭燕魟	cownose ray	江鱈	eel-pout (*Lota lota*)
螃蟹草	crabgrass	龍占	emperor fish
近江牡蠣	*Crassostrea ariakensis*	副眉鰈	English sole (*Parophrys vetulus*)
長牡蠣	*Crassostrea gigas*	長鬚鯨	fin whale
美東牡蠣	*Crassostrea virginica*	副唇魚	flasher wrasse
彎月蠔	creuse	扁魚	flat fish ; flatfish
馬塔訥蝦	crevettes de Matane	扁蠔	flat oyster
石首魚	croaker	赤鰈	flathead flounder
白帶魚	cutlass fish	比目魚	flounder
切喉鱒（克氏大麻哈魚）	cutthroat trout	稚鮭	fry ; parr
墨魚	cuttlefish	鰾	gas bladder
雅羅魚	dace	象拔蚌	geoduck
鑽紋龜	diamondback terrapin	大型亞洲鯉	giant Asian Carp
矽藻	diatom	巨螯蟹	giant crab
鰭藻	dinophysis	鞍帶石斑	giant grouper
角鯊	dogfish	巨扇貝	giant scallop (*Placopecten magellanicus*)
歐洲鰨	Dover sole (*Solea solea*)		
都柏林灣匙指蝦	Dublin Bay Prawn	鰻苗	glass eel
灰色白眼鮫	dusky shark	秋姑魚	goat fish
越前水母	echizen kurage	金馬頭魚	golden tilefish
大葉藻	eelgrass	金鱒（阿瓜大麻哈魚）	golden trout

柳珊瑚	gorgonian	斑海豹	harbor seal
草蝦	grass shrimp ; *Penaeus monodon* = giant tiger shrimp（虎蝦）	鯡	herring
		藍尖尾無鬚鱈	hoki
烏魚	gray mullet (striped mullet)	跳蝦	hopper
大藍鷺	great blue heron	竹莢魚（真鰺）	horse mackerel ; seki-aji
青蟹	green crab	鱟	horseshoe crab
綠色犬牙石首魚	green weakfish	大翅鯨	humpback whale
馬舌鰈	Greenland halibut	斑點貓鯊	huss (*Scyliorhinus stellaris*)
鼠尾鱈	grenadier	金帶花鯖	Indian mackerel
石斑	grouper	日本的鯛	John Dory (*Zeus faber*)
海鳩	guillemot	紅甘鰺	kampachi
角魚	gurnard (Triglidae) ‖ galinette	腰鞭毛藻	*Karenia brevis*
黑線鱈	haddock	巨藻	kelp
盲鰻	hagfish	虎鯨	killer whale
大閘蟹	hairy crab	帝王蟹	King Crab
多絲莖角	hairy seadevil	王鮭（大鱗大麻哈魚）	King salmon ; chinook
無鬚鱈	hake	陸封紅鮭（紅大麻哈魚）	kokanee
鱵（水針魚）	halfbeak	磷蝦	krill
庸鰈	halibut	斑節蝦	kuruma shrimp
黃尾鰺（鰤）	hamachi ; yellowtail	八目鰻	lamprey
雙髻鯊	hammerhead shark	革龜	leatherback turtle

小頭油鰈	lemon sole	僧海豹	monk seal
狗母魚	lizardfish	淡海櫛水母	*Mnemiopsis leidyi* (North American comb jelly)
泥鰍	loach		
潛鳥	loon	鮟鱇	monkfish
鯖	mackerel	鯙	moray eel (Muraenidae)
鬼頭刀	mahi-mahi ; dolphinfish	鋸緣青蟳（紅蟳）	mud crab
緬因蝦	Maine shrimp	特異海姑蝦	mud lobster
灰鯖鮫	mako shark	骨螺	murex shell
海牛（儒艮）	manatee	淡菜	mussel
鬼蝠魟	manta ray	薄氏鉤鰕虎	naked goby
螳螂蝦	mantis shrimp	曲紋唇魚	Napoleon Wrasse
法國牡蠣	Marennes	尼羅鱸	Nile perch
旗魚	marlin	野村水母	Nomura's jellyfish
虹鱒	masu	大西洋鱈	northern cod
紫水母	mauve stinger	北極蝦	northern shrimp
地中海鱸	Mediterranean sea bass	大洋鱸	ocean perch
帆鱗鮃	megrim sole (*Lepidorhombus whiffiagonis*)	美洲綿鳚	ocean pout (*Zoarces americanus*)
油鯡	menhaden	翻車魚	ocean sunfish
虱目魚	milkfish	南魷	oceanic squid
小鬚鯨	minke whale	月魚	opah = kingfish

橘棘鯛	orange roughy
歐洲牡蠣	*Ostrea eduhy*
太平洋庸鰈	Pacific halibut
太平洋斑紋海豚	Pacific white-sided dolphin
花石鱸	painted sweetlips
北方長額蝦	Pandalus borealis
虎頭鯊	pangasius
鸚哥魚	parrotfish
鑽石波羅	pearl spot
尖趾蟹	peekytoe crab
河鱸	perch
小梭魚	pickerel
狗魚	pike
皮爾徹德魚（英國人稱呼比較成熟的沙丁魚）	pilchard
粉紅鮭（細鱗大麻哈魚）	pink salmon
粉紅蝦	pink shrimp
赤鰭笛鯛	pink snapper
海龍	pipefish
鰈	plaice
狹鱈	pollock = coley

鯧	pomfret
鯵	pompano
扁加秋司鯊	ponga
鼠鯊	porbeagle shark
帕絲朵妮（大洋帕絲朵妮草）	Posidonia [*Posidonia oceanica*]
鋸峰齒鮫	*Prionace glauca* ; blue shark
微小原甲藻	*Prorocentrum minimum*
河豚	pufferfish ; fugu
圓蛤	quahog
虹鱒	rainbow trout
赤鮋	rascasse [Scorpaena scrofa]
竹蟶	razor clam
紅鼓魚	red drum
紅鯔	red mullet
嘉鱲	red sea bream
紅笛鯛（泛指紅色的笛鯛科魚類）	red snapper
珊瑚礁魚類	reef fish
擬鯉	roach
龍蝦	rock lobster = spiny lobster
石鮭魚（任何小型鯊的魚肉）	rock salmon

雙線鰈	rock sole
平鮋	rockfish
北大西洋長尾鱈	roughhead grenadier
劍齒鮭	sabertooth salmon (*Oncorhynchus rastrosus*)
裸蓋魚	sablefish
歐飄魚	sabrefish (*Pelecus cultratus*)
石鱸	salema (Haemulidae)
樽海鞘	salp
玉筋魚	sand lance ; sand eel
鋸鮫	sawfish
干貝	scallop
挪威海螯蝦	scampi ; Norway lobster = langoustine
海鱸	sea bass
真鯛	sea bream
海扇	sea fan
魴鮄	sea robin
海鞘	sea squirt
海鞭	sea whip
豐年蝦	sea-monkey
刺水母	sea-nettle jellyfish
海蜘蛛	sea-spider
鰣	shad
魟	skate
鰹	skipjack
鰹	skipjack tuna
睡鯊	sleeper shark
南方准燧鯛	slimehead
亞成鮭	smolt
平滑鮫	smooth shark
笛鯛	snapper
槍蝦	snapping shrimp
雪蟹	snow crab
紅鮭（紅大麻哈魚）	sockeye
軟殼蟹	soft crab
海螂蛤（泛指海螂目的貝類）	soft-shell clam;steamer
鰨	sole
馬加鰆	Spanish mackerel
抹香鯨	sperm whale
棘角鯊	spiny dogfish
龍蝦	spiny lobster = rock lobster

牡丹蝦	spot prawn
斑帶副鱸	spotted sand bass (*Paralabrax maculatofasciatus*)
小鯡（泛指鯡科魚類）	sprat
魷魚	squid
瞻星魚	stargazer
鋼頭鱒	steelhead
北海獅	Steller's sea lion (*Eumetopias jubatus*)
刺背魚	stickleback
腫瘤毒鮋（石頭魚）	stonefish
條紋狼鱸	striped bass
紅肉旗魚	striped marlin
條紋狼鱸	striped sea bass
鯏	striped tigerfish
鱘	sturgeon
北寄貝	surf clam
泰國鯰	sutchi
鯊魚鯰	swai
梭子蟹	swimming crab
劍旗魚	swordfish
銀板魚	tambaqui
大海鰱	tarpon
燕鷗	tern
吳郭魚	tilapia
馬頭魚	tilefish
管蟲	tube worm
大菱鮃	turbot
寬咽魚	umbrella-mouth gulper
大眼梭鱸	walleye
龍蝨	water beetle
犬牙石首魚	weakfish ; sea trout
蛇龍	weever
鯨鯊	whale shark
白鮑	white abalone
汙斑白眼鮫	whitetip shark
牙鱈	whiting
大黃魚	yellow croaker
黃鰭鮪	yellowfin tuna
敏尾笛鯛	yellowtail snapper
約克河牡蠣	York River oyster
白梭吻鱸	zander
斑馬貽貝	zebra mussel

文化思潮 012

海鮮的美味輓歌

健康吃魚、拒絕濫捕，從飲食挽救我們的海洋！

作者　泰拉斯．格雷斯哥Taras Grescoe
譯者　陳信宏
主編　陳怡慈
責任企劃　林進韋
美術設計　陳恩安
內文排版　薛美惠
發行人　趙政岷
出版者　時報文化出版企業股份有限公司
10803 台北市和平西路三段240號四樓
發行專線｜02-2306-6842
讀者服務專線｜0800-231-705｜02-2304-7103
讀者服務傳真｜02-2304-6858
郵撥｜1934-4724 時報文化出版公司
信箱｜台北郵政79～99信箱
時報悅讀網　www.readingtimes.com.tw
電子郵件信箱　ctliving@readingtimes.com.tw
人文科學線臉書　www.facebook.com/jinbunkagaku
法律顧問　理律法律事務所｜陳長文律師、李念祖律師
印刷　盈昌印刷有限公司
二版一刷　2018年6月8日
定價　新台幣460元

時報文化出版公司成立於一九七五年，並於一九九九年股票上櫃公開發行，於二〇〇八年脫離中時集團非屬旺中，以「尊重智慧與創意的文化事業」為信念。

行政院新聞局局版北市業字第八〇號

ISBN 978-957-13-7428-4 | Printed in Taiwan

BOTTOMFEEDER HOW TO EAT ETHICALLY IN A WORLD OF VANISHING SEAFOOD

國家圖書館出版品預行編目（CIP）資料｜海鮮的美味輓歌：健康吃魚，拒絕濫捕，從飲食挽救我們的海洋！／泰拉斯．格雷斯哥（Taras Grescoe）著；陳信宏譯. – 二版. -- 臺北市：時報文化，2018.06｜408面；14.8×21公分. --（文化思潮；0012）｜譯自：Bottomfeeder: How to Eat Ethically in a World of Vanishing Seafood｜ISBN 978-957-13-7428-4（平裝）｜1. 漁業 2. 海鮮食譜｜427.25｜107008215